听专家田间讲课

CAITUBAN
SHIYONG
PUTAO
SHESHI ZAIPEI

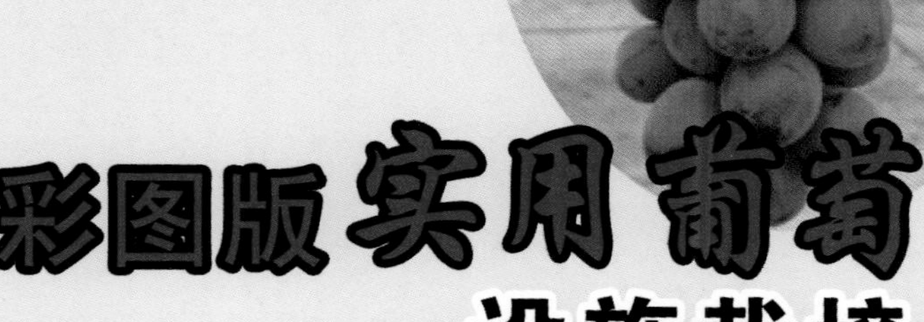

彩图版实用葡萄设施栽培

晁无疾　单涛　张燕娟　编著

中国农业出版社

晁无疾 教授，九三学社成员。现任中国农业专家咨询团专家，中国农学会葡萄分会荣誉会长，中国果品协会葡萄分会秘书长，世界葡萄、葡萄酒协会OIV亚洲科技中心专家。

出版葡萄科技著作10余部，在国内外期刊发表论文100余篇。

单 涛 高级农艺师，上海市（马陆）葡萄研究所副所长，上海马陆葡萄公园有限公司总经理。上海市嘉定区政协委员，嘉定区科协副主席，中国农学会葡萄分会常务理事，上海农业旅游经济协会副会长，上海市果业产业体系嘉定区葡萄实验站站长。

出版说明

保障国家粮食安全和实现农业现代化，最终还是要靠农民掌握科学技术的能力和水平。为了提高我国农民的科技水平和生产技能，向农民讲解最基本、最实用、最可操作、最适合农民文化程度、最易于农民掌握的种植业科学知识和技术方法，解决农民在生产中遇到的技术难题，中国农业出版社编辑出版了这套“听专家田间讲课”丛书。

把课堂从教室搬到田间，不是我们的最终目的，我们只是想架起专家与农民之间知识和技术传播的桥梁；也许明天会有越来越多的我们的读者走进校园，在教室里聆听教授讲课，接受更系统、更专业的农业生产知识与技术，但是“田间课堂”所讲授的内容，可能会给读者留下些许有用的启示。因为，她更像是一张张贴在村口和地头的明白纸，让你一看就懂，一学就会。

本套丛书选取粮食作物、经济作物、蔬菜和果树等作物种类，一本书讲解一种作物或一种技能。作者站在生产者的角度，结合自己教学、培训和技术推广的实践经验，一方面针对农业生产的现实意义介绍高产栽培方法和标准化生产技术，另一方面考虑到农民种田收入不高的实际问题，提出提高生产效益的有效方法。同时，为了便于读者阅读和掌握书中讲解的内容，我们采取了两种出版形式，一种是图文对照的彩图版图书，另一种是以文字为主、插图为辅的袖珍版口袋书，力求满足从事农业生产和一线技术推广的广大从业者多方面的需求。

期待更多的农民朋友走进我们的田间课堂。

2016年6月

前言

设施栽培是改革开放以来在我国葡萄生产上迅速发展起来的一种新的栽培方式。设施栽培不仅可以随市场需求和栽培者的要求，提早或延迟葡萄的采收上市供应时间，同时可以有效地防止各种不良气候对葡萄生产的影响，达到免灾、减灾，保证葡萄栽培的经济效益，扩大葡萄栽培区域的目的，同时，设施栽培也为发展无公害、绿色食品、有机食品提供了新的途径，更为重要的是，葡萄设施栽培是一个能显著提高葡萄栽培效益、促进农民尽快脱贫致富的新途径。近年来，全国各地涌现的葡萄高效益生产先进典型，都是设施栽培应用的结果。直到现在，年年都有发展葡萄设施栽培、促进农民增收的新事例和新报道，尤其是随着科技创新的深化，设施栽培的方式和技术也在不断地更新和改进，促成栽培、延迟栽培、避雨栽培、防雹栽培、防寒栽培、防鸟栽培、根域限制栽培及设施观光栽培等新的栽培方式不断涌现，设施栽培面积不断增加，到2016年年底，全国葡萄设施栽培的总面积已达25万公顷（约375万亩），至今仍在继续增加。更令人鼓舞的是在2017年中央1号文件中，把发展设施农业明确列为当前发展现代化农业中一项重要的工作任务。可以预见，我国葡萄设施栽培将进入一个新的发展阶段，设施栽培将成为今后我国发展现代化高效葡萄产业和促进农民增收致富的一个重要途径。

然而，也应该清楚地看到，葡萄设施栽培是在人为创造的环境条件下进行的一种高投入、高产出、技术性要求较强的新的栽培方式，它完全不同于传统的葡萄露地栽培技术，绝不能简单地采用露地栽培的方法去进行设施栽培，否则将会给农民和栽培者带来很大的损失，这方面的教训也是不少的。当前随着葡萄产业的转型升级，广大农民和栽培者急需掌握新的、先进的葡萄设施栽培新技术。普及葡萄设施栽培新技术，科学发展葡萄设施栽培，不断提高设施葡萄产品的质量和效益，进一步促进我国葡萄产业的健康发展和农民增收致富，是当前全国葡萄科技工作者和生产者共同面临的新任务。

为了适应这一新的形势和满足广大农村葡萄设施栽培者对新技术的迫切需要，我们在总结多年葡萄设施栽培实践的基础上，结合全国各地开展设施栽培的先进经验，以葡萄优质、无公害、绿色食品生产为主线，选择在设施栽培中广大栽培者最经常遇到的一些关键技术和最为关心的问题，编写这本以实用为主的设施葡萄栽培资料，介绍葡萄设施栽培的新进展和新技术以及国家关于农产品质量安全的新标准和新规定，供广大栽培者在发展葡萄设施栽培中应用和参考。

当前随着全国现代农业的蓬勃发展，葡萄设施栽培发展很快，但是由于我们的水平有限，在书中肯定会有许多不足和缺陷之处，敬请广大葡萄科技工作者和生产者提出批评和指正。总之，只要该书能为发展我国葡萄事业和促进广大农民增收起到一定的作用，我们就心满意足了。

在该书的编写过程中，参阅和引用了国内外许多研究资料和图书，对此我们向有关作者表示诚心的敬意和感谢！

晁无疾

2017年5月15日

目录

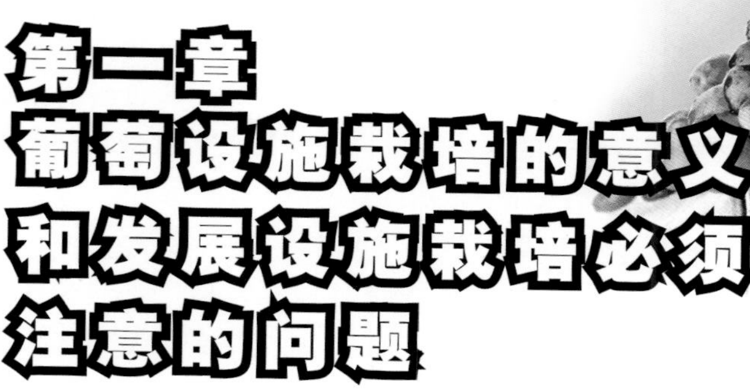

第一章 葡萄设施栽培的意义和发展设施栽培必须注意的问题

第一节　葡萄设施栽培的意义

一、设施栽培的概念与历史

葡萄设施栽培是近年来我国葡萄生产上迅速兴起的一个新的栽培方式和新的发展方向。它是在人工建造的设施内通过对设施内环境的调控，形成一定的光、温、水、气、土生态条件，人为地提早或推迟葡萄的采收时间或防御某些不良外界环境影响，达到人们预期的采收时期和栽培效果，从而获得良好栽培效益的一种特殊的葡萄栽培方式。

葡萄设施栽培历史较长，早在19世纪初，随着果树温室栽培的兴起，荷兰、比利时、意大利等国就开始在以玻璃为覆盖材料的温室中栽培葡萄，并相应选育出如玫瑰香、亚历山大等适合温室栽培的葡萄品种，但由于玻璃温室造价过高、对阳光中紫外线的阻挡较重，所以生产上大面积发展温室栽培受到一定的限制。

20世纪70年代后，随着塑料薄膜在农业生产上的推广应用，温室建造成本大幅度下降，葡萄设施栽培随之迅速发展起来，日本从1965年开始发展塑料大棚栽培葡萄，到2010年，设施栽培面积已占日本葡萄栽培总面积的50%以上。

我国葡萄设施栽培研究开始于20世纪50年代末，1979年黑龙江省齐齐哈尔园艺研究所葡萄设施抗寒栽培取得成功，而全国性的葡萄设施栽培则开始于20世纪80年代。近几年来，随着人民生活水平提高，对葡萄鲜果的要求与日骤增，加之设施栽培技术的普及推广，葡萄设施栽培发展更为迅速。据不完全统计，到2016年年底全国葡萄设施栽培面积（含设施避雨）已达25万公顷，北京、河北、辽宁、黑龙江、甘肃、新疆、山东、天津、浙江、江苏、云南、广西、广东、湖南、上海等地已先后形成一批葡萄设施栽培商品生产基地。现在，设施葡萄生产已成为一些地区农业生产中的骨干产业，并成为促进农民脱贫致富的重要途径。葡萄设施栽培的经济效益、社会效益已被各地所认识，葡萄设施栽培在我国已展现出一个迅猛发展的新形势。我国已成为世界上葡萄设施栽培面积最大、设施栽培类型最多的国家。

甘肃省张掖市葡萄设施延迟栽培

二、发展葡萄设施栽培的意义和作用

葡萄设施栽培是葡萄栽培方式上的一个变化与更新，它将葡萄从传统的露地生产转变为在人为控制下的设施内生产，使葡萄的成熟时期明显提前或延后，从而延长了葡萄鲜果的上市供应时期，有效地抵御了各种自然灾害的影响，扩大了葡萄栽培的地方和区域，并使葡萄果实的品质得到明显的改善与提高，从而产生一般露地栽培所无法达到的效果。

葡萄设施栽培的作用主要是：

（1）调节葡萄成熟上市时期，促进市场均衡供应。葡萄设施栽培通过对设施内光照、温度的调控，改变了设施内的生态环境（表1-1），人为地促进葡萄提早成熟或延迟成熟（表1-2）。有效地

拓宽了鲜食葡萄上市供应时期，防止了由于成熟期过分集中给生产和销售上带来的许多困难和影响。

浙江桐乡红地球葡萄

表 1-1 北京地区塑料覆盖温室、大棚内的季节划分

项目		季节	春季	夏季	秋季	冬季
棚内季节	加温薄膜温室	起止日期（日/月）天数	6/1 ~ 5/3 59	6/3 ~ 25/11 265	26/11 ~ 5/1 41	— 0
	有覆盖膜大棚	起止日期（日/月）天数	26/2 ~ 20/4 54	21/4 ~ 10/10 173	11/10 ~ 30/11 51	1/12 ~ 25/2 87
	无覆盖膜大棚	起止日期（日/月）天数	26/3 ~ 25/5 61	26/5 ~ 5/9 103	6/9 ~ 10/11 66	11/11 ~ 25/2 135
露地季节		起止日期（日/月）天数	6/4 ~ 25/5 50	26/5 ~ 5/9 103	6/9 ~ 25/10 50	26/10 ~ 5/4 162

表1-2 不同设施栽培条件下葡萄物候期比较（华北地区）

栽培方式		品种	物候期（月份）1	2	3	4	5	6	7	8	9	10	11	12
促成栽培	加温温室	乍娜	△		□	●●								
		巨峰		△	□		●●							
	日光温室	乍娜			△		□	●●						
		巨峰			△		□		●●●					
	日光大棚	乍娜			△		□		●●					
		巨峰			△		□		●●●					
	小拱棚	巨峰			△		□			●●●				
避雨栽培		巨峰			△			□			●●●			
		红地球			△			□			●●●			
延迟栽培		牛奶				△		□					●●	
		红地球	●●		△		□				●●●			
		秋黑	●●					△			□		●●●	

注：△萌芽　□开花　●成熟

我国大部分地区露地葡萄成熟期集中在7月下旬到9月上中旬，由于我国地处东亚季风区内，雨热同季，7月和8月中下旬降水量大且较为集中，时正值葡萄果实成熟时期，不良的气候条件不但给葡萄生产带来严重的影响，而且在夏季高温时节，大量葡萄集中上市也给运输、贮藏和销售带来许多困难和不便，以至于严重影响销售价格和栽培者的经济收益。近几年来，各地露地葡萄因大量集中上市，造成销售不畅、卖葡萄难的现象已屡见不鲜。而采用设施栽培，不仅能有效地调控葡萄的成熟上市时期，而且对促进葡萄的均衡上市和提高葡萄栽培的生产效益都有着重要的意义和作用。

在设施栽培中除了促成（提早成熟）栽培以外，采用后期覆盖御寒技术，延迟果实成熟采收，进行延迟栽培已在我国北方晚

熟葡萄栽培地区产生了良好的社会效益和经济效益。葡萄属于浆果类果树，长时间保鲜贮藏较为困难，而且花费大、成本高，利用设施延迟栽培不仅免除了昂贵的建库和贮藏费用，而且生产出的葡萄其新鲜程度和优良品质是一般贮藏果品难以达到的。

（2）提高栽培效益，实现优质高产高效。随着设施葡萄成熟时间的提早或延迟，葡萄价格和生产效益随之明显提高。云南建水、元谋等地采用设施栽培早熟品种夏黑，每年3月中旬成熟上市，每亩*平均产值达3万～4万元。2017年建水设施早熟葡萄栽培面积已达6万余亩。河北省饶阳县设施促成栽培乍娜、维多利亚、无核早红等品种，每年3月下旬到4月上旬可成熟上市，第三年亩产可达到1 500千克，最高亩产值达10万元以上，北京市通州区及河北省滦县、乐亭等地采用日光温室冬季加温，栽培乍娜等品种，果实5月初成熟上市，每千克售价30～50元，每亩收益高达5万～6万元，加之葡萄架下间作蔬菜和育苗，每亩收益7万～8万元。辽宁省熊岳地区采用塑料棚室规范化栽培巨峰品种，5月中旬采收，平均亩产2 000千克，每亩收益3万～5万元。江苏、浙江、湖南、广东、广西等地采用设施避雨栽培欧亚种品种，已在多雨的南方地区成功栽培红地球、美人指、世纪无核、里扎马特、阳光玫瑰等品种，平均每亩产值达4万～5万元。黑龙江省哈尔滨

安徽合肥大圩夏黑葡萄每亩产值6万元

上海嘉定每亩栽7株，每株产值1万元

* 亩为非法定计量单位，1亩≈667米^2。——编者注

市及甘肃省永宁、张掖等县、市在高寒地区和山区发展设施延迟栽培，将葡萄采收期推迟到12月下旬至翌年1月中旬，亩产值达到3万～4万元。西藏拉萨、林芝及青海等高原地区发展设施抗寒栽培，成功地在海拔3 000米以上的地区生产出优质葡萄，形成良好的经济效益和社会效益。类似范例在全国不胜枚举，因地制宜发展葡萄设施栽培已成为发展我国高效农业一个重要组成部分。

（3）有效抵御各种自然灾害，扩大葡萄栽培区域。我国是一个自然灾害多发的国家，在传统的露地葡萄生产中，病虫危害和各种自然灾害（严寒、阴雨、冰雹等）和由此伴生的生理障碍常常给生产造成巨大损失。华中和华南的阴雨，北方的严寒、干旱以及众多的病、虫、蜂、鸟、鼠侵袭，不仅严重影响葡萄的品质、产量和质量安全，而且也使生产成本大幅度上升，甚至成为一些地区发展葡萄生产的限制性因素。而在设施栽培条件下，由于设施的覆盖和人为对光照、湿度和温度的调控，有效地防止或减轻了自然灾害对葡萄的影响，病虫危害程度明显降低，尤其是借风雨传播的对葡萄生产影响极大的霜霉病、黑痘病、炭疽病发病率以及鸟、蜂、鼠的危害显著减轻甚至绝迹，从而有效地提高了葡萄的质量安全和生产效益。

甘肃高海拔地区温室葡萄

西藏林芝葡萄设施连栋大棚

在我国东北、西北一些高原高寒地区，由于年平均温度低、海拔高，积温不足，以往一直不能栽培葡萄，但采用设施栽培，

有效地进行了御寒增温，使这些地区也能生产出优质葡萄产品。此外，在我国北方，冬季葡萄埋土防寒、春季出土上架是相当繁杂的一项工作，而在设施栽培条件下，葡萄生产上免除或减轻了冬季埋土防寒和春季出土上架等繁重工作，从而大大节约了生产开支，降低了生产成本。

在华东、华中、华南地区，多雨潮湿的气候以往曾是发展葡萄生产的限制性因素，改革开放30多年来，上海市及江苏、浙江、安徽、江西、湖南、四川、广西、广东、福建等地创新性地研发、推广各种避雨栽培设施，并将一些不耐潮湿的欧亚种品种如玫瑰香、里扎马特、无核白鸡心、红地球、美人指等成功引种到长江流域和珠江流域，使南方地区一举成为我国一个新兴的优质葡萄生产基地，收到十分良好的经济效益和社会效益。

福建福安全面实行避雨栽培，
葡萄质量效益显著提升

新疆吐鲁番葡萄温室

（4）改变了葡萄的生态环境，增强了葡萄质量安全。设施栽培改变了葡萄叶幕小气候，减轻了病虫、自然灾害对葡萄生产的影响，从而大幅度减少了农药的使用次数和使用量，不但有利于产量、品质的提高，而且为生产无公害、绿色食品和开展葡萄有机栽培提供了一条良好的途径。

全国各地多年观察反馈表明，设施栽培条件下的葡萄植株生长健壮，病虫害明显减轻，葡萄果穗穗形整齐，果粒大小一致，色泽、品质和产品安全性、栽培效益都明显提高。

广东河源阳光玫瑰设施避雨栽培

第二节　葡萄设施栽培的类型

设施栽培类型的划分方法很多，葡萄生产上根据设施栽培的不同目的，将设施栽培主要分为4种类型，即促成栽培、延迟栽培、避雨栽培和防雹网设施栽培。

一、设施促成栽培

促成栽培是以提早成熟上市为主要目的的设施栽培。当前葡萄设施促成栽培有以下3种设施形式：

1. 温室设施栽培　温室是北、东、西三面有墙体御寒，而南面用薄膜（或玻璃）覆盖，并可设置覆盖保温材料和增设加温、保温设施，保温效果显著，提早成熟效果明显，主要应用在提早促成栽培（可提早成熟30 ～ 50天）和延迟栽培上。这类温室根据加热方式分为：日光型和加温型两大类，其主要区别是后者在设施内建有人工加热设备，加温型设施温室内升温较快，葡萄成熟期可比单靠日光加温型温室早熟20天以上。但加温型温室结构复杂，建造成本和燃料等费用均较高。各地可根据当地经济条件、市场情况、经济效益等因素综合考虑、灵活选用。

日光温室

在温室覆盖物上，由于用玻璃覆盖成本过高，加之阳光通过玻璃后紫外线损耗较多，因此生产上现都利用塑料薄膜进行覆盖。近年来，透明硬质塑料板也开始在温室覆盖上应用。

2. 塑料大棚设施栽培 塑料大棚无墙体结构，而是用钢（竹、木）支架和棚膜共同形成的设施结构，主要用于避雨栽培和短期促成和延迟采收。这是较为广泛采用的一种葡萄设施栽培方式，根据大棚内面积大小又可分为单栋或连栋式塑料大棚。塑料大棚主要靠日光照射提高设施内气温和地温，棚内面积较大，管理较为方便。但塑料大棚由于覆盖保温较为困难，加之覆盖防寒被的大棚内，屋脊和防寒被移动性遮光较为严重，所以棚内增温效果不如温室，因此提早成熟效果不够显著。近年来，在大棚内进行多层薄膜

塑料大棚

覆盖促进早熟效果较好，在华东、华北等光照条件较好的地区推广很快。

3. 塑料覆盖小拱棚促成栽培 小拱棚覆盖促成栽培是一种最简单的设施栽培方式，它是在发芽前将葡萄枝蔓覆盖在小型竹、木结构的小拱棚内，上面覆盖一层塑料薄膜和覆盖物，促进其提早升温，早萌动10～15天，然后待外界气温稳定在一定程度后再去除拱棚和覆盖物，上架绑蔓，这种栽培方式主要用于一些积温不足、生长期较短的地区，以补充其生长日期不足和积温较低的缺陷，提早上市效果不太明显。在一些早春低温、经济条件较差、大量投资建造其他设施有困难的地方可推广应用。有时在温室和大棚内也可增设小拱棚，以促进更加早熟，增强促成栽培效果。

辽宁朝阳早春小拱棚覆膜

二、设施延迟栽培

从延迟葡萄成熟和采收时期的角度进行设施栽培是近年来葡萄设施栽培一个新的发展方向，我国北方葡萄晚熟品种成熟期在9月下旬至10月上旬，在葡萄成熟前和当地降温前采用设施覆盖防寒，减少日温差，延长生长期，从而使葡萄成熟采收期推迟到12月上旬以后，这样不但可以延长鲜食葡萄自然上市供应时间，而且可以使一些优质、耐贮的晚熟品种充分成熟，大大提高其商品品质和栽培效益。

延迟栽培在我国西北及东北及一些年平均温度低于8℃无霜期短、积温较低，但日照充足的高原地区有很大的发展潜力。

在对延迟采收要求时间不太长（1个多月）的地区，可采用

大棚塑料薄膜覆盖的形式进行延迟栽培，大棚骨架以梁栋式钢架或竹架为主，覆膜为聚氯乙烯（PVC）长寿无滴膜。为防止秋末冬初大风对塑料膜的损伤，常在塑料膜外附加塑料绳编成的防风网或压膜线。而在延迟栽培要求采收期在12月或翌年1月的地区，则应采用日光温室进行延迟栽培，这样可以有效防止冬季严寒的影响。

甘肃张掖设施延迟葡萄（2015年12月25日）

三、设施避雨栽培

我国葡萄产区除西北个别地区外，大都处于东亚季风区内，葡萄果实生长期及成熟前的7月、8月、9月3个月，雨热同季，降雨量过多，降雨期过分集中，这是影响葡萄产量和品质的重要原因，如何减少阴雨对葡萄生产的影响，是提高葡萄品质和栽培效益的核心问题。避雨栽培即是设置或在原有葡萄支架上增设拱棚结构，上面铺设塑料薄膜，防止降雨对植株和果穗生长、成熟的影响，从而达到避雨防湿的效果。

避雨栽培是葡萄设施栽培的另一种形式。近几年来在内地葡萄产区发展很快，上海、浙江、江苏、湖南、广西、广东、四川

广西兴安大面积葡萄避雨栽培

等地均是由于采用了避雨栽培设施，使原来不能栽培欧亚种品种的地方也能成功栽培出品质优良的欧亚种品种，经济效益十分显著，避雨栽培显著扩大了我国优质葡萄的生产区域。

避雨栽培不仅对南方葡萄栽培区有重要的意义，即使在华北南部、西北东部、东北南部等夏秋季雨水较多的葡萄栽培区，避雨栽培也都有明显的推广应用价值。

四、设施防雹栽培

冰雹是我国各葡萄产区生产季中一种常见的突发性自然灾害，河北、山西、陕西、甘肃等许多优质葡萄生产区均处于冰雹多发地区，由于冰雹常发生在新梢生长和果实生长阶段，因此瞬息间的冰雹常常给生产上带来巨大的损失。

温室防雹网

建立防雹网是有效防止雹灾的主要措施，北京、河北、天津、甘肃等葡萄产区建立大面积葡萄防雹网，从而大大减轻了冰雹对葡萄生产的影响。

防雹网设施是在葡萄支架上附加长度约1.0米的支持杆，杆间纵横用8～10号铁丝相连结，上面铺设网眼（网格）直径为0.75～1.2厘米的铁丝网或尼龙网，在葡萄园四周，防雹网下垂到地面，从各个方位防止冰雹对葡萄的

袭击，同时也能起到预防鸟害的作用。近年来有采用增强塑料材料制作防雹网来代替铁丝网和尼龙网的，由于价格低廉，从而减低了防雹网建设的成本。

冰雹发生极为突然，而且有明显的地域性，因此在华北、西北地区冰雹多发地带的葡萄产区，应重视防雹网的建设。

第三节　发展葡萄设施栽培必须注意的问题

葡萄设施栽培虽有许多优点和作用，但设施的建造投资较高，设施管理和设施内葡萄栽培对技术的要求较严，因此必须有较高的经济效益才有实际应用的价值。为了实现设施栽培的高效益，当前在发展葡萄设施栽培时必须注意以下几个问题。

一、因地制宜，选择合适的设施栽培方式

设施栽培类型很多，一个地区、一个单位具体选择哪一种设施栽培方式，原则是要做到因地制宜，适宜于当地气候环境、符合当地经济条件、适应当地市场需求、便于进行操作管理。

我国华北、西北地区，冬春季温度较低，但云量较少，日照充足，这些地区则应以节能型塑料薄膜覆盖的日光温室为主，同时在温室结构设计、材料和栽培架式选择上要以能尽量多地吸收太阳辐射、减少光损耗和热损耗为原则。在西北、东北和华北北部冬春季温度较低的城市近郊地区，为了促进葡萄早熟，则应考虑以加

陕西安塞山区利用山坡建立葡萄温室

温型日光温室为主。而在华北，应以节能型日光温室为主。而在华中和华东，则应以设施避雨栽培为主。在温室的建造方式和建筑材料选用上要充分考虑到增光、保温和节能。在城市、工矿区附近有工业余热和地热资源的地区，要注意利用工厂余热和地热资源。近来一些地区利用庭院现有设备改建日光温室，花费较少、收效较好，但在庭院开展设施栽培时一定要注意防止庭院周围建筑、树木的遮阴，尽量增大设施受光面积和延长太阳光照时间。

设施栽培中设施建造一次性投资较大，为了减少设施栽培的投资费用，可以充分利用自然地型（如山坡、崖畔），也可利用蔬菜大棚进行改建。

设施因大雪、暴风雨而损毁

应该注意的是，一旦设施建成，一般应用期限在十年左右，因此一方面要注意节约投资，同时更要重视设施建设的实用性和牢固性，不要因盲目追求简陋而造成日后的反复维修，这样会适得其反，反而增加建设成本，降低经济收益。如在个别多雨地区，建设设施时单纯追求降低成本，建造一些简易的土墙温室，因其牢固性较差，在雨季常常倒塌，结果造成很大的损失。同样，在发展设施栽培时也不能盲目求洋、求大、求异，一定要紧密结合当地实际情况，以效益为目标，以实用为目的。

二、合理选择适合设施栽培的葡萄品种

葡萄设施栽培属于高效农业，品种选择对设施栽培效益的高

低有决定性作用。设施栽培的品种一要符合市场需求，二要适应设施内的环境条件，三要适应当地具体的管理水平。设施栽培内小气候截然不同于露地栽培，因此对葡萄品种的选择也要与露地有所不同。以往认为设施内栽培品种的选择主要应考虑葡萄上色时对光照的要求，即所谓“散射光”上色品种，通过近几年研究认为，适合设施栽培的品种不但要对设施内光照条件有良好的适应，而且必须对设施综合生态条件有良好的适应性。

设施栽培品种选择是一件十分重要的工作，良好的设施栽培品种除符合市场消费者要求外，还必须具备以下几个特点：

（1）需寒量较低。需寒量即葡萄休眠芽通过正常休眠所需≤7.2℃的总小时数，需寒量低的品种通过休眠较快，萌芽早，成熟也较早。

（2）早熟性明显。设施栽培主要目的是提早成熟、提早供应，因此应尽量选择成熟期早的品种，这样效益才会更明显。然而在设施延迟栽培中则应选晚熟或极晚熟的品种，这样延迟栽培的效果才会更为突出。

（3）耐低光照。设施内光照强度、光照时间仅为露地的1/3～1/2，因此必须选择在低光照下容易形成花芽、萌芽率高、容易坐果、容易上色且上色整齐、成熟一致的葡萄品种。近年来观察发现，有些品种在露地栽培中表现良好，但在设施内萌芽率降低、成花少、坐果率低，且成熟期不一致，若在设施中栽植这些品种，产量少，效益低，这就丧失了设施栽培的意义。

（4）耐热性强。设施栽培中一般都把冬春季抗寒、抗低温当作设施栽培的主要矛盾来对待，其实，春季和初夏（3月中旬至4月中下旬）设施中＞30℃以上的高温对葡萄生长和结果的影响更大，有时局部短暂的高温常常导致花芽分化受挫，叶片、果穗萎蔫和脱落，因此品种抗热性、耐热性也是设施品种选择时必须考虑的一个重要问题。

（5）大果穗、大果粒、优质、丰产。设施栽培属于高效农业，所选品种的商品性要突出，大穗大果、色泽艳丽、优质、丰产，这样才能充分发挥设施栽培的作用。

(6) 抗病性强。设施内温度、湿度较高，灰霉病、白粉病等病害容易发生，选用的品种必须具有良好的抗病性能，这样才能减少病虫害的发生，降低防治病虫害的投入，同时也保证了产品的质量和安全。

总之，设施栽培品种的选择应突出耐低光照、耐热、优质、抗病、大穗、大粒、成熟整齐、生长健壮等几个关键指标。

三、采用相应的设施栽培栽培管理技术

设施栽培与露地栽培完全不同，在设施促成栽培条件下，葡萄生长的环境因素发生变化，植株休眠期缩短，物候期比露地栽培要提早30～50天，这种环境与物候期的变化相应要求有与之相适宜的栽培管理技术，如设施内环境调节、打破休眠、促进花芽分化、促进坐果率提高和提高叶片光合效率、增进品质等，同时设施中的环境因素如光、温、水、土、气等要素的状况和人为管理技术关系很大。因此掌握设施管理技术、人为适时地合理调节设施内的光照、温度、湿度和气体成分就成为设施栽培管理中的主要工作，其中每一项工作都要严格认真进行，稍有忽视和大意都会造成巨大的损失！

在肥水管理上，由于设施覆盖，设施内空气流动风速较低，叶面蒸腾明显降低，这样就形成葡萄对水分、养分的吸收、运转相对减缓，这是设施栽培上非常突出的一个问题！因此设施葡萄水肥管理更强调科学、及时、适量、配合。设施栽培土、肥、水管理与露地栽培截然不同，这一点应该引起栽培者高度重视。

在病虫害防治上，设施栽培中，随着设施内生态环境的变化，葡萄病虫害的种类和发生规律与露地栽培完全不同，加之在设施中，葡萄生长于一个相对较为密闭的空间，温湿度较高，病虫害种类发生变化、生理病害复杂，因此设施栽培对病虫害防治技术也有特定的要求。可以说葡萄设施栽培是一种要求严格的特殊栽培方式。

正因如此，在开展葡萄设施栽培时，一定要掌握相应的管理

技术和技巧，万万不能盲目套用露地栽培的经验去管理设施栽培的葡萄。要获得设施葡萄的优质、丰产、高效，就必须掌握设施生态环境变化规律，采用一系列相应的科学管理技术，这样才能达到设施栽培高效益的目的。

四、重视设施葡萄产后处理

设施葡萄产品属时尚水果、高档产品，必须重视采后的保鲜贮藏和包装，尤其要注意研制和推广应用符合市场需求、适合设施葡萄产品采用的单穗包装、小包装。当前市面上葡萄产品包装多为2 ～ 5千克简易提盒包装，有条件时可采用各种不同类型的小型单穗包装或单穗单盒包装。

设施促成栽培葡萄成熟时正值夏季，而且早熟品种本身耐贮性就较差，采收后若不能及时销售，则应及早采用合适的保鲜贮藏措施。

因地制宜、精心管理、细致包装、提高葡萄品质安全和商品价值是设施葡萄栽培自始至终必须贯彻的原则。

从20世纪80年代以来，我国各地先后兴建或从国外引进许多大型现代化连栋温室和人工智能温室，这类温室设计先进，建造标准高，材料要求严，营造成本和管理成本均很高，尤其是冬季加温和夏季降温消耗能源量很大，在当前我国生产和消费水平的现实状况下，除了专门的科研单位可利用其进行科学试验研究和开展专门化的脱病毒苗木培育外，一般生产单位和农村不一定要采用这类高档的连栋温室进行设施葡萄生产，以免造成过高的生产成本。近年来，我国多个地区采用简易的日光能连栋塑料大棚进行设施多膜覆盖促成和避雨栽培，简易的连栋式塑料大棚造价较低，管理成本不高，经济效益十分显著，值得各地学习和借鉴。

第四节　我国葡萄设施栽培发展趋势

随着我国农业生产的发展和农业现代化建设的深化，提高农业综合效益和增加农民收入已成为我国农业发展中的重点所在。葡萄设施栽培在调节成熟时期、抵御各种自然危害、增加农民经济收入上的作用正逐渐被广大地区和栽培者所认识，我国葡萄设施栽培将会出现一个新的发展热潮。据估计，到2020年，全国葡萄设施栽培面积将会由2016年的25万公顷（约375万亩）增加到40万公顷（约600万亩）左右。设施栽培的现代化、高效化，无公害、绿色食品化和设施葡萄栽培与观光旅游相结合，形成设施栽培的多功能化，将成为今后葡萄设施栽培的发展重点。随着我国人民生活水平的不断提高和城镇、都市农业的发展，在各大城市近郊和工矿区附近，一批相对集中的葡萄设施栽培区将会迅速形成，葡萄设施栽培势必将成为各地发展高效农业的主要途径之一。

一、今后葡萄设施栽培发展趋势

葡萄设施栽培面积继续增加，技术不断提高，栽培目的向高效化、多元化发展是今后发展的主要特点。

由于葡萄设施栽培具有高效益和多种生产功能，加上各地具体情况和市场需求又各不相同，今后我国设施葡萄栽培将向以下几个方向发展：

1. 特早熟优质促成栽培 采用设施综合调节新技术，使设施内葡萄成熟期从目前的5月中下旬进一步提早到3月中下旬到4月上中旬，使葡萄的品质进一步提高，这是我国尤其是华东、华南、华北地区和各大城市郊区今后葡萄设施栽培的主要发展方向。由于成熟期提早往往影响到光合产物的积累，当前一些地区促成栽培中葡萄含糖量不高，含酸量较高、香味较淡仍是一个突出问题。因此，通过研究采用相应的新品种和新技术，达到设施栽培早熟、优质将是今后一项主要的工作与方向。

2. 设施覆盖延迟栽培 采用设施覆盖、环境调控等综合措施延缓葡萄生长发育，推迟葡萄成熟和采收时期，使延迟栽培果实成熟期延缓到12月到翌年1月，果品质量进一步提高，供应元旦

和春节市场，这是我国葡萄设施延迟栽培一个新的发展趋势。

3. 防雨、抗湿避雨栽培 葡萄现已成为全国各地市场上不可缺少的一种鲜食果品，但在华中、华南甚至包括西北东部、华北中南部地区，每年7～9月降雨较多，这不但不利于葡萄浆果正常成熟，而且易滋生病虫，降低葡萄商品品质。采用塑料薄膜防雨棚覆盖，进行避雨栽培能明显减低降雨对葡萄生长的影响，从而使一些品质优良、抗湿性较差的欧亚种品种也能在这些地区正常生长和成熟。经过多年研究和实践，我国葡萄避雨栽培技术已较为先进和成熟，随着消费市场对优质葡萄产品要求的增加，避雨栽培面积将进一步扩大，各种形式的避雨栽培也将会迅速发展起来。

避雨栽培变促成栽培

4. 防雹栽培与防鸟栽培 防雹栽培是一种特殊的设施栽培方式，我国华北、西北部分葡萄产区，冰雹常给生产带来巨大的损失，尤其在一些山前坡地地区，冰雹发生频率更高，设立防雹网是一项有效的防雹措施。目前全国葡萄防雹网面积约1.5万公顷(22.5余万亩)，主要集中在河北北部、北京、天津等地。估计今后几年，西北、华北、东北等地区防雹栽培将增加到3.3万公顷（50万亩）左右。

随着对野生动物保护工作的深化，鸟类对葡萄的危害日趋加重，预防鸟害已成为葡萄生产上一项新的任务。防雹网与防鸟网相结合是防雹栽培发展的新方向，在防雹的基础上，对防雹网稍加延长就能有效地防止冰雹和鸟类对葡萄果实的危害，这也是今后一个新的工作领域。

5. 设施观光栽培 观光、旅游、休闲多功能农业是我国现代化农业中一个重要的组成部分，随着人民生活水平的不断提高和农村城镇化的发展，观光、休闲农业在我国各地迅速兴起。葡萄是藤本果树，适应性强，最适合进行各种造型，加之品种多样，在设施栽培中早、中、晚熟品种成熟时间相隔很长，十分适合开展观光栽培，近年来，各地已有许多成功的范例。因此，把设施葡萄生产和观光、休闲第三产业相结合，发展新型葡萄复合产业，把葡萄生产从单纯满足人们的物质需求转变为精神文化需求，是今后葡萄发展中一项十分有意义的新工作。

二、加强科技支撑，促进设施建造标准化、设施管理省工化、科学化

葡萄设施栽培是一项涉及多个学科领域的系统工程，现在仍有许多新的问题需要深入研究，尤其是设施栽培的节能、高效将成为今后备受关注的一个方向，设施建设、结构改良、新型材料的选择等将成为葡萄设施栽培中必须研究的新问题。

在设施设计建造上，要研发新型的高效、高采光、高保温、低成本的设施结构和新型建设材料。设施薄膜是设施栽培的核心，要积极研发推广高透光率的耐候、无滴防尘、抗老化、多功能的葡萄设施专用膜，同时要注意研发新型多功能、高透光、高保温性能、低成本的瓦楞覆盖材料。

新型轻型保温覆盖材料 —— 防寒塑料、防寒被、无纺布、遮阳网、防风罩和高效率的卷帘设备都应得到更广泛的应用。

在山区和丘陵地区，合理利用自然屏障，降低成本，建造适合山区推广的温室、大棚将会促进山区葡萄设施栽培的迅速发展。

除了充分利用日光能外，研究开发利用日光能、风能、地热、工厂余热等资源将会成为一个新的研究热点。我国许多地区日光和风力资源极为丰富，将太阳能和风能转化为电能、热能将使这些地区设施栽培成本大幅度降低。

随着我国农村劳动力的减少和劳动力成本的急剧增加，设施栽培管理的省工化、科学化将成为今后一项重要的工作和任务。要加强对设施省工高效栽培的认真研发，推广设施葡萄水、肥、药一体化管理技术和人工智能化设施环境调控设备与技术，达到葡萄设施栽培的省工、低耗、高效，实现我国葡萄设施栽培现代化。

三、设施葡萄生产进一步与国际市场相接轨

进入21世纪以来，葡萄的营养、保健价值进一步被人们所认识，国内外市场对反季节果品生产极为重视，市场消费对鲜食葡萄需求量迅速增加，进出口贸易量大幅度增长，但目前我国虽已是世界葡萄设施栽培第一大国，但产品质量、包装、经济效益等与世界先进国家相比均有一定的差异，许多地区虽有设施栽培，但产品质量不高、形不成规模、市场竞争力不强。从这一角度来看，我国葡萄设施栽培发展潜力还很大。积极开展我国设施葡萄栽培研究，提高设施栽培技术层次，实现设施葡萄生产专业化、产业化、集约化，提高我国设施葡萄产品质量，使我国设施葡萄产销与国际鲜食葡萄生产销售相接轨，是今后设施葡萄生产发展的必由之路。

第二章 葡萄设施的设计与建造

第一节　设施建造的原则

一、葡萄设施栽培中设施建造的基本原则

设施建造的基本原则是：能最大限度接受日光能，并形成良好保温性能和有良好的种植空间和工作空间，为葡萄生长、结果创造最适宜的光、热、水、土、气条件，从而达到早（晚）熟、丰产、优质、高效的目的。因此，科学、先进、合理的设施设计与建造是开展葡萄设施栽培的重要前提和基础条件。

二、葡萄设施建造前必须要考虑的因素

设施是对自然条件的充分利用。设施建设投资较大，而且一旦建成，就不易移动，为了使设施栽培适合发展地区的自然、社会条件，并有良好稳定的经济效益，设施建造前必须充分了解设施建造地的各种自然因素和社会因素。包括：

1. 当地的自然环境

（1）气候状况。设施建设所在地理纬度、海拔高度、气候状况（年均温、年日照时数、年降水量、年蒸发量、无霜期、早霜和晚霜时间，一年中各月气温、日照、降水量变化动态，灾害性天气发生规律）等。

（2）土壤状况。当地土壤质地、理化指标、土壤肥力、土壤上冻、解冻时间、冻土层厚度、地下水位、灌溉水源等。

（3）自然环境。当地的自然环境（大气、水、土壤）状况及是否有污染，污染源及控制、治理状况。

2. 社会条件

（1）当地葡萄栽培历史、现状及市场和消费者需求特点。

（2）当地劳动力资源及科技素质。

（3）交通、水利、电力供给、农业科技支撑状况。

3. 计划发展的设施种类和栽培目的

（1）当地葡萄产业发展计划与布局。

（2）今后设施葡萄发展规划与发展类型和生产目的。根据自然条件和市场需求合理确定设施栽培的类型和栽培目的、发展规模，在此基础上进行科学合理的设计与布局，选择适合当地的设施结构，从而充分利用当地的自然和经济条件，促进设施栽培取得良好的经济效益。

在进行设施建造前，必须要对当地自然气候条件和市场需求情况进行认真的调查研究，进而采取有效措施充分利用各种有利条件，克服各种不利因素，保证设施葡萄健康可持续发展。

第二节　葡萄设施建设场地选择

发展葡萄设施栽培时应该将设施建造在最佳的光、热、气、水、土环境中，尽量充分利用一切可以利用的有利的自然条件，并要注意和避免可能影响到葡萄生长的每一种不利环境因素，从而为设施葡萄的生长和结果创造最优良的环境和条件。

一、设施场地选择时主要应考虑的因素

自然环境条件是设施建造时首先要考虑的重要问题，自然环境因素主要包括光照条件、土壤条件、风及水分状况等生态条件。在无公害、绿色食品生产中，还要考虑到无公害、绿色食品生产对环境中大气、水分、土壤安全状况的规定和要求。

1. 对光照条件的要求　葡萄是喜光性树种，光的强弱、光照时间的长短直接影响着葡萄的生长发育。在设施栽培条件下，日光是温室和大棚内主要的能源和热源。因此，一个地区冬春季节

和葡萄生长季太阳辐射状况、日照时间和日照百分率就成为选择设施建造地址时首先要注意的问题。一般情况下，在葡萄生长季节，有950 ~ 1 000小时的光照就能满足葡萄生长结果的需要。设施栽培条件下由于覆膜的影响，30% ~ 50%以上的自然光被设施结构所阻隔，降低了光的质量和光照时间，使设施内形成了一个相对较弱的光照环境。因此，设施建造地点一定要选择在自然光照条件优良，地势平坦、周边无高大建筑物或树体遮挡的地方，在岗坡、丘陵或山坡地上建造设施时，一定要选择在光照条件好的南坡或东南坡、西南坡，尽最大可能利用地势来调整设施内的光照条件。

2. 对土壤条件的要求 土壤是葡萄生长的基础条件，建造设施前要对当地土壤质地、肥力状况、酸碱度、土壤水分、土壤通气状况、导热性等情况进行详细的实地勘察分析，也可利用现有的土壤调查资料进行分析研究。

葡萄对土壤条件的适应性较强，但最适宜的土壤是有机质含量高（>2 %）、土壤地下水位在1米以上、酸碱度中性（pH6.5 ~ 7.5）的沙壤土和轻质壤土，偏黏性和过于沙性的土壤，要注意采用掺沙和增施有机肥、深耕等措施来改良土壤结构，改善土壤的理化性质。

良好葡萄园土壤标准：
有机质含量＞2%
全氮含量＞0.2%，　速效氮150毫克/千克
全磷含量＞0.1%，　有效磷10 ~ 30 毫克/千克
全钾含量＞2.0%，　速效钾150 ~ 200 毫克/千克
总孔隙度60%左右，最低通气度20%左右
水稳性团粒总量60%左右
土壤气相30%，　土壤空气氧含量≥ 10%
土壤持水量60% ~ 70%

土壤pH 6.5 ～ 7.5（＞6.2，＜8.2）
土壤EC值2 ～ 4毫西/厘米
土壤盐分含量＜0.13%

葡萄适合生长在中性和微酸性的土壤中，土壤pH在6.5 ～ 7.5之间葡萄生长最好；pH小于6.0的地区要用石灰中和酸性加以改良；pH大于8.2的土壤、盐分含量>0.13%时，葡萄叶片黄化生长不良。如在不良类型的土地上建园，一定要注意土壤的改良。切记设施不应建在遮光、地下水位较高、土壤潮湿黏重的低洼地区。

3. 设施建造对灌溉条件的要求 葡萄是抗旱性比较强而耐涝性比较弱的果树，但是在萌芽、枝蔓和幼果生长期也不能缺少水分。由于设施内土壤水分全靠人工灌溉，因此选择葡萄设施栽培的场地时，一定要注意有水分灌溉条件和利于建设排灌设施，同时灌溉水的安全指标要符合国家无公害、绿色农产品生产的各项规定。在降雨多、地下水位较高的地区修建设施时，一定要规划挖设排水沟、修筑台田垄田，严格防止土壤积水。

4. 设施建造时对风和其他自然条件的要求 风可促进空气的流通，降低设施内空气温度和湿度。因此，设施应建在通风条件较好的地方，不要建在闭风的低洼地带。但风力过大会使设施覆盖物遭到破坏，影响设施内的葡萄生长。尤其在我国北方，冬季和春季以北风和西北风为主的大风地区，发展设施栽培时一定要考虑在设施的北方和西北方设立防风措施，如砌防风墙、搭防风障或在设施的北方和西北方10米以外建造防风林，在一些大风频发的地区，应在棚膜上设置压膜线或防风网，防止大风吹毁防寒覆盖物和撕裂薄膜。特别要注意不能将设施建造在山谷风口地带。

除此之外，设施栽培场地要远离有害气体和废水排放的污染源，并注意周围不应有工矿、企业和城镇排放的有害废弃物的污染，以保证葡萄产品的安全性和商品质量。

二、发展葡萄设施栽培时应注意的社会环境

开展葡萄设施栽培时，在进行自然条件调查研究的同时，还应注意与设施栽培相关的社会条件。

设施葡萄属于高档水果，所以要注意销售市场和销售条件，生产基地应选择交通方便、靠近大中城市和旅游观光地区，以便于产品的运输、销售。此外，设施栽培要相对集中，形成一定规模，便于进行产业化管理和经营。

将葡萄设施栽培和旅游观光结合起来，把葡萄温室、大棚建成旅游观光的新景点，是一个值得重视的新的发展趋势。

设施栽培是一种技术性较强的集约化栽培方式，要求栽培者必须具有较好的技术素质和一定的葡萄栽培经验，因此开展设施栽培的地区一定要注意配备相应的技术人员，并注意对生产者的技术培训。

第三节　塑料大棚的规划设计与建设

一、塑料大棚的设计规划

塑料大棚是由棚架和覆盖塑料薄膜组成的设施类型，它没有北、东、西三面的墙体，保温效果不如温室，但四面均可受光，光照条件好，设施内空间较大，结构比较简单，造价低于日光温室，而且棚间距小，节约土地。由于大棚无墙体遮风，一般也无防寒覆盖物，晚间热量辐射损失较多，因此在同一地区、同一时期大棚内温度明显低于日光温室内的温度，葡萄促成效果比温室葡萄成熟期晚20 ～ 30天以上。生产上主要在冬季不太冷的华北南部、西北东部地区用作促成栽培，在南方和华中、华东地区用于避雨栽培和短期延迟栽培。近年来，将大棚北侧建立板墙结构，在大棚内设置多层薄膜覆盖，显著提高了大棚的保温、促成效果，受到各地的重视和推广。塑料大棚是各地调节葡萄产期的一种重要的设施栽培形式。

栽培葡萄的大棚规划时应特别注意的几点（表2-1）：

（1）大棚走向。大棚一般为南北走向，不宜采用东西走向，以免造成葡萄行间遮光。

（2）大棚矢高。大棚矢高是指大棚最高点距地面的垂直高度，即大棚高度，一般高度为2.7～3.3米，单膜覆盖大棚应为2.7～3.0米，多膜覆盖应为3.0～3.3米。

（3）肩高。大棚肩高是指大棚两边沿距地面的高度，一般应为1.8～2.0米，大棚内葡萄采用V形架时，肩高应为1.8米，而采用棚架整形时肩高应增高到2.0米。

（4）大棚长度。大棚长度一般为50～60米，不宜过长，否则大棚内南、北、中部温度差异过大，葡萄生长速度互不一致，给生产管理造成困难和不便。

（5）大棚跨度。大棚跨度即大棚宽度，一般大棚跨度为6～10米，主要根据栽植地块的大小和大棚内葡萄采用的架形而定，同时大棚跨度和大棚的高度有密切相关。生产实践表明，大棚高度和跨度比值在0.4～0.5之间较为适宜。

（6）大棚间距。单栋大棚东西行排列时，棚间距1.5～2.0米，而南北两行的棚间距应保持在4米左右，以便于不影响光照和设置行车通道。建设连栋大棚时，每5～6个大棚连成一体，不留棚间距，但连栋大棚不宜过大，以免影响大棚内通风和光照。

不同地区、不同气候环境下的大棚结构可根据具体情况进行调整。

表2-1　葡萄大棚结构

大棚类型	跨度（米）	矢高（米）	长度（米）	肩高（米）	备注
竹木结构	11～14	2.4～2.7	50～60	1.8	可加覆盖
钢架无柱结构	10～12	2.7～3.3	55～60	2.0	加覆盖

注：大棚为南北方向，出入口设在南面，天冷前在四周加设围膜高1.2～1.8米。

二、大棚建设

当前葡萄设施栽培中塑料大棚结构类型较多，但从架棚结构和建造材料上主要分为竹木结构大棚、钢架结构大棚、水泥预制架框大棚、加覆盖结构大棚四大类，其建造方法也互有不同。

（一）竹木结构大棚

竹木大棚结构简单，造价低，但使用期限短，棚内支撑棚架的立柱较多，遮光面积大，以往葡萄设施栽培多用这类大棚，但目前仅在北方和南方一些经济欠发达的地区使用。

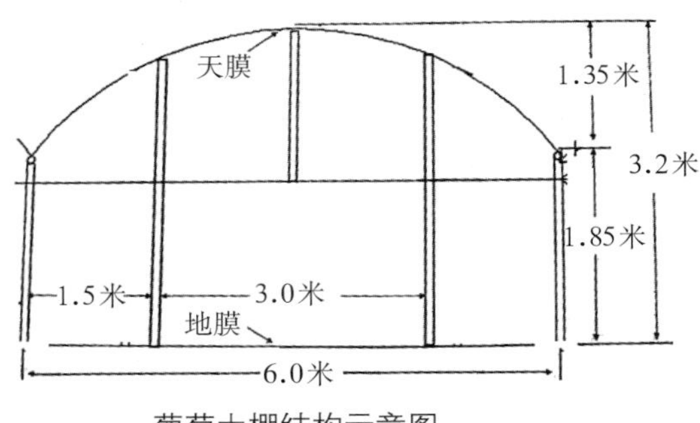

葡萄大棚结构示意图

建造竹木大棚时，先在大棚中间按计划高度设立中间立柱，柱距1.5米，立好后，由大棚中心线开始向两边延伸，每边各再立2 ～ 3行立柱（水泥柱或木柱），立柱行间距2.5米左右，立柱粗度10厘米。第二排立柱与中间第一排立柱的高差角是16° ～ 18°，第三排立柱与第二排立柱的高差角是19° ～ 20°，注意最边一行立柱距棚边沿1.25米，一般根据大棚的跨度决定立柱的行数。立柱设置好后，在每排立柱顶端东西之间用宽约5厘米的竹片或竹竿固定成拱形架，最后用竹竿在整个拱形架上南北向设置7 ～ 9道纵杆，将其连成一体，形成棚面呈圆拱形的大棚骨架，最后再覆盖薄膜，完成大棚建设。

建造竹木大棚要注意几点：

(1) 合适的大棚高度、跨度（宽度）、长度。各地气候、品种、栽培方式不同，应选用最适合当地具体条件的大棚建设标准，不宜过大或过小。

（2）注意大棚的肩高。一些地区用建设蔬菜大棚的规格建设葡萄大棚，但蔬菜大棚肩高仅1.2～1.4米，远低于葡萄立架高度，其结果造成葡萄架面过低，葡萄叶幕层和棚膜间距过小，通风不良，给管理和生长、结果带来一系列不利影响，对此一定要进行适当的改建。

竹木结构大棚

（3）严格建设标准，保证大棚棚面整体高度、圆拱角度、大棚棚面、横竖架杆都整齐一致，使大棚棚面平整，棚内各处受光良好并增强大棚的抗风能力。

（二）钢架结构大棚

钢架结构大棚上部拱形骨架用钢管或钢筋制作，结实牢固，使用期限长。钢架大棚拱架有多种规格，可根据各地情况灵活选用，有时也可自行制作。为防止钢架立柱腐蚀生锈，立柱可用水泥柱代替，在水泥柱顶端固定钢管或角铁作横梁或竖梁，将钢制大棚拱架直接固定在钢管或角铁制作的梁上，使大棚形成水泥立柱和钢管拱架共同形成的设施大棚。若是连体大棚，在连体大棚四周边立柱上必须设置钢缆和拉锚。钢架结构大棚内不设立专门支撑棚面的立柱，光照好，工作空间大。近年来各地新发展的葡

钢架结构大棚

水混立柱钢架拱棚

萄大棚多采用这种结构，但建造钢架结构大棚投资相对较高，在经济条件允许的地区应尽量采用钢架结构大棚。

（三）水泥预制架框大棚

水泥预制架框大棚是由水泥（或玻璃纤维）预制的框架形成大棚骨架，其建棚投资比钢架大棚要低，框架也可自行制作，但这种架框重量较大，而且遮阴面大，目前随着钢架大棚的普及，这种大棚应用已日渐减少。

水泥架框大棚

（四）加覆盖塑料大棚

加覆盖物大棚是指在棚膜上能加盖防寒覆盖物的一种改良型大棚，主要用在东北、华北、西北较为寒冷的地区。大棚的北面用砖砌成圆拱形墙，以挡御寒风和增强支撑力。北墙的厚度一般为48厘米左右。大棚东西宽12 ~ 14米，南北长50 ~ 60米，拱顶高3米左右，大棚的东、西、南三面和大棚上面覆盖塑料薄膜。圆拱棚顶部中间有一南北走向、与棚同长、用木板或轻质水泥板材

大棚增设防寒覆盖

搭成的宽1.5米的作业道，用来放置防寒被、草帘等覆盖保温材料。

建造这种大棚时，先在拱棚中间设两排高3.0 ~ 3.3米的立柱，两排立柱相距1.5米，南北柱与柱之间的距离2 ~ 3米，两排立柱顶部上面南北向放直径12 ~ 14厘米的檩条，檩条上东西向搭放1.6米长、6 ~ 8厘米粗的椽材、木板或轻型水泥预制板，上面覆盖芦苇、秫秸等，并用草泥或石灰抹平，然后再由中间向东西两边设置拱形棚架。若用水泥作中间立柱，可用单根T形水泥立柱，即立柱上部可做成T形，上面用于架设檩条、木板或架设轻质水泥板材，这样大棚中间只立一行立柱即可。

第四节　日光温室规划设计与建设

一、高效节能型日光温室规划设计

日光温室东、西、北三面建有墙体，防寒效果明显，提早葡萄成熟效果显著，主要适于北方冬季气候寒冷的地区。当前各地采用的高效节能日光温室是在总结以往日光温室建造经验的基础上，经过研究和改良提出的一种能充分利用天然太阳光给室内加温，并有良好的保温效果，从而保证温室葡萄正常生长结果的新型温室类型。高效节能型日光温室设计科学、结构良好，温室内温度在冬春季节比露地提高15 ~ 20℃，可使葡萄提早萌芽、提早成熟60天以上，是当前北方地区在葡萄设施促成栽培和延迟栽培中应用比较普遍的设施类型。

节能日光温室规划设计时应特别注意以下几个方面（表2-2）：

表2-2　葡萄高效节能温室主要结构参数

温室长度	60 ~ 80米	前棚面底角	65° ~ 75°
温室跨度	7 ~ 9米	棚面角	当地纬度－6.5°
温室脊高	2.7 ~ 3.3米	后屋面仰角	大于当地冬至时太阳高度角
温室方位	偏西偏东5°	后墙高度	大于2米
温室间距	脊高×2.5	防寒沟	宽30 ~ 60厘米，深60 ~ 80厘米

1. 温室方位 温室方位以东西向或南偏西或偏东5°左右为宜，偏东有利于早晨雾少的地区温室内提早升温，偏西有利于下午温室内温度的增高和积累。在华北和东北冬春季较寒冷和有晨雾的地区，早晨气温较低，一般多向西偏5°左右，而在华北、西北冬春季晨雾较少的地区则多向东偏5°左右，以利上午能尽早、尽多地接收日光照射。设施促成栽培以接受早上光照为主，应略向东偏，而设施延迟栽培以保温为主，可采用向正南方向或略向西偏。

温室缓冲间

日光温室坐北朝南建造，东、西、北三面用砖或土坯筑墙，也可用土打墙，在山区丘陵地区可以利用梯田坝坎作后墙，在温室的东侧或西侧背风方向留门，并修建工作室或缓冲室。温室南面的向阳面用钢架或竹、木材料搭成拱形棚架面，上面铺塑料薄膜，其上加盖草帘、保温被等保温材料。

2. 温室高度 温室高度指温室脊高，即温室前棚最高点距地面的垂直高度。一般栽植葡萄的温室脊高在2.7 ~ 3.3米之间。实际测定表明，温室高度越低、室内空间越小、越有利于升温和保温。但是脊高过低影响温室内空间大小和人工作业。温室高度越大、采光效果越好，但前棚面倾斜度增大，管理不便，且浪费建筑材料。所以北方种植葡萄的温室脊高最低不能低于2.7米，最高也不宜超过3.3米。

3. 温室长度、宽度 温室的长度即东西长度，适合的温室长度一般为60 ~ 80米。低于50米时，东西两面山墙遮阴面积增大，设施内有效受光面积过小；若温室过长，增温保温效果明显降低，而且温室内两端和中部温度差异加大，葡萄生长不一致，温室管理也不方便。温室宽度即南北跨度，即温室前棚前沿到北墙内沿的距离。一般以7～9米为宜，跨度不宜过大和过小。实践证明跨度增加1米，脊高相应要增加0.2米、温室后坡（檐）宽度要增加0.5米，这就给温室建造带来许多不便。

4. 棚面角度的确定 温室棚面角度是节能高效温室设计中最重要的技术参数。

阳光进入设施内的多少与棚膜对日光的反射程度密切相关，而影响光线反射主要取决于棚面的几个角度，其中最为关键的是地角（α）、棚面角（β）以及后层面仰角（γ）。

（1）地角α。地角为温室南面棚膜与地面之间的夹角。对栽培葡萄的温室来讲，地角不能太小，否则温室前方高度过低，植株整形和操作管理均不方便，而且还会造成整个棚面延长和温室跨度增加。根据多年实际观察表明，适合葡萄栽培用的温室地角应在65°～75°之间，比种植蔬菜的温室要大得多。

（2）棚面角β。棚面角是温室主棚面与水平线之间的夹角，也称温室前屋面角，简称棚角。温室前屋面是温室接受阳光的主要部分，也可以说棚面角的合适与否即前屋面角度大小直接决定着进入温室的太阳辐射总量的多少。理论上太阳入射角在90°时，阳光垂直射向棚膜，设施内受光量最大，但实际上温室膜面不可能与阳光投射方向相垂直，否则温室将无法建造。根据实际测定表明，当入射角大于50°时，其进光量与90°时差异不甚显著，因此建造温室时，只要在冬至时太阳光与温室棚面的入射角达到50°时，即可较好地接受日光辐射能量。但由于不同纬度地区太阳高度角不同，因此各地温室棚面角的大小也不一致。温室建造时计算温室棚面角最简便的公式为：温室棚面角＝当地地理纬度－6.5°。也可参考表2-3选择合适的屋面角度。

表2-3 不同地理纬度地区温室棚面角角度

纬度	37°	38°	39°	40°	41°	42°	43°	44°	45°
棚面角	30.5°	31.5°	32.5°	33.5°	34.5°	35.5°	36.5°	37.5°	38.5°

(3) 后屋面仰角γ。温室后屋面仰角也称温室后檐仰角，简称仰角，是温室后檐与水平面之间的夹角。后檐仰角太小时，后墙上部因遮光见不到阳光遮阴太多；但后屋面仰角太大时，后屋面上部水平部分相对较小，放置草帘、防寒被和人工操作也不方便。具体设计中，后屋面仰角应大于当地冬至时中午的太阳高度角，以保障冬、春季阳光能充分照到后墙面上。实践表明，华北地区后檐仰角应在40°～45°之间较为合适。

在生产实践中，温室高度、跨度不一，棚面角也会随之发生变化，但无论温室结构如何变化，关键要重视好温室的长、宽、高和地角、棚角和仰角这几个重要参数，这样温室就能获得良好的采光、保温效果，就能达到高效、节能日光温室的基本要求。

5. 温室间距 前排温室与后排温室间的距离称为温室间距。为了防止冬季温室间相互遮阴，温室与温室之间应保持一定的距离。确定一个地区温室间距的简便方法是根据当地冬至时中午太阳光的投影比，即在冬至中午12：00时，在地面上垂直竖一个10～20厘米高的木条，测量其在阳光下的投影长度并除以木条长，即为投影比。用投影比的比值乘以温室和卷草帘（防寒被）后的总高度，则为温室最小间距值。合理的间距随着地理纬度的不同而有所差别，越往北方间距越大。在北京地区（北纬40°）附近，合理的温室间距应是温室总高度（包括温室和草帘卷）的2.5倍。低于2倍，温室与温室之间相互遮光，但间距过大浪费土地。

温室间距要求为冬至日前温室投影不影响后温室

6. 半地下式温室 在我国东北和西北冬季气候寒冷、干旱的地区，为了增强温室的防寒保温、保湿性能，修建温室时将温室地面下挖50 ～ 60厘米，而新挖的温室中，定植沟内全部用表土和有机肥混合填充，修建成半地下式温室。这种温室在寒冷地区保温防寒、保墒、防风效果明显强于在地面修建的温室。据实际测定，温室地面每下降20厘米，早晨6时，温室内平均气温可增加1℃；若温室地面下降70厘米，温室内日平均温度可比平地温室高3.5℃，温室内地温可提高4℃。半地下式温室增温效应十分显著，而且葡萄生长、结果状况均强于平地温室。因此在东北和西北冬季气候寒冷、风大、干旱地区应因地制宜推广半地下式葡萄温室。但修建半地下式温室时一定要注意当地雨季的地下水位，并防止夏季雨水和春季溶雪水进入温室。

二、温室建设

温室建造应严格按规划设计要求进行，工程实施要分步骤进行。主要包括实地放线、建造墙体、搭置后檐、设置棚面架、覆膜与防寒覆盖物放置等项具体工作。

（一）温室土建工程

在温室设计完成后，即可进行温室的建设，为了保证温室内的土壤温度和建筑质量，温室建设工程应在每年入冬前一个月完成，即在当地日平均气温达到17 ～ 18℃时完成温室建设。温室的土建工程主要包括温室墙体的建设、通风窗的设置、温室内立柱设置、棚面架框设置等几个部分。这些都应在规定时间内统一完成。

1. 放线 放线是按设计图纸要求，实地勘测确定温室长、宽和建筑方位，在此基础上规划出东、西、北三面墙的基线和温室前棚面的下线，并撒上白灰线做好施工标记。

在温室建设放线中常用指南针进行南北定位，但由于受地球磁场的影响，指南针所指出的南北和实际真正的南北有一定的偏离，称磁偏角。一个地区的磁偏角大小可在当地气象部门进行查

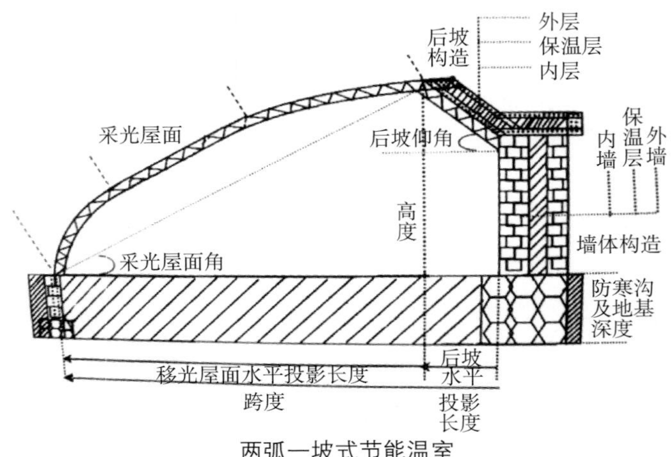

两弧一坡式节能温室

询，根据查询结果校正用指南针测定的方位。但在农村中常常很难了解一个地区的磁偏角大小，可以自己进行真子午线的测定。真子午线的测定方法是，在要建温室的地方，地面竖立一个长约0.5米的直杆，在晴天时，从11时到13时，每隔10分钟测定一次木杆阴影的长度并画出相应位置，其中最短的一条影线的走向就是当地真正的南北子午线，测出真子午线后就可依此确定温室的正确方位，开始进行放线工作。

2. 砌建温室墙体 温室墙体对温室棚面起着支撑作用并有重要的保温功能，墙体的建设对温室保温功能和牢固性有着十分重要的作用。

砌建温室墙体首先按墙基线宽度在东、西、北三面开槽，地基深50厘米、宽70厘米。槽沟底夯实后，用砖或石块砌墙基并与地面相平。地基砌好后，上面覆一层与墙体同宽度的防潮水泥，其主要作用是防止地下潮气上升，防止地面空心墙和墙中的填充物受潮。

墙体建造规格一般是温室北、东、西墙体的建造厚度按一年中最低气温和当地冻土层厚度来确定。冬季12月至翌年2月最低温度低于−15℃、冻土层厚度＞80厘米的地区，墙的厚度应在

100 ～ 150厘米之间。年最低气温为−15 ～ −10℃、冻土层厚度在60厘米左右的地区，墙的厚度在80厘米左右。同时这三面墙均应采用空心墙体，空心宽度为12厘米，空心内添加保温材料，保温材料应采用隔热性好、不易受潮、重量较轻的珍珠岩或蛭石等，决不能用黏土或沙土作隔热材料，以防吸湿影响墙体保温。近来一些地区用聚苯板作隔热材料，不仅保温效果良好，而且重量轻、规格化，便于施工。

温室双层墙体

利用聚苯塑料板、空心砖作隔热材料

在东北及华北北部寒冷地区建造温室，同时要考虑用其他能源（如煤、天然气等）给温室内加温，一般加温设备建在温室工作间内，而通热管道在靠温室后墙上设置。

冬季最低气温高于 − 10℃以上的地区，墙的宽度可以适当缩小，但墙的厚度必须大于当地冻土层厚度。温室墙内空心墙的宽度和填充物十分重要，根据调查，后墙中间的空心层厚度小于8 ～ 12厘米时，空间过小、空心内易形成死空气层，不利于冷热空气交换，如果在空心层内添加珍珠岩或蛭石或聚苯泡沫板，则更有利于保温。东西两边的墙，

温室内加温设施

宽度和后墙相同，呈北高南低半圆拱形，边墙最高点在距离后墙1.2 ~ 1.5米处，高度和前棚面最高点（脊高）相同，处在同一水平线上。

在东北、西北寒冷地区，为增强温室保温效果，温室后墙总厚度应为当地冻土层的厚度再加30厘米，若空心层内添加聚苯板等隔热物，墙的厚度可适当减少。

3. 半地下式温室建设　近年来，我国北方干旱、寒冷地区推广建设半地下式温室栽培葡萄，收到了十分良好的效果，方法是将温室地面下挖60 ~ 100厘米，将温室建成为半地下式，这样不仅增强了土壤保墒效果，而且明显减低了外界冻土层对温室内土温的影响，同时也减低了温室上部的散热面高度，有效地增强了温室的保温效果。如前所述，在寒冷地区，当温室地面下降70厘米时，冬季清晨6时温室内气温可提高3.5℃，地温可提高约4℃，显著提高了温室内温度，延长了生长期，葡萄生长和结果明显强于一般地面温室。

半地下式温室

4. 温室通风窗与防寒沟设置　通风降温是温室管理中一项十分重要的工作，温室修建时必须注意通风窗的设置。通风窗设置在温室的后墙上，通风窗距地面高度1.0 ~ 1.5米，通风窗间距4.0 ~ 4.5米，通风窗高、宽各24厘米（左右等于两块砖的宽度，上下等于4块砖的厚度）。通风窗在冬季寒冷季节可关闭或用砖泥封堵，春季气温升高后将砖取下，用布或塑料包扎棉花制成封堵物，需要调温时取下封堵物。通风窗对调节温室内温度、湿度有重要作用，是温室建造设计中必须重视的一项内容。

在北方寒冷地区修建日光温室时，应在温室南面棚膜外挖设深度、宽度大于当地冻土层厚度的防寒沟，沟内填入聚苯板或干燥的草秸、马粪等隔热物，上面用干土、草秸和薄膜覆盖，防寒沟上的覆盖物要高出地面15 ~ 20厘米，防止雨雪渗入影响防寒效果。防寒沟不仅能防止外界低温对温室南面土温的影响，而且能防止温室内土壤热量的向外传导。在寒冷地区和进行设施延迟栽培的地区，修建温室时一定要设置防寒沟。

温室结构与通风窗设置

5. 温室后坡墙（后檐）**建造**　后坡墙也称后檐，它是放置保温草帘、防寒被的地方和揭、放防寒覆盖物作业的通道，同时又是连结前棚面和后墙墙体的结合处，有重要的支撑和保温作用。

对于土木结构温室，搭后坡墙首先要设立支撑后檐的第一排支柱。这一排支柱距后墙1.0 ~ 1.5米，向北略倾斜；高3.3 ~ 3.7米，立柱埋入土中60厘米，地面以上2.7 ~ 3.1米。若立杆用水泥柱，横截面呈长方形（10厘米×12厘米）或正方形（12厘米×12厘米）；若用木柱，横截面直径12 ~ 14厘米。东西柱间距离3 ~ 4米。立柱的柱桩

堵塞通风孔防寒

坑深80厘米，坑底垫石片或砖。也可用水泥作成长宽各15厘米、厚10厘米的垫石，防止立柱受力太大时下沉。千万要注意，立柱设好后，顶部应向北略倾斜5° ~ 6°，这样可使后墙与顶柱受力均匀。如果顶柱过于直立，后檐和保温材料的压力重心将全部落在后墙上，使后墙承受压力太大、受力不均，容易造成倒塌。如果后墙不牢固就会使后墙角度发生变化，造成横担檩条或水泥板脱落或立柱向南倾斜折断。

立柱立好后，可在立柱上东西走向设置横梁，在横梁和后墙上搭放轻型水泥预制板，或粗10 ~ 12厘米的木柱作凛条，木柱或水泥板伸出横梁5 ~ 10厘米，另一头搭在后墙上，伸进墙体20 ~ 30厘米，两端固定牢固，让后坡墙两端受力均匀，搭好后的后坡墙呈40° ~ 45°的倾斜角，使在当地冬至季节时，太阳光也能完全照射到后墙上，从而最大程度地提高太阳光的进入量和增强后墙的吸热能力。

搭好的后檐（后坡墙）上盖一层苇箔，如无苇箔也可用秫秸、玉米秸代替，苇箔上用泥灰抹平防止漏水。待泥灰干后，上边放置草秸、秫秸或黄豆粒大小的炉渣，增加后檐的保温效果。修建好的后檐坡面呈内高外低8° ~ 10°的倾斜角。

整个温室墙体和设施内支柱设置建成后即可进行温室前棚面框架制作。

三、温室前棚面框架制作

温室前棚面框架是设置棚膜的地方，也是温室最为重要的采光面，对温室采光和保温都有着十分重要的作用。

（一）竹木结构温室立柱和前棚面的建造

1. 立柱设置 竹木结构的温室与钢拱架温室不同，其温室前棚面框架由温室内立柱支撑，温室中立柱主要起支撑前温室棚面和后檐的作用。温室内立柱一般设置3排，立柱不可设置过多，以防遮阴影响设施内的采光。

三排立柱的位置　温室内第一排立柱的设置方法前面已经讲过，由于第一排立柱的主要作用是支撑后檐，使后檐与前棚面紧密结合，形成一体。因此，第一排立柱一定要结实和牢靠。

由第一排立柱向南3米，设第二排立柱，第二排立柱粗度与第一排立柱相同，东西立柱间的距离也与第一排立柱相同，但地面以上高度应低于第一排立柱50 ～ 60厘米。

第二排立柱向南3米，设第三排立柱。第三排立柱距温室前窗沿1.0 ～ 1.2米，第三排立柱粗度约10厘米，高度低于第二排立柱40 ～ 50厘米左右。

温室内立柱东西方向之间的距离与南北方向的柱间距离相同，呈正方形排列。

2. 温室前棚面框架设置　立柱立好后，在第二排和第三排立柱上分别设置东西向横杆，横杆粗度6厘米左右，与立柱用铅丝固定绑紧。在东西向的横拉杆上每隔0.8 ～ 1米绑一个10 ～ 15厘米高的小木立柱，在小立柱上南北纵向绑6厘米粗的竹竿，纵向竹竿长度以温室跨度而定。最南边拱弯处接上一个长2 ～ 3米、宽5 ～ 6厘米的厚竹片，竹片上端经过最南边立柱上的横拉杆与竹竿连结，竹片压在竹竿上，用铅丝扎紧。然后将竹片弯成拱形，竹片下端埋入土中，与地面呈60° ～ 70°倾斜角（地角），注意！整个温室前部的竹片弯曲处位置、高度和弯曲角度一定要整齐、一致。

有的地方为了节省框架和立柱材料而加大温室内立柱之间的距离，这样就增加了每个立柱和横杆上的压力。超过了耐压范围之后，立柱和棚架就会弯曲，导致棚面凹凸不平，影响温室内的光照，甚至压断立柱和横杆，所以温室内的立柱不仅要坚固耐用，而且立柱间的距离也不能太大。

整个棚面框架作好后，用刀片或砂纸打掉竹竿或竹片上的竹节或毛刺，竹竿和竹竿的接头处如不够平滑，用塑料薄膜或布条绑平，以防铺膜时刺破塑料薄膜。

（二）钢架结构温室前棚面框架设置

温室钢筋（钢管）框架结构比竹木结构框架使用年限长，而且温室内无需再设支柱，设施内光照条件好，深受各地欢迎。当前市场上有各种规格的成品拱架，而且有专门的设计和安装单位，经济条件允许时，应尽量采用适合当地的成品拱架。在生产单位有技术条件时，框架也可以自制。

1. 钢筋框架制作方法 自制钢筋框架时，选用两根长度约为7.5 ～ 8.5米的钢筋（具体长度根据实际情况而定），其上弦直径为10 ～ 12毫米的螺纹钢，下弦为直径为8 ～ 10毫米的圆钢，并用8毫米的钢筋做拉花，制作时由起点开始，长约1.4米一段，向内倾斜65° ～ 70°，由此向前延伸4米，倾斜角度改变成21° ～ 23°，在此基础上再向前延伸约1.6米，倾斜角9° ～ 11°。然后钢筋由仰角向下弯曲呈下垂角，角度下垂40° ～ 45°。加工制作条件好时，也可制成符合温室棚面设计要求，与其有相应弧度的圆拱形拱架。无论哪种形式，上下弦之间均用长约10厘米的拉花钢筋呈“八”字形焊接，固定成一个牢固的拱形钢架。这种框架抗压能力强，温室内不用立柱支撑，不仅光照条件好，而且扩大了温室内的土地使用面积。

2. 拱形钢架温室棚面架框和后坡墙安置 温室拱形钢架的固定方法有用水泥浇注和电焊固定两种方法。用水泥浇注固定时，先在安置温室棚面钢框架的南棚面前窗处挖深30厘米，长、宽20厘米的长柱形坑，坑内用水泥砂石浆填平。同时将钢筋框架拱形角度65° ～ 70°的一头放在水泥浆内固定，框架的另一头用水泥固定在北面的后墙上。相互的拱架按规定距离（0.85米）整齐一致地进行安装固定或电焊固定，然后用直径16毫米的两条钢筋，间隔约2米，分别焊接在拱架的下弦上，做横向拉筋，使整个架面成为一个整体。固定成型后，将木板或水泥预制板搭在靠后墙的钢筋架上形成后坡墙，上面铺设相应的泥沙或保温材料，并用水泥砂浆抹平，形成宽1 ～ 1.2米的后檐，并增加框架的牢固性，这样就整体形成温室棚面架框。

用电焊法固定拱形钢架的方法是，先在温室拱架南端地下预埋一根与温室长度相同的角铁做地梁，并在温室北墙上预埋固定一根与地梁长度相同的角铁做顶梁，固定拱架时，按规定距离将拱架下端电焊在预先设置好的地梁上，而拱架的北端电焊在预先设置的顶梁上或北墙上的角钢上，同样前棚面框架上每隔2米东西向焊接一根16毫米螺纹钢做拉筋，用来固定框架和角度。前棚架面设置好后，在北墙和拱架北端上铺设事先做好的轻质水泥板，为了减轻后檐的重量和压力，预制水泥板可做成空心型。搭置好后，水泥板上同样铺上草秸并覆一层草泥，使其保温性能更好，并使上部平坦以便放置防寒被或草帘和进行操作。

近年来，国内新研制的10厘米厚度的GMC强化保温板，重量轻，结构强度高，保温性能好，是一种构建温室后屋面的良好屋面材料。

（三）水泥预制框架制作

一些地方为降低制作钢筋棚面框架的开支，采用市售或自制的水泥预制框架，这种框架造价低于钢筋框架，并具备不怕潮湿、不会被锈蚀等优点。水泥预制框架先用8 ～ 10毫米圆钢按棚面设计角度做成龙骨，用425号水泥加沙、石制成预制框架，框架各部位角度与钢筋框架相同，厚约5厘米，温室内也不设立立柱支撑。这种框架结构重量较大，而且框架遮阴面积较多，在冬春季光照十分充足的地方也有一定的利用价值。水泥预制框架的安装方法与钢筋框架基本相同。

第五节　设施棚膜的选择与铺设

设施栽培中，棚膜的选择具有十分重要的意义。在当前条件下，设施中主要光源和热源是依靠太阳光照射，阳光通过棚膜进入温室和大棚，因此棚膜的质量和性能直接决定着进入温室和大棚内的光照和热量状况，同时棚膜的成分、含量、构成等物理、化学因素也对设施空间内的生态环境产生重要的影响，直接影响着设施内葡萄的生长、开花和结果。因此，在葡萄设施栽培中必须重视棚膜的选择。

用于设施栽培的棚膜为专用的塑料薄膜，对薄膜的总体要求是：要有良好的透光、保温、无滴、耐候、牢固、轻便、无毒等性能，但由于塑料薄膜生产方法、厂家的不同，其结构、成分、性能也不尽一致。在购置棚膜时一定要充分了解塑料薄膜的功能和适用范围，以免带来不应有的损失。

一、设施棚膜的种类

1. 聚乙烯薄膜　聚乙烯薄膜也称PE膜，是用聚乙烯树脂为原料，厚度为0.04 ～ 0.12毫米，薄厚有多种规格，可根据不同用途加以选择。聚乙烯棚膜多为白色，耐酸、耐盐、耐碱，接触化肥、农药等也不易变质；对作物安全，不易产生有毒气体；透光性好，吸光少，重量轻，但PE膜不如聚氯乙烯棚膜结实，抗张力小，不耐老化。如果不经过特殊处理，也不耐高温和低温，使用期一般只有一年左右。

普通聚乙烯薄膜最大的缺点是保温性能较差，棚面易形成水滴，影响透光性能。而且薄膜撕裂后不易粘合，只能用热粘合的方法。应尽量选用性能更好的多功能PE膜或其他类型薄膜。

2. 聚氯乙烯薄膜　聚氯乙烯薄膜也称PVC膜，以聚氯乙烯树脂为原料，加入增塑剂和稳定剂而生产出的一种棚膜。此种棚膜单幅较厚，厚度为0.1 ～ 0.13毫米，热传导率低，具有良好的保温性，对在白天设施内吸收的太阳热量能一直保持到夜间，而且在夜间聚氯乙烯棚膜损失的热量也只有5%～ 10%，用聚氯乙烯棚膜的棚室内最低温度比PE膜覆盖能提高3 ～ 5℃。PVC棚膜比较结实，并且耐酸、耐碱、耐盐，接触化肥、农药也不易引起变质。

聚氯乙烯棚膜的突出缺点是容易吸附灰尘和老化，从而影响膜的透光性。新棚膜扣上一个月后，透光率即可下降30%，经过两个月透光性下降50%；棚膜在长期太阳光照射下或在40℃以上高温、0℃以下低温影响下，很快变质老化，强度下降，甚至造成破损，耐候性较差，使用期限仅6～10个月。另外，聚氯乙烯棚膜热胀性显著，生产上常出现棚膜白天松弛、晚上绷紧的现象。也容易招致风害损伤薄膜。聚氯乙烯膜适于对保温要求较高的寒冷地区使用。

3. 聚氯乙烯长寿无滴膜 聚氯乙烯长寿无滴膜是在聚氯乙烯树脂中添加防老化剂和抗寒助剂及增塑剂、防雾、防滴剂等。有的还采用了双向拉伸工艺，使幅宽由2米扩展到3～4米。聚氯乙烯长寿无滴膜在成膜工艺中加入了增塑剂，所以流滴的均匀性和持久性都好于聚乙烯长寿无滴膜。薄膜表面凝结水不形成露珠，而是形成一层均匀的水膜，水顺膜面倾斜流下，透光率可比普通膜提高30%左右。由于没有水滴落到植株上，可减少葡萄病害的发生。这种薄膜在葡萄日光温室生产上应用比较广泛。

但这种膜的缺点是透光率衰减速度快，经过强光和高温季节后，容易吸尘老化，透光率会下降到50%以下；而且耐热性差，膜面易松弛，不易压紧；比重大，单位面积覆盖所耗用薄膜重量较大，生产应用成本较高。

4. 聚氯乙烯长寿无滴防尘膜 聚氯乙烯长寿无滴防尘膜是一种新型多功能无滴防尘膜，它是在长寿无滴膜的基础上，增加一道表面防雾、防尘工艺，使薄膜外表面附着上一层均匀的有机涂料，薄膜既有长寿无滴的优点，又能阻止增塑剂向外析出，避免了表面水分迁移流失，使无滴的持效期得以延长。另外，在薄膜表面涂敷料中加入了抗氧化剂，进一步增强了薄膜的抗老化性能，使用期限明显延长，是当前葡萄设施栽培上运用较多的一种新薄膜。

5. 聚乙烯多功能复合膜 聚乙烯多功能复合膜的生产工艺采用三层共挤设备，把不同助剂分层加入薄膜之中，使其具有多种特殊功能。如耐候剂相对集中在外层，保温剂相对集中于中层，防雾滴剂相对集中于内层。同时还加入了特定的紫外线阻隔剂，可有效减轻葡萄灰霉病的危害。这种薄膜具有防雾滴、保温、防老化、防病等多种功能，其厚度为0.08 ～ 0.12毫米，使用年限1.5年以上，夜间保温性也比聚乙烯薄膜好，接近于聚氯乙烯薄膜。防雾滴期限2 ～ 3个月，并能使50%以上的直射光变成散射光，从而能有效地减轻骨架材料对阳光遮挡的影响。

6. 乙烯－醋酸乙烯多功能复合膜　乙烯-醋酸乙烯多功能复合膜也称EVA膜，属三层共挤的一种高透明、高效能薄膜。这是一种综合性能良好的新型薄膜，目前已在设施栽培中广泛应用。

此种薄膜是针对聚乙烯多功能复合膜雾度大、流滴性差、流滴的持续期短等问题而研制的一种新型薄膜，它是用含醋酸乙烯的共聚树脂代替部分高压聚乙烯，用有机保温剂代替无机保温剂。流滴性改善，雾度很小，透明度较高，直射光透过率显著提高，有利于设施中葡萄生长结果。它是目前我国北方葡萄产区重点推广的新型多功能膜，但其保温性在高寒地区仍不如聚氯乙烯薄膜。

蓝紫色棚膜促进果实上色

温室葡萄蓝色棚膜与无纺布覆盖帘

7. 有色薄膜　近年来在制造农膜时，在配料中加入了一些着色剂，使农膜具有不同的颜色，改变了进入温室内不同波长光线的组成比例，从而促进了植株的光合作用，达到提高产量和改进品质的目的。

葡萄生产上用带紫色的棚膜覆盖温室后，透光率增强，使有色葡萄品种着色明显增加；用蓝色棚膜后，叶片内叶绿素含量增加，并能提高温室内的温度，从而促进葡萄早熟；而黄色棚膜有明显的遮光作用，影响产量和品质，因此不宜在葡萄温室和大棚上应用。

8. 透明塑料板 硬质透明塑料板是一种新型透光覆盖材料，一般厚度为0.2毫米以上，透明度高、易安装，是覆盖温室的理想材料。当前市场上可供用于温室的透明塑料板有：①玻璃纤维强化聚酯板，一般温室常用，其厚度为0.7 ~ 0.8毫米，波幅32厘米，强度较大。②玻璃纤维强化丙烯板，厚度、波幅与丙烯板一样，但在温室内无投影，光照强度好。③丙烯树脂板，由于其成分内没有加入玻璃纤维，所以厚度较大，温室常用1.3 ~ 1.7毫米厚的树脂板，波幅为63厘米或130厘米。这种材料透明度高，落灰尘后透光率仍然较高，抗冰雹打击，保温性能好，但市场价格较高。

上述3种透明塑料板，一般都能连续使用10年以上，比玻璃轻，破碎后对人体危害少，但安装时需用螺丝固定，否则会被大风刮掉，而且容易积水珠，破碎后修补也比较困难。因此，当前国内大面积葡萄设施栽培上还是以塑料薄膜为主。

随着科学技术和有机合成工业的发展，棚膜的种类日新月异，一个地区选择应用哪种棚膜，一定要目的明确，同时也要考虑到经济、实用，这样才能获得预期的效益和效果（表2-4）。

表2-4 葡萄设施常用棚膜的种类、性能及用量

		厚度（毫米）	性能特点	设施类型	亩用量（千克）
聚乙烯膜	普通膜	0.04 ~ 0.12	透光率衰减慢，保温性差，单位面积用量小，使用时间4 ~ 6个月，可以烙合，不易粘补	温室 大棚 中小棚	100 110 ~ 140 80 ~ 130
	长寿膜	0.10 ~ 0.14	强度高、耐老化，使用期2年以上，其他同普通膜	温室 大棚	80 ~ 100 100 ~ 130
	薄型耐老化多功能膜	0.05 ~ 0.08	耐老化，使用期1年以上，透光性能好，散射光占50%以上，薄，单位重量覆盖面大	温室 大棚 中小棚	50 ~ 60 60 ~ 80 80 ~ 100

（续）

		厚度（毫米）	性能特点	设施类型	亩用量（千克）
聚氯乙烯膜	普通膜	0.10 ~ 0.12	保温性强，新膜透光率高，使用1 ~ 2个月后大幅度下降，耐老化性好，使用期1年左右，单位覆盖面积用量大，耐高温不耐高寒，易烙合也易粘补，保温性能好	温室 大棚	120 ~ 130 130 ~ 150
	无滴膜	0.08 ~ 0.12	表面不结露，而形成一薄层透明水膜，透光性强于PVC普通棚膜，保温性能好，其他性能同聚氯乙烯普通膜	温室 大棚	110 ~ 125 140 ~ 150

二、实际应用中棚膜宽度和长度的确定

当前市场上棚膜宽度有3 ~ 12米等多种规格。选择薄膜时首先要实地测量温室前棚面或大棚棚面的宽度，然后再加上压膜时需要前后相互覆盖的宽度60 ~ 80厘米，就是所用农膜的总宽度。如实测棚面宽度是8米，所用农膜总宽度则应为8.6 ~ 8.8米。同时在决定膜的宽度时，要注意棚面上通风窗（缝）的位置，使膜在相互搭配时将通风窗的位置正处在温室和大棚上部的高温区域内，以便于进行拉膜通风操作，并节省材料和减少剪粘棚膜等工序。

塑料农膜出厂后，很容易受大自然中日光和气体的影响而使农膜中的化学成分发生变化，形成农膜老化，农膜出厂日期越长，老化的可能性就越大，所以选用农膜时要尽量选用最新出厂的棚膜。

三、设施覆膜时间的确定

设施覆膜时间的确定因设施栽培的目的、当地气候、设施种类的不同而有所不同。

（一）设施避雨栽培覆膜时间

设施避雨栽培的覆膜时间主要取决于当地自然降雨的时间分布。由于降雨对葡萄开花和果实成熟影响最大，因此在葡萄开花期和果实成熟期常有降雨的地区，应该在当地降雨期到来之前尽早完成避雨棚的覆膜工作。

近年来南方各地对避雨棚四周和彼此相接处用塑料薄膜封围和连接，以提高避雨棚内温度，从而提早葡萄的成熟期，将避雨和促成栽培相结合。若是采用这一方法，可将覆盖避雨薄膜和围膜封棚的时间适当提早到1月下旬到2月初，从而增强增温和促成的效果。

避雨棚设置边膜

连接避雨棚膜、设置围膜进行促成栽培

（二）设施大棚栽培覆膜时间

1. 北方（单层膜）大棚覆膜时间 仅靠单层薄膜覆盖防寒效果有限，提早成熟时间也仅10 ～ 15天。单层膜大棚覆膜时间一般在当地冬季最低温过后（2月上中旬），有条件的地区，在覆膜后可在大棚顶部设置覆盖物或在周边增设围膜，以增强保温促成效果。

2. 南方（单层膜）大棚覆膜时间 南方地区冬季温度稍高于北方，并且各地区小气候差异很大。一般在当地气温稳定在5℃、最晚一次低温前30天（露地葡萄开始萌芽前50天左右）即为单膜大棚覆膜期。

3. 多膜大棚覆膜时间 多膜覆盖是我国农民在设施栽培上的一项创新，是在大棚内再覆盖2 ～ 3层薄膜（二道膜、三道膜、地膜），更进一步增强大棚保温作用，能进一步提早葡萄的成熟时期20 ～ 30天。实行多膜覆盖时除要注意适当的设施结构外，合理的覆膜时间更为重要。一般实行三膜覆盖时，覆盖外膜的时间要比覆盖单层膜的时间提早15 ～ 20天，在外膜设置好后3 ～ 4天覆盖地膜，再过3 ～ 5天后，设置二道膜（内膜）。

必须强调的是，设施栽培中，并非设膜越多越好，膜层加多虽增温作用增加，但严重降低光照度、增加空气湿度、加重病虫害发生，反而推迟成熟、降低果品品质。因此，多膜覆盖一定要在科学的指导下合理进行。

（三）设施温室覆膜时间

温室北、东、西三面有墙体御寒，又可设置加温设施，增温保温效果大大强于大棚，促成效果明显，因此，温室覆膜时间可根据各地当年气候状况、栽培的品种及栽培要求的葡萄采收时间合理确定覆膜时间。

1. 设施促成栽培 在当地冬季低温来临之前、立冬前后（葡萄修剪以后）及时覆膜，覆膜后白天加盖覆盖物遮挡阳光，保持温室内温度低于7℃，晚间通风保持相对低温，小雪节气后封闭温室，直到元旦前后再开始揭开覆盖物，让阳光照射进行升温。

2. 设施延迟栽培 延迟栽培和促成栽培不同，覆膜的主要作用是维护温室或大棚内葡萄生长后期的温度和光照，延迟葡萄的成熟和采收时期。延迟栽培设施覆膜的时间应在当地日平均气温接近22℃时及时进行，当气温达到15℃时就要注意加置覆盖物，防止早晚温室内温度过低，保证葡萄正常上色、成熟。葡萄采收后，暂不揭膜，待修剪、埋土防寒完成后再揭去棚膜。

四、温室覆膜方法

覆膜是设施温室建设中一项十分重要的工作，为了保证温室内光照良好，覆膜一定要平整、严密，尤其要设计好通风缝的位置。

覆膜时最好将棚膜分为南、北、中三部分，以利于设置膜面通风窗。进行覆膜时，前窗部分用2米宽膜，中部用4米宽膜，北部用2.6 ~ 2.8米宽膜。如买不到2 ~ 2.8米宽的农膜，可用4.8 ~ 5米宽农膜改成2米和2.8米宽的两幅农膜。

覆膜时，南部和中部膜的结合部留作温室的腰窗，冬季温室通风主要是通过腰窗通风，北部和中部的结合部留作顶窗，当春季温室内温度迅速升高时，揭开前棚膜与地面的结合部通底风，并揭开顶窗同时通顶风，形成空气对流，这样能迅速降低温室内的温度和湿度。

覆膜时，先覆前窗膜，方法是将棚膜东西拉平，固定在东、西墙上设置的压膜槽内，若无压膜槽，可将薄膜两端在拇指粗细的竹竿或8号铅丝缠绕几圈后，拉紧抻平固定在东、西墙外侧的墙上。前窗南边下边与地面接触，用8号铅丝将边缘缠紧，用土压住20厘米左右。覆中部膜时，在前窗膜与中部膜的结合部，用中部膜压前窗膜20厘米；顶膜与中部膜的结合部，用顶膜压中部膜20厘米，形成上膜压下膜，复瓦状压膜，这样下雨或下雪时，水、雪可以顺棚面向下流动，而不会流到棚内，顶膜的北边盖在后檐上，伸

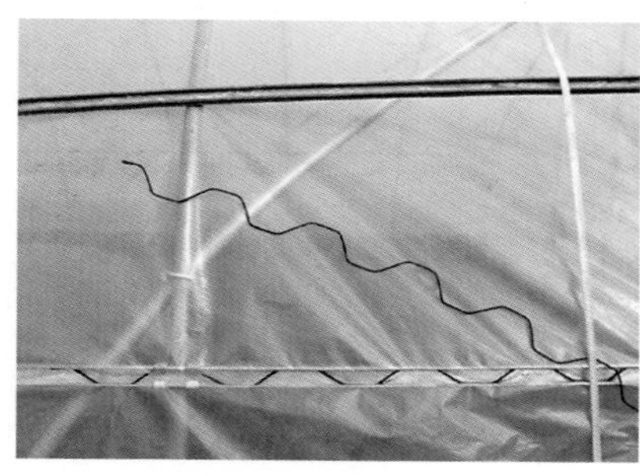

压膜簧、压膜槽、压膜线

压膜槽与压膜线

进后檐20厘米用8号铅丝缠紧后固定，并用泥土压住20厘米。东西墙两头的棚膜固定方法与前窗膜相同，有条件时东西墙上应设置专门的压膜卡槽，用压膜卡槽和卡簧相配套固定薄膜效果更好。

五、大棚覆膜方法

大棚的顶膜应采用透光良好的新膜，而围膜可以用上年换下来的无损伤的旧膜。覆膜时，无论是竹木结构的大棚或钢架大棚，都要先覆四周边底部的围膜，一般用1.0 ～ 1.5米宽的薄膜，上边一边先用电熨斗烙合成筒状，中间穿一条料绳，拉直拉平固定在大棚四周的立柱或拱杆上，膜的下端约30厘米埋入土中，以固定围膜。

围膜固定后，即可进行大棚上部的薄膜的覆盖，膜的宽度应覆盖整个大棚顶部并盖住两边围膜，并各超过围膜30厘米。膜的长度为大棚棚顶的总长度再加上两倍的棚高，并再加长60厘米，以备埋入大棚两端的土中各30厘米。

大棚框上设置压膜槽

防风压膜网

覆盖棚膜应选在无风的晴天进行，先将整个棚膜从两边卷起，平放在大棚顶部的中央，然后缓缓向两侧推放并拉直展平，并超过和从上面复瓦状压住围膜，棚的两端的膜要拉紧拉平，下部埋入土中并压实。大棚上的膜覆盖完后，用压膜线或压膜网将整个顶膜压平压紧，此时即完成整体大棚的覆膜工作。

六、压膜方法

压膜是为了防止棚膜在有风的情况下上下抖动，造成棚膜破烂和撕裂。我国北方地区冬春季大风频繁，南方地区生长季也常遇风雨，为保护棚膜，必须进行压膜。一般设施在薄膜覆盖好后要立即压膜，压膜方法有两种。一种是用竹竿压膜，可用粗度和棚面南北纵向竹竿相同的竹竿，按纵向用竹竿在棚面相对应的位置压膜，压膜杆北头用14号铁丝固定在棚面纵向竹竿上，棚面上压膜杆每隔2 ~ 3米用铁丝固定一处，使压膜杆与膜下面的纵向竹竿紧密相靠紧。用竹竿压膜，操作容易，缺点是固定用的铁丝必须穿过棚膜，使棚膜上形成许多小穿孔，这样不仅会造成温室内温度和湿度散失，而且容易造成薄膜损伤，若遇大风常造成棚膜上下吹动，并常常形成从铁丝穿孔处棚膜撕裂，从而影响使用年限。最好的办法是使用压膜线压膜。

利用覆盖物压膜防风

压膜线是一种用高强度塑料和尼龙绳结合制作的一种扁平、条状拉线。用压膜线压膜时先把压膜线的一头用四寸*以上的长钉固定在北墙的外墙上，然后使压膜线通过后檐至温室最高点，再从两根纵向棚杆的中间拉至前窗地面拉紧，然后用木楔或埋钩固定在地面上。压膜线拉得越紧，棚膜固定得越牢固。用压膜线压膜是一种值得推广的好办法。在一些大风较多的地区，可用压膜线编成压膜网，效果更好。还有一些风灾严重的地区，用双层网即先在设施架框上覆一层网线，在网线上盖膜，然后在膜上再设置一层压膜网，这样显著增强了抗风雨的能力。

* 寸为非法定计量单位。1寸≈3.3厘米。——编者注

七、大风和台风来临前棚膜保护

强对流天气形成的狂风、大风和东南沿海地区的台风是对各种设施结构和棚膜损伤极为严重的一种自然灾害，风速过猛、过大，而且伴有暴雨时，其损伤力远远超过薄膜和压膜线的承受范围，因此，在强对流天气来临之前，要根据天气预报及早进行压膜、覆盖和防护。南方避雨栽培中，若遇有台风，则应该在台风到来之前尽快将薄膜全部从棚架下撤除或顺风向卷起，捆扎固定在地面上，以避免台风的危害和损伤。而在台风结束之后，整理完架面，再另行在棚架上覆膜避雨。

第六节　设施保温覆盖

设施在白天接收日光能，使设施内气温和土温上升，而到夜晚由于辐射、传导和对流，设施内的热量逐渐散失。据测定，温室中白天接受的日光能和热量，55%以上均由棚面在晚间向外辐射、传导而损失。因此，在做好其他保温工作的同时，一定要注意棚面保温设备的设置和操作，以尽量减少温室中热量的散失。实际生产中，在冬春季的夜间，对促成栽培必须进行棚面覆盖保温。对延迟栽培来讲，在一个地区的霜期来临前直到采收，也必须进行覆盖防寒。保温和增加温室光照是同样重要的一项工作，良好的保温能使白天接受的日光热量能得以保存，这对在冬末春初气候寒冷条件下的促成栽培和延迟栽培都十分重要。对于单纯的避雨栽培，在一般情况下除覆膜外，不再进行覆盖草帘等保温措施。

一、常用的设施覆盖材料和选择

生产上常用的设施棚膜上的保温材料是草苫、草帘、棉被和无纺布等。近年来，一些新型的轻型保温覆盖材料相继投入市场，如无纺布防寒被、化纤保温被、玻璃真空棉被等。在一个地区如何选择温室的覆盖材料，要根据当地的具体气候状况、温室结构、栽培目的及栽培者的经济状况等因素而决定（表2-5）。实际生产中对覆盖材料的基本要求是：保温性能良好、重量轻、不吸水、使用寿命长、投资较少。不同的保温材料性能差别很大，在选用保温材料时，必须掌握它们的具体特点。

表2-5　常见设施覆盖材料规格、用途和用量

名　称	规　格			用　途
	长度（米）	宽度（米）	厚度（厘米）	
稻草苫	8.0 ～ 15.0	1.5	5.0 ～ 6.0	温室、大棚外保温
蒲草苫	8.0 ～ 15.0	1.5 ～ 2.0	4.0 ～ 5.0	温室外保温
蒲苇苫	8.0 ～ 15.0	1.5 ～ 2.0	4.0 ～ 5.0	温室外保温
稻草帘	8.0 ～ 15.0	1.5	5.0 ～ 6.0	温室、大棚外保温
蒲草帘	8.0 ～ 15.0	1.0 ～ 1.5	5.0 ～ 6.0	温室外保温
纸　被	8.0	1.2 ～ 2.0	0.2 ～ 0.3	温室、大棚外保温
棉　被	5.0 ～ 8.0	2.0 ～ 4.0	3.0 ～ 4.0	温室、大棚外保温
无纺布	100.0	1.0 ～ 3.0	15 ～ 40克/米^2	设施内保温幕

二、常用设施覆盖保温材料

1. 草苫、草帘　是我国传统使用的设施保温材料，草帘的致密性和保温性要强于草苫。草苫和草帘均可分为两种，一种是用稻草和绳筋编织而成；另一种是由蒲草和绳筋编织而成。其中以稻草编织的较为致密，保温效果较好。草苫、草帘的厚度、宽度和长度应根据

蒲草帘覆盖

温室大棚的实际需要来确定，一般厚约5厘米，宽1.2 ～ 2米，长8 ～ 10米。这一类保温材料原料来源广，也可以自制，是一种保温性能良好的覆盖材料，在塑料薄膜日光温室前屋面上覆盖一层，可使温室内的最低气温提高3 ～ 6℃，因而主要用作温室、大棚及小拱棚夜间或阴雪天气时外部覆盖保温。为了防止草帘在阴雨天、雪天吸水，常在草帘上、下两面再覆设一层塑料薄膜，这样不但能防止雨雪的影响，而且其保温效果更为良好。近年来，随着新型覆盖材料的应用和草苫、草帘原料价格上涨和加工成本的增加，草苫、草帘的应用逐渐减少。在温室上设置保温草帘时，先在后檐顶上东西向固定一条8号铅丝或钢缆，将草帘的一头固定在铅丝上。然后在每捆草帘的下边，距离草帘两头近50厘米处固定一根小拇指粗的麻绳或尼龙绳，每条麻绳的长度等于草帘长度的2倍再加两米，绳子经草帘底部转到草帘上部，绕草帘一周，最后打活结固定在后墙的铅丝上。每天掀、盖草帘时，打开活结，拉动绳子使草帘卷起或放下。

温室管理中，揭、放草帘是一项重要的工作，若仅靠人工揭放草帘，不仅劳动强度大、而且在管理温室较多时，很难在短时间内完成草帘的揭、放工作，这个矛盾在遇到特殊天气变化时就显得格外突出。最近我国各地制造的卷帘机采用机械方法揭、放草帘，不但节省人力，而且能在短时间内完成操作过程，较好地解决了这一问题，值得有条件的地区推广应用。

2. 纸被 纸被是用4 ～ 7层牛皮纸或水泥袋包装纸缝制而成，长宽度视棚室的棚面结构而定，能够盖严即可。在我国西北一些比较干旱的地区，冬季温室防寒管理上常用纸被和草苫、草帘配套覆盖使用，即将纸被覆盖在温室塑料棚膜外草苫或草帘的下面，这样既能增强保温效果，又能减少草苫、草帘对棚室塑料薄膜的磨损。覆盖一层纸被和草帘，可使温室内夜间最低温度提高4 ～ 7℃。在冬春季比较干旱、寒冷的地区，纸被是一种良好的辅助保温材料。但在冬春雨雪较多的地区，则不能采用纸被防寒。

棉毡覆盖

3. 棉被 设施中用的棉被是用次品棉花或再生纤维和布做成的特种温室专用棉被，它保温性能强，重量较轻，主要覆盖在温室塑料薄膜外，也可以当塑料大棚的覆盖物和围帘使用。通常情况下，覆盖一层棉被，温室内的最低温度可以提高8～10℃，保温效果十分明显，但由于棉被成本高，吸水力强，如被雪、雨浸湿会变得很重，卷起、铺盖都比较困难，在不注意晾晒的情况下，还容易受潮发生霉烂，所以在一些地区常在棉被两面覆裹一层塑料薄膜，以增强棉被的防水能力。

4. 无纺布 近年来，无纺布、聚酯棉等轻型保温材料广泛应用于设施覆盖，效果十分良好，而且由于重量大大减轻，更适合与各种卷帘机配合使用。

无纺布又名不织布、丰收布，是一种新型轻工产品。它是用聚酯热压加工形成的布状物，近似织物强度，可用缝纫机或手工缝合。农业上应用的是长纤维不织布，其特点是不易破损，耐水、耐光、重量轻、透气性良好，不积水，是近年来应用较多的新型保温材料，应用范围正在逐渐扩大。使用保管良好时，寿命可达5年以上。无纺布的规格很多，其中每平方米100克以上的强力防水无纺布多作温室、大棚保温覆盖材料。而每平方米在30～40克以下的不织布，只能应用在温室、大棚内的树体覆盖上。无纺布覆盖不仅能够提高温室内的夜间温度，而且能够降低棚室内的空气湿度。无纺布的保温效果因覆盖方式和厚度不同而有差异。一般设施内用一层无纺布作保温幕，可使温室内的夜间最低气温提高1～3℃。在温室内用不织布覆盖的小拱棚里，夜间最低气温可比其所在温室内提高1 ~ 2℃，湿度降低10%以上。无纺布的种类规格很多，要根据其具体的规格和保温性能进行合理选用。

5. 化学纤维保温被 化学纤维保温被是我国近年来新研制的一种专供温室、大棚应用的覆盖保温材料。其结构共分为3层，外层是用耐候、防水的尼龙布，内层用能阻隔红外线向外辐射的保温材料，中间是一层夹置的腈纶棉等化纤保温材料，三层用机器缝制在一起，不但质量轻，而且耐雨、保温、使用简便、容易收藏，一般可连续使用6 ~ 7年。已经使用的地区均反映效果良好，化纤保温被是一种可以代替草苫、草帘的新型设施防寒保温材料。

6. 围膜 围膜是在温室内靠边处距棚膜0.3 ~ 0.5米处，再设置一道高1 ~ 1.2米的薄膜。设置围膜后，冷空气不会直接从底部入侵温室内，而要上升到围膜高度再下沉，形成一个缓冲过程，从而防止外界冷风和采用打开地风口进行通风换气时从温室下部进入的地风低温影响葡萄植株。围膜的设置方法是将围膜一边套入一条尼龙绳（把绳摺在膜内，膜口用烙铁热合在一起），按1 ~ 1.2米高度把围膜两端绑在温室两头的立柱上，中间相应绑在棚杆上，把膜的下边埋入土中即可。围膜的设置在冬春季气候较冷的地区是十分重要的一项工作。

温室内设围膜

三、设施内多层覆膜

为了提高设施促成效果，近年来我国各地先后研发推广了多种设施内多层覆膜技术，如两膜覆盖、三膜覆盖（包括地膜）等。两膜覆盖是在温室和大棚内架设镀锌铁丝设置的第二层薄膜覆盖，以进一步增加设施内的温度，这层覆盖可以用比棚膜稍薄的塑料薄膜。加一层薄膜可提高膜下气温3 ~ 4℃，这层覆盖密封越好，保温性越强。但在生产上利用多层覆膜时必须注意几点。

节能型设施多膜栽培

1. 设施结构 要达到理想的多层覆膜效果，设施必须适合增加覆膜所需求的空间结构。其中最关键的是设施高度，一般要保持多层覆膜后良好的光照和通风状况，第二道膜距顶膜的距离应保持在60厘米左右，而第二道膜距葡萄叶幕层的距离应大于50厘米。因此，一定要注意设施的高度和葡萄叶幕架面及膜的距离。

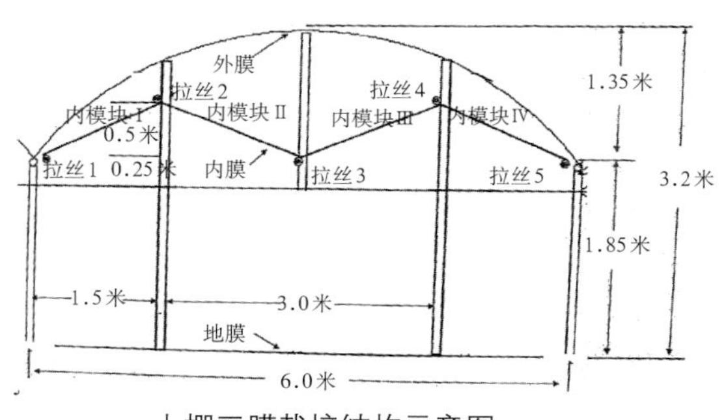

大棚三膜栽培结构示意图

2. 覆膜、揭膜时间 多膜覆盖时设施的顶膜应在当地初冬气温降低之前（或计划萌芽期前35 ~ 40天），覆膜后4 ~ 5天覆盖地膜，再隔5 ~ 7天覆盖第二层内膜。一般在开花前揭去第二层内膜和地膜。在当地露地日平均气温达到20℃时撤去大棚围膜和温室下部棚膜，只保留顶膜（避雨）。具体覆膜、揭膜时间还要依据当地当年的实际气候状况而定。

第二层薄膜挂吊时要保持一定的倾斜度，形成中间高、两侧低，这样能保证膜内蒸发的水汽从膜上凝结流走。

3. 加强管理 多层覆膜能增加设施内的温度，但也改变了设施内葡萄叶幕层周围的小气候，使光照变弱、湿度增加、叶幕层内空气流通滞慢、病虫危害加重等，从而影响到葡萄正常的生理活动，尤其是降低了叶面的蒸腾和营养的吸收和运转。因此，必须加强多层覆膜后相应的综合管理，尽力改善葡萄叶幕层小气候，促进葡萄正常生长，保证设施内葡萄的产量和提高葡萄的质量。

葡萄大棚多膜栽培

4. 覆膜层数 多层覆膜能增加设施内的温度，提早萌芽、成熟，但不能盲目增加覆膜层数，否则会严重影响膜下光照、增加空气湿度、加重病害发生、延迟果实成熟，产生适得其反的不良后果。必须结合当地实际情况，合理确定覆膜层数。

四、卷帘机

卷帘机是负责拉、放温室、大棚上保温覆盖物的专用机械，生产上应用的机械卷帘机有手动、电动等多种类型，但比较实用的是电动卷帘机。目前常见的卷帘机有两种，即提拉式卷帘机和杆式卷帘机。

1. 提拉式卷帘机 这种卷帘机的电动机，减速机和卷帘轴全部安装固定在温室后屋面上，在温室后屋面上横向安装一根用镀锌管制作的卷帘轴，在保温帘的下端同样固定一根与保温帘宽度相同的细镀锌钢管，同时在保温帘下面，纵向铺放数条拉绳，拉绳的一端固定在温室后屋面上，另一端绕过保温帘缠绕在卷帘轴上。启动电动机后，卷帘轴开始转动，拉绳在卷帘轴上缠绕，从而牵引卷帘上升，完成揭帘工作，而铺放时，反方向转动，松放保温帘上的拉绳，保温帘即可在棚面上很快铺好。

2. 杆式卷帘机 这种卷帘机和提拉式卷帘机不同，它的电动机和减速机固定悬挂在温室大棚中部或一侧的固定杆上，电动机和减速机的动力输出一端通过万向节传动轴和温室大棚上的卷帘轴相联结。开启电动机后，卷帘轴随传动轴旋转，完成卷帘工作，同样铺放保温帘时，电动机反向转动即可完成放帘工作。

近年来，我国各地相继研发出许多新型设施专用的卷帘机械，目前应用较多的是杆式卷帘机，而且通过计算机实行人工智能式和手机遥控式卷帘调控也已经逐步推广。

提拉式温室卷帘机

杆式卷帘机

卷帘机自动控制

新型跨棚式卷帘机

第七节 设施建造材料预算

一、土木结构的温室建材预算

土木结构的温室投资较低，适合于经济条件较差的地区采用，在良好设计和建造的条件下，土木结构温室也有较好的采光和保温效能，在西北干旱、半干旱地区经济条件较差的农村，土木结构温室仍有一定的应用价值。建造温室内实际面积600米^{2}的土木结构温室，材料预算可参考表2-6。

表2-6　土木结构温室建造材料预算（供参考）

材料	规格	单位	数量	备注
土墙	厚度大于冻土层	米	112	东、西、北墙
立柱	长280、粗6厘米	根	38	第一排立柱
腰柱	长260、粗6厘米	根	38	第二排立柱
边柱	长180、粗6厘米	根	38	前排立柱
檩材	长400、粗10厘米	根	16 ～ 18	温室檩条
横杆	长400、粗4厘米	根	56	劈开做拉杆用
竹竿	长800、粗6厘米	根	130	拱棚面
木杆	长150、粗10厘米	根	300	后屋面
铁丝	16#	千克	3	绑架面用
铁钉	6#	千克	50	
铁丝	8#	千克	50	
塑料薄膜	0.04 ～ 0.06厘米	千克	120	聚乙烯多功能膜
稻草帘	800 × 150 × 5	个	110	覆盖
压膜线	塑料压膜线	千克	15	压膜

注：温室的门、工作间等辅助建设材料未包含在内。

二、钢架砖墙结构温室的建材预算

钢架砖墙结构温室是较为先进的一种温室，采光良好、温室空间大，但造价成本较高。砖墙钢架温室结构类型很多，随着结构类型的不同，建材需求有很大差异。表2-7提供建造600米^2（温室内实际面积）一般型节能日光钢架砖墙温室所需的材料，供各地参考。

表2–7　砖墙钢架日光温室建造材料预算

材料	规格	单位	数量	备注
砖	24厘米×11.5厘米×5.3厘米	块	68 000	东、西、北墙
水泥	425#	吨	15	制作砂浆
沙子		米^3	40	制作砂浆
碎石		米^3	40	基础、打梁
镀锌管	2.7厘米×9.5米	根	105	骨架上弦
钢筋	Φ12×9.2米	根	105	骨架下弦
钢筋	Φ10	千克	500	骨架拉花
钢筋	Φ（14～16）×90米	根	2	横向拉筋
槽钢	（5厘米×5厘米×5厘米）90米	根	1	顶部的拉筋
角钢	（5厘米×5厘米×4厘米）90米	根	2	顶梁、地梁预埋、焊骨架
铁丝	8#	千克	50	
木材		米^3	4	门窗、框架
沥青		吨	1.5	后屋面
油毡		捆	10	后屋面防水
塑料薄膜	0.04～0.06厘米	千克	120	聚乙烯多功能膜
稻草帘	800厘米×150厘米×5厘米	个	110	覆盖
压膜线	塑料压膜线	千克	15	压膜

注：不包括温室建造辅助用材。

三、竹木结构塑料大棚建造材料预算

竹木结构大棚是农村常见的一种大棚结构，投资较少，而且许多材料可以就地取材，目前这种大棚主要用于北方一些地区的防寒栽培和南方的避雨栽培，其每亩大棚建造所需材料可参考表2-8。

表2-8　竹木结构塑料大棚建造材料预算

材料名称	规格（厘米）	单位	数量	备注
木杆	长280，粗10	根	112	中柱
木杆	长250，粗10	根	112	腰柱
木杆	长170，粗10	根	112	边柱
木杆	长400，粗10	根	64	拉杆
木杆	20 × 5	根	336	柱脚横木
竹竿	600 × 4	根	112	拱杆
竹片	400 × 4	根	56	底脚拱杆
木杆	400 × 4	根	30	固定底脚拱杆
塑料绳	—	千克	4	绑拱杆
细铁丝	16#	千克	2	绑拱杆
钉子	6	千克	3	钉柱脚横木
门框	—	副	2	
板门	—	扇	2	
铁丝	8#	千克	50	作压膜线
红砖	24 × 11.5 × 5.3	块	110	拴地锚
塑料薄膜	聚乙烯0.04毫米厚	千克	140	覆盖棚面

四、钢架结构的大棚建造用材预算

钢架结构大棚是一种新型的大棚，结构牢固、采光好，内部工作面大，目前主要用于避雨栽培、促成（多膜覆盖）和短期延迟栽培。随着地区的不同，钢架大棚的结构可能有所改变，一般每亩钢架塑料大棚建造材料预算可参考表2-9。

表2-9　钢架结构大棚建造材料预算

材料名称	规格	单位	数量	备注
镀锌管	ϕ2.7厘米×12米	根	23	棚架上弦
镀锌管	ϕ2厘米×2.5米	根	8	棚两端立管
钢筋	Φ12×11米	根	23	棚架下弦
钢筋	Φ10×12米	根	23	棚架拉花
钢筋	Φ14×66米	根	5	拉筋
钢筋	Φ12×30厘米	根	440	斜撑
角钢	66米（5厘米×5厘米×4毫米）	根	2	预埋地梁焊架
镀锌管	直径2.7厘米×12米	根	44	拱杆
水泥	425#	吨	0.5	浇地梁
沙子	—	米^3	2	浇地梁
碎石	2～3厘米	米^3	2	浇地梁
薄膜	聚乙烯0.04毫米厚	千克	100	覆盖棚面
压膜线	8#铁丝	千克	50	压 膜
门	—	扇	2	

注：1.不包含棚内补光、灌溉等设施建设用材。
2.若采用水泥立柱钢架拱棚，每亩大棚约需260厘米×10厘米×10厘米水泥立柱40根。

第三章 设施栽培中葡萄品种选择

第一节　设施葡萄品种选择的原则

设施葡萄栽培的特点，一是在人为控制的环境下生长结果，二是设施栽培是高投入、高效益生产。因此，它对品种的适应性、成熟期、品质、抗病性、耐贮运性等都有比露地栽培更高的要求。在一个地区，设施栽培的品种选择与当地露地栽培中品种选择可能有明显的不同，往往一个地区露地不适宜栽培的品种，在设施栽培中可能十分适宜，而在露地栽培表现十分良好的品种，在设施栽培中却不一定完全适宜，必须经过试验和实践才能确定。在发展设施栽培时，品种选择适当与否，对栽培效益的高低有着决定性的作用，因此，设施栽培必须十分重视品种的选择。

一、设施栽培葡萄品种选择应注意的问题

1. 适应设施内生态条件，在设施条件下能正常生长、结果　设施内由于有覆盖物的遮盖，与露地比较，光照条件相对较差，所以选择品种时一定要注意葡萄品种生长结果对光照条件的要求。葡萄品种繁多，有的葡萄品种在直射光条件下才能分化形成花芽，正常开花、结果，尤其是一些欧亚种东方品种群品种，对光照要求较严。若生长季光照不足，花芽就不能正常分化，开花期如果阳光不能直接照射到花序上，花冠就不易脱落，从而影响授粉受精，造成大量落花落果，影响产量。还有一些品种只有在直射光条件下果实才能正常上色，在散射光下果实很难上色；而有的葡萄品种对光照要求就不太严格，对散射光、反射光都能

吸收利用，在散射光下就能正常生长结果，而且葡萄果实着色快，整齐一致，这一类品种就适合在设施中栽培。

温室内光照条件远比露地要差，尤其是在早春阴雾天多时，常常光照不足，所以选择设施葡萄品种时，尽量选择能在散射光下正常生长结果的品种，避免选用对光照条件要求较严的品种。在我国易发生雾霾的地区对此更应重视。

另外，设施内温度、湿度较高，较易诱发各种病害，品种抗病性也是品种选择时必须重视的问题。

2. 需寒量低、自然休眠期短的品种 需寒量是指葡萄品种通过正常休眠所需≤7.2℃的时间长短，一般以小时为单位，不同葡萄品种完成正常休眠所需的需寒量互不相同，其变幅在800～1 600小时之间，需寒量较少的品种在设施中发芽也早，成熟相对也早，而大部分需寒量多的品种发芽晚，成熟也相对较晚。在设施栽培中，一个品种若需寒量不能充分满足，就会形成萌芽、开花、坐果的异常，甚至毫无产量。因此掌握品种的需寒量和相应的打破休眠技术，才能获得设施栽培预期的栽培效果。

3. 促成栽培要以早熟品种为主，延迟栽培要以晚熟品种为主 设施栽培以产期调节为主要目的，因此，在进行促成栽培时，选择葡萄品种要突出强调一个“早”字。使早熟、特早熟葡萄品种通过设施栽培成熟更早，以填补春末夏初淡季果品市场的空白。同时要注意品种的品质和丰产性，从而达到设施葡萄成熟早、品质好、产量高、效益高的栽培目的。

在设施延迟栽培中，则要强调以晚熟和极晚熟品种为主，要耐较长时期挂树，以尽量延迟、延长采收时间。同时要重视果实的品质和耐贮运性，这样才能充分体现延迟栽培的特点，延长产品在市场上的覆盖时间，增强市场竞争力。

4. 果穗果粒形状美观、抗病、优质、商品性强 设施葡萄是高档水果，品种的商品性十分重要，要求果穗、果粒的色、香、味、形俱佳，即果穗整齐、果粒大、着色好、酸甜适口、香味浓。尤其是一些大粒无核品种，更受消费者欢迎。同时，由于设施中的高温、高湿环境常常容易诱发病害的发生，这不但增加了管理成本，而且也影响了商品的安全性。因此，设施栽培中应选用那些大粒、色艳、味美、抗病性强的优良鲜食品种，尽量减少农药的施用量，增强产品的安全性。

二、酿造品种的设施栽培

一般来讲，由于设施栽培以调整成熟期、采收期为主，投资较大，管理成本较高，所以设施栽培主要适用于商品价值较高的鲜食葡萄，一般酿酒葡萄栽培不宜采用设施栽培。但是值得注意的是，我国中部和东部许多酿酒葡萄产区，由于8、9月降雨过多，常常导致病害的发生和产品质量严重降低，因此，推广投资较少的设施避雨栽培，减少雨水和病虫对酿酒葡萄的影响，是今后这些地区酿酒葡萄栽培中应重视的一个新问题。近年来，国内外在酿造葡萄栽培上也开始应用避雨栽培的方式，尽量减少农药的使用，提高酿酒葡萄和葡萄酒的质量，值得我国东部和中部酿酒葡萄栽培区借鉴。

第二节　适于设施促成栽培的葡萄品种

一、设施栽培中的早熟极早熟品种

由于促成栽培是在人工破除休眠条件下提早萌芽、开花和成熟，因此促成栽培的品种应是需寒量较少，在散射光下容易上色的优质、大穗、大粒类型的早熟或极早熟品种。这类品种从萌芽到成熟需100 ~ 110天。

多年栽培实践发现，适宜在设施中栽培的有以下一些品种。

1. 乍娜　欧亚种。又名卡地那尔、绯红，是国际上有名的早熟、大粒品种。

植物学特征：植株嫩梢绿色并带有粉红色，无茸毛；成熟枝条浅褐色，幼叶中厚，黄绿色稍带粉红，有光泽；上表面无茸毛、下表面有极稀的茸毛；成龄叶片中等大，叶片薄、近心脏形、五裂，上裂刻中、下裂刻浅，锯齿中等锐，叶面有光泽、无茸毛，叶背无毛；叶柄洼为宽拱形，两性花。

乍 娜

果实性状：果穗大、圆锥形，平均穗重500克，最大可达1 500克。果粒圆形、较大，平均单粒重8克，最大可达12克。果皮中等厚，粉红色，果粉多，肉质脆，果皮与果肉不易剥离。味酸甜，清爽可口，可溶性固形物含量14%。每果有种子1 ～ 4粒。果顶与果柄处着色较慢。

生物学特征：生长势强，萌芽迟，芽眼萌发率较低，结果枝率占芽眼总数的71%，每个结果枝平均有花序1.5个。结果早，产量高。但副芽、副梢结实力差，枝条成熟慢。从萌芽到果实完全成熟生长天数在100天左右。

设施中的表现：乍娜是十分适合设施栽培的早熟品种，需寒量低，喜散射光，适应于温室内高温高湿的环境条件。在设施中发芽明显较晚，温室内昼夜平均气温达到12℃时才开始发芽，开花时要求温度26℃左右、空气相对湿度70%～ 75%。果实生长期要求温度26 ～ 30℃，相对湿度80%左右。乍娜在温室中栽培容易形成花芽和早期丰产，并且克服了在露地栽培中易感霜霉病、抗寒性差和遇雨容易裂果的缺点。但若挂果超量则大小粒现象严重，果实着色慢，甚至不着色，出现“绿熟”果，风味变淡、酸度增加，并容易引起裂果和树势衰弱。

乍娜在设施栽培中成熟早、容易栽培，是值得推广的优良品种，但一定要注意控制产量，防止树势衰退。在成熟前要严格控制水分均衡，注意防止裂果。

2. 京秀 欧亚种，是中国科学院北京植物园培育的早熟优良品种。

京　秀

植物学特征：嫩梢绿色，无附加色，具稀疏绵毛。幼叶薄，绿色，有橙黄附加色，上表面光滑，下表面有稀疏茸毛。叶片中等大，近圆形，五裂，上裂刻深，下裂刻浅。叶片较厚，绿色，叶柄洼开张，矢形或拱形，锯齿三角形大而锐，叶柄短，两性花。

果实性状：果穗圆锥形，平均穗重512克，最大1 100克，果粒着生紧密，椭圆形，平均粒重6.3克，最大11克，玫瑰红或鲜紫红色，皮中等厚，果肉厚脆，味酸甜，具东方品种特有的风味，可溶性固形物含量14%～17.6%，含酸量0.3%～0.47%，品质上等。

生物学特性：在北京露地栽培，4月中旬萌芽，5月下旬开花，6月底或7月初着色，7月下旬或8月初果实充分成熟，从萌芽到成熟所需天数为106～112天，为早熟品种，在日光温室中栽培，2月初萌芽、3月中旬开花，5月末至6月上旬成熟。植株生长势中等或较强，结果枝占芽眼总数的37.5%，每一结果枝上的平均果穗数为1.21个，结果系数0.44，丰产。

设施中的表现：京秀在设施栽培中的突出特点是早熟、果实鲜红，色泽艳丽、耐挂树不掉粒。温室栽培在北京5月底至6月初即可食用。如不采收在树上可挂果1个月左右，也不裂果，不掉粒，果肉仍然硬脆，品质更佳。其果刷长、着生牢固、耐贮运性能好。但需注意京秀花芽形成时对光照要求较严，而且在温室中栽培果穗较紧，易感染白腐病，产量过高时果实不容易上色，品质降低，栽培上要注意果穗整形和严格控制产量。

3. 红旗特早玫瑰　欧亚种，又名红旗特早。

植物学特征：嫩梢黄绿色，略带紫红色，幼叶淡绿色，叶面有光泽、无茸毛；成龄叶中等大小，心脏形，叶面光滑，叶片两面均无茸毛，3～5裂，裂刻中深，叶缘锯齿较钝。一年生成熟枝条红褐色，节间中长，两性花。

红旗特早玫瑰

果实性状：果穗圆锥形，有副穗，果穗较大，平均穗重550克，最大穗重可达1 500克，果粒着生较紧密。果粒圆形，较大，平均粒种7～8克，果顶部有较明显的棱纹，果皮紫红色，果粉较薄，可溶性固形物含量17%，具玫瑰香味，每个果粒内平均有1～2粒种子。

生物学特性：植株生长势中庸，较抗寒。萌芽率70%，结果枝率68%，每个结果枝平均有1.6个果穗。副梢结实力较强，丰产。在山东露地栽培4月上旬萌芽，5月下旬开花，7月初果实成熟，从萌芽至果实成熟需105天左右，早熟品种。由于果实成熟较早，避病特点十分明显。但成熟期遇雨易发生裂果，生长后期叶片稍感霜霉病。

设施中的表现：在设施栽培中早熟性状明显，容易形成花芽，散射光下容易上色，果实品质优良，设施栽培中宜采用V形架整形，中、短梢修剪。要早施基肥，充分冬灌，及时抹芽定梢，幼果生长期要保持土壤水分均衡，适当控制灌水和氮肥，防止产生大小粒和果实裂果、提高果实含糖量，采果揭膜后要注意及早防治霜霉病，防止病害突发。

4. 维多利亚 欧亚种。

植物学性状：嫩梢绿色，具极稀疏茸毛；新梢半直立，节间

维多利亚

绿色。幼叶黄绿色，边缘稍带红晕，具光泽，叶背茸毛稀疏；成龄叶片中等大，黄绿色，叶中厚，近圆形，叶缘稍下卷，叶片3～5裂，上裂刻浅，下裂刻深，锯齿小而钝，叶柄黄绿色，叶柄与主脉等长，叶柄洼开张宽拱形。一年生成熟枝条黄褐色，节间中等长。两性花。

果实性状：果穗大，圆锥形或圆柱形，平均穗重630克，果穗稍长，果粒着生中等紧密，果粒大，果皮黄绿色，长椭圆形，粒形美观，无裂果，平均果粒重9.5克，最大果粒重15.0克，果皮中等厚，果肉硬而脆，可溶性固形物含量15.0%，含酸量0.4%，风味清爽，每果粒含种子以2粒居多。

生物学特性：植株生长势中等，结果枝率高，结实力强，每结果枝平均果穗数1.3个，副梢结实力较强。在河北饶阳设施大棚栽培，2月底萌芽，3月下旬始花，5月中旬果实成熟。成熟后若不采收，在树上挂果期长，不易脱粒，较耐运输。

设施中的表现：生长势中等，成熟早，丰产，可采用V形架栽培，中短梢修剪；对肥水要求较高，采收后应早施充分腐熟的有机肥为底肥，在设施中尤其要严格控制负载量，及时疏穗疏粒，实行套袋栽培，采用严格限产（亩产控制在1 250千克以内）、增施钙钾肥、环剥等措施，防止大小粒、提高含糖量、改善品质。维多利亚在设施中抗灰霉病能力强，但要加强对白腐病的综合防治。

5. 奥古斯特 欧亚种。

植物学性状：嫩梢绿色带暗紫红色，有稀疏茸毛，新梢半直立，茸毛稀疏，节间具紫红色晕或条纹。幼叶黄绿带紫红色，具光泽，叶背茸毛中等密，成龄叶片中等大，黄绿色，叶中厚，心脏形，3 ~ 5裂，上裂刻中，下裂刻深，锯齿大而锐，叶柄及主脉呈紫红色，叶柄与主脉等长或长于主脉，叶柄洼开张拱形，节间中等长，一年生成熟枝条暗褐色，两性花。该品种新梢、叶柄及叶片基部主脉均呈紫红色，是其主要识别特征。

奥古斯特

果实性状：果穗大，圆锥形，平均穗重580克，最大穗重1 500克，果梗短，果粒着生较紧密，果粒大，短椭圆形，平均粒重8.3克，最大粒重12.5克，果粒大小均匀一致，果皮绿黄色，充分成熟后为金黄色，果色美观，果皮中厚，果粉薄，果肉硬而质脆，稍有玫瑰香味，味甜可口，品质佳，可溶性固形物含量达16%，含酸量0.43%，味甜，果肉与种子易分离，每果粒含种子1 ~ 3粒。

生物学特性：植株生长势强，枝条成熟度好。结实力强，每结果枝平均果穗数1.6个；副梢结实力强，其果枝率达50%。在北京地区温室栽培，2月下旬萌芽，3月下旬开花，5月中下旬果实成熟，属早熟品种。该品种结果早，品质优良，丰产性强，抗病性较强，抗寒性中等；果实耐拉力强，不易脱粒，耐运输。但成熟期土壤水分管理不良时，果粒有裂果现象。

设施中的表现：该品种在设施中生长旺盛，成熟早、含糖量高、品质好。宜采用V形架或小棚架栽培，中、短梢修剪，日光温室栽培采收一次果后，可进行二次结果，二次果在9月中旬成熟。生产上要及时进行夏剪控梢，以保证架面通风透光；同时注意氮磷钾平衡施肥，尤其要保持土壤水分均衡，防止裂果发生。

6. 87–1　欧亚种。又名鞍山早红，为早熟葡萄品种。

87-1

植物学性状：嫩梢紫红色，幼叶紫红、并有光泽，是87-1的突出特点。成龄叶片大，近圆形，叶片较厚，叶背无茸毛，叶片3～5裂，叶柄洼开张或呈闭合形，叶柄及叶脉紫红色，枝条充分成熟后呈红黄色。两性花。

果实性状：果穗宽圆锥形，有歧肩或副穗，果穗大，平均穗重550克，最大穗重可达2 000克，穗形整齐，紧凑，果粒着生紧密。果粒长卵圆形，中等大小，平均粒重5.5克，果皮紫红色，略带红晕，果肉脆而多汁，味甜，有浓厚的玫瑰香味，可溶性固形物含量15%～16%，含酸量0.6%，果实风味香甜。

生物学特性：植株生长中庸，芽眼萌发力强，主干上的隐芽萌发力强，很少出现枝蔓下部光秃现象，秋季枝条成熟较好。结果能力较强，结果枝占总芽眼数的86%，每果枝平均着生1.6个果穗，副梢结实力强，其二次果在设施内可以正常成熟。该品种坐果率高，果穗紧实，不易裂果，早果性强，丰产，定植后第二年，平均株产可达3.5千克，第三年即可进入丰产期。

设施中的表现：87-1在设施内具有需寒量低、耐散射光、成形快、早丰产、产量稳、果穗紧凑、品质佳、成熟期集中、枝条成熟早等优点，适于我国北方设施促成栽培。在设施中栽培，早熟、丰产、优质的特点表现更为突出。栽培上要注意合理确定单株负载量，以保证果实更加早熟和优质，同时要注意及早防治黑痘病并注意防止揭膜后霜霉病的危害。

7. 矢富罗莎　欧亚种。又名粉红亚都蜜、兴华1号、早红提。

植物学性状：树势强旺，嫩梢黄绿色，略带紫红色，无茸毛。幼叶中等厚，绿色，有光泽，成龄叶大，心脏形，绿色，中厚，5裂，裂刻深，叶柄长，枝条粗壮。两性花。

矢富罗莎

果实性状：果穗大，呈圆锥形，果实发育良好，平均穗重650克，最大穗重达1 500克。果粒呈长椭圆形，平均粒重9 ~ 12克，果粒前端稍尖，果皮呈红色至紫红色，上色整齐，果皮薄，难与果肉分离，果肉较柔软，多汁，味甜爽口，含糖量18% ~ 19%，有清香味，不易脱粒。

生物学特性：植株生长健壮，芽眼萌发率高，果枝率高，每果枝平均花序1.3个，副梢结实力中等，丰产，抗病性较强，各地均反映适应性良好。在北京地区设施栽培，2月下旬萌芽，3月下旬开花，5月中旬成熟。

设施中的表现：早熟、粒大、穗大、坐果好、品质佳、抗病、丰产，适应性广，在日光温室及大棚栽培中都表现良好。适宜V形架、小棚架栽培，中、短梢混合修剪，要注意及时进行生长季修剪，促进架面通风透光。果穗应进行套袋，以形成外观整洁秀丽的优质果品。该品种在设施中花芽容易形成，但应注意合理调整负载量，防止结果过多延迟果实成熟和形成大小年现象。果实成熟后要及时采收，防止“倒糖”降低品质。

8. 京亚　欧美杂交种，是黑奥林实生后代中选出的早熟品种。

植物学特征：嫩梢叶片绿色，光线充足时部分幼叶呈红紫色，叶片上表面无茸毛，叶背有较密的灰色茸毛，成龄叶片绿色，中等大、近圆形、中等厚，3 ~ 5裂，裂刻较深，叶柄带有红紫色、

京　亚

成熟枝条红褐色、卷须间隔着生，两性花。

果实性状：果穗中等大，圆锥形或圆柱形，平均穗重400 ～ 500克，果穗整齐、果粒着生中等或稍紧密、果粒大、平均重11 ～ 12克，最大粒重18克。果实着色早，着色均匀一致，果实蓝黑色，果粉多、果皮厚、易剥离。果肉软硬适中，风味甜酸，酸味重，含糖量17%左右。

生物学特征：生长势较强，落花落果现象较轻，枝条成熟早，结果枝率占总芽眼数的90%左右。每个结果枝多双果穗，从萌芽到果实成熟需100 ～ 110天。

设施中的表现：京亚冬芽需寒量低于巨峰，开花期间与生长时期所需的温度均低于巨峰1 ～ 2℃。果实着色快且整齐一致，京亚在温室中容易形成花芽，丰产，散射光下容易上色，但不宜过早采收，否则果味偏酸，若适当晚采，果实品质十分优良。设施中温度过高时，叶片边缘灼烧现象较重，应注意合理调控温度和采用降酸栽培技术促进果实品质提高。

9. 紫珍香　欧美杂交种。

植物学特征：嫩梢绿色，向阳面紫红色，茸毛多；枝条顶端1 ～ 2片幼叶多茸毛，呈白色，下边幼叶紫红色；成龄叶片大、心脏形、绿色，叶缘具复锯齿，3 ～ 5裂，上裂刻浅、下裂刻深，叶柄洼拱形，叶表无光泽，下表面茸毛多于巨峰，叶柄长、带紫红色，卷须间隔着生，两性花。

果实性状：果穗圆锥形，较大，平均穗重540克，最大穗重为873克。果粒着生松紧适度，果粒平均重10克，最大粒重17克。长卵圆形，整齐一致，果粒黑紫色、紫中带蓝，果粉多。具较浓

的玫瑰香味。酸甜适口，可溶性固形物含量为15.5%～16%。品质上等。

该品种成熟早，萌芽至果实充分成熟约需110天，每个结果枝平均花序为1.56个，容易形成花芽，早果性强，抗病力强于巨峰。

紫珍香

设施中的表现：在设施中该品种树势旺、丰产、抗病力强；早熟、粒大、果粒整齐；较耐散射光，上色快且一致，果皮黑紫色，外观美丽，品质好，具浓郁的玫瑰香味，枝条成熟早，适应性强。但栽培中应该注意严格控制产量，防止产量过高成熟期推迟。

10. 其他早熟葡萄品种 近年来，我国自己培育或从国外引进许多新的早熟葡萄品种，将反映良好的部分品种列于表3-1，供各地参考。

表3-1 可供设施采用的其他早熟葡萄品种简介

品　种	成熟期	主要特点	备　注
红巴拉多	早熟	早熟、果穗大、品质优良	上色不整齐
黑巴拉多	早熟	早熟、生长中庸、上色好、易管理	可适当密植
早黑宝	早熟	早熟、生长中庸、香味浓	适当密植、注意修整幼穗
夏至红	早熟	早熟、生长中庸、丰产、果穗大	注意及时摘心
京香玉	早熟	早熟、丰产、香味浓	注意合理控制产量
春光	极早熟	耐低光照、上色好、品质优良、丰产	注意合理控制产量
早夏黑	极早熟	比夏黑早熟7天，其余与夏黑相同	采收后易落粒
碧香无核	早熟	早熟、无核、香味浓、品质优良	注意修整花序幼穗
早生内马斯	早熟	丰产、可二次结果、果粒大	注意控产、防穗枯病

红巴拉多

黑巴拉多

早黑宝

京香玉

春　光

碧香无核

早生内马斯

二、设施栽培中的中熟葡萄品种

中熟品种从萌芽到成熟需要120 ～ 135天，主要用于露地栽培和避雨栽培，个别品种也在设施中也可进行促成栽培。

1. 巨峰 欧美杂交种，原产日本，四倍体品种。是我国栽培面积最大的鲜食品种。在东北、华北、华东地区设施中栽培也很普遍。

植物学特征：植株嫩梢稍带暗红色，茸毛稀；一年生成熟枝条红褐色，幼叶厚，无光泽，上表面茸毛稀，下表面茸毛密。成龄叶片中大、近圆形，3 ～ 5裂，上裂刻浅、下裂刻浅到无，锯齿大、中等锐。叶片厚，叶面无光泽，较平滑无茸毛，叶背茸毛中密，叶柄洼为拱形，卷须间隔着生，两性花。

果实性状：果穗大、圆锥形，平均重500克，最大穗重2 100克，果粒大、椭圆至近圆形，平均重10克、最大粒重18克，果粒着生松至紧密，果粉多，果皮厚，紫黑色，果软，有肉囊，果汁多，味酸甜，有草莓香味，果皮与果肉、果肉与种子均易分离，果刷短。可溶性固形物含量17%，含酸量0.7%，每果有种子1 ～ 2粒，品质上等。

生物学特征：生长势强，芽眼萌发率高，结果枝占总芽眼数的76%，每结果枝平均花序1.82个，副芽、副梢结实率均强，从

巨　峰

萌芽到果实完全成熟约为125天，抗病性较强。

设施中的表现：巨峰在设施内昼夜平均温度达到10℃时开始萌芽，开花时要求温度25～26℃，相对湿度65%。巨峰喜直射光，在阳光直接照射下才能正常开花结果和上色，所以要求设施内光照良好。设施内光照热量不足，发芽不整齐，常形成僵芽。但温室内温度过高、湿度过大时会引起枝条徒长和大量落花落果、叶片黄化，棚内温度超过32 ℃持续时间过长时，叶片有灼烧现象。栽培中生长过旺盛时，落花落果和大小粒严重；产量过高时，果粒着色差、风味变淡、成熟延迟。巨峰为中熟品种，温室栽培5月中旬果实开始着色，6月中下旬果实可采收上市，管理良好时果实品质十分优良。巨峰需寒量较高，若休眠期需寒量不足，常常发生萌芽不正常、落花落果现象严重甚至花序退化，巨峰花期易感染穗轴褐枯病、果实成熟期易感染炭疽病，生产上必须给与足够的重视。

2. 玫瑰香　欧亚种，中晚熟品种。栽培历史很长，分布于世界各地，是著名的温室栽培品种。

植物学特征：梢尖灰白、茸毛中。幼叶绿色带紫红色，带有茸毛。成龄叶中大、圆形、有皱褶，5裂，上侧裂深，下侧裂浅，叶面光滑，叶片绿黄色，叶背有细茸毛，节红紫色，两性花。果穗中大，平均重350～450克，圆锥形，较松散，果粒椭圆形，果皮紫红色，果粉明显，果肉软，多汁，可溶性固形物含量19%，有浓郁的玫瑰香味，每果含种子2～3粒，风味香甜可口。

生物学特征：树势中等，结实力极强，副梢可连续2～3次结果。露地栽培8月下旬成熟，从发芽至成熟期需140 ~ 150天，为中晚熟品种中品质最为优良的品种。

设施中的表现：玫瑰香适于在设施内栽培，需寒量较低，耐散射光，容易形成花芽，产量稳定，在加温温室中果实成熟期可提早到5月下旬至6月上旬，品质极为优良。但在管理不良时，会引起落花落果、果穗松散和水罐子病，严重影响产量和品质。另外，该品种的穗形在株间差异很大，应注意选择紧穗，大粒、成熟一致的株系进行品种提纯复壮，生产上要重视花序、幼穗整形防止果穗过分松散，同时要注意磷、钾、钙肥的施用，防治好水罐子病。玫瑰香抗病性较弱，栽培中要注意及早防治。

玫瑰香

3. 巨玫瑰　欧亚种，中熟品种。巨玫瑰是用沈阳玫瑰和巨峰杂交培育的一个有玫瑰香风味的巨峰系品种。

巨玫瑰

植物学特征：梢尖具

茸毛。幼叶有茸毛、绿色带紫红色，叶缘桃红色，叶背有茸毛。成龄叶中大、圆形、有皱褶，5裂，上侧裂深，下侧裂浅，叶面光滑无光泽，叶背有细茸毛，节红紫色，两性花。果穗中大，圆锥形有副穗，平均穗重650克，果穗中等紧密，果粒椭圆形，果皮紫红色，果粉明显，果肉软，多汁，可溶性固形物含量19%，有明显的玫瑰香味，每果含种子1 ～ 2粒。

生物学特征：树势中旺，结实力强。从发芽至成熟期需140 ～ 150天，为中晚熟品种中品质优良的品种。

设施中的表现：适于设施栽培，需寒量较低，较耐散射光，容易形成花芽，在加温温室中果实成熟期可提早到5月下旬至6月上旬，品质极为优良。但在设施管理不良、温度过高时落花落果严重，枝条基部叶片容易提早黄化，影响产量和品质。另外，该品种的穗形较大，生产上要重视及时进行花序修剪和果穗整形，配合生长调节剂处理能使果肉变硬，品质更加优良。同时要注意钾、钙肥的施用和设施内温度、水分的调控，防止叶片过早黄化。巨玫瑰抗霜霉病能力较弱，设施揭膜后要注意及早防治。

第三节　适于设施延迟栽培的葡萄品种

延迟栽培的目的是延缓葡萄生长过程，推迟萌芽、开花和成熟、延迟葡萄采收时期。一般延迟栽培采收期在12月中旬到翌年元旦至春节之间，从而提高葡萄栽培的经济效益。延迟栽培应选用晚熟和特晚熟的大粒、大穗、品质优良的品种。尤其要重视品种果实不易落粒和萎缩，防止延迟采收后果实质量下降。

延迟栽培在我国开始时间还不太长，经过最近十几年的观察和总结，适合进行延迟栽培品种有：

1. 红地球　欧亚种，又称晚红，俗称美国红提。晚熟品种。

植物学特征：嫩梢尖带紫红色，一年生枝浅褐色。梢尖幼叶微红，幼叶叶背有稀茸毛。成叶5裂，上裂刻深、下裂刻浅，叶缘钝，叶片正反两面无茸毛，叶柄淡红色。果穗长圆锥形，果穗松紧适度，平均穗重700～800克。果粒圆形或卵圆形，果粒大，平均重12.2克，果皮中厚，红色，果肉硬脆，可切成片，味甜，品质优良，可溶性固形物含量17%。

红地球

生物学特征：树势强壮，丰产性好，果刷长，耐拉力强，不脱粒，耐贮藏性好，果实着色整齐，不裂果，从萌芽到果实成熟160～165天。该品种穗大、粒大、果皮红色、优质、丰产、耐贮运，是世界葡萄市场上著名的晚熟品种。

设施中的表现：在设施延迟栽培中，红地球是当前各地栽培最多的品种，适于宽V形架和棚架栽培，中、短梢混合修剪。在良好的管理条件下，丰产稳产性良好，果实耐长期挂树，一直可延迟到元旦前后采收，经济效益十分显著，是一个重要的延迟栽培的优良品种。但该品种抗灰霉病和霜霉病能力较差，生产上应重视病虫防治工作。同时，红地球延迟采收常造成果实颜色过深过暗，应通过选择合适的果袋和延迟去袋时间进行调控。红地球叶片较抗高温，但果实在高温下易发生日灼和气灼，栽培中要予以注意。

2. 秋黑 欧亚种，晚熟品种。

植物学特征：嫩梢绿色、茸毛稀。幼叶黄绿，背有稀茸毛。成叶5裂，裂刻浅，叶缘稍尖，叶面光滑无毛。果穗长圆锥形，稍紧凑，平均重520克；果粒卵圆形，平均重9～10克，着生紧密，果皮厚，蓝黑色，果粉厚，果肉硬脆，可切片鲜食，味酸甜，含酸量稍高，可溶性固形物含量17%。

秋　黑

生物学特征：生长势强，花芽容易形成，极丰产，果粒着生牢固，不落粒，耐贮运。抗病性强。露地栽培10月中旬成熟，从开花到成熟生长期为165天左右，极晚熟品种，延迟栽培可推迟到元月采收。秋黑葡萄初成熟时风味偏酸，但延迟采收和贮存到元旦和春节前后，酸甜适度，风味十分优良，深受市场喜爱。

设施中的表现：在延迟栽培中，秋黑生长健壮，抗病性强，丰产，其成熟期比红地球晚熟10天左右，可延迟到元月中下旬以后采收。而且延迟采收后含酸量明显降低，品质风味更佳。是今后延迟栽培中应重视发展的品种。

3. 圣诞玫瑰　欧亚种，又名秋红。

植物学特征：嫩梢紫红色，节与节之间呈“之”字形曲折。幼叶绿色，光滑无毛。成龄叶5裂，无毛。叶柄紫红。果穗长圆锥形，果穗大，平均重880克，果粒长椭圆形，平均粒重7.5克，着生紧密。果皮中等厚，深红色。果肉硬脆，不裂果，肉质细，味甜，可溶性固形物含量17%。

圣诞玫瑰

生物学特征：树势强，枝条粗壮，结果后树势容易转弱，适宜采用小棚架栽培，抗霜霉病、白腐病力强，抗黑痘病较差。在设施中着色整齐，不裂果、不脱粒，从萌芽到果实成熟生长期165天以上。比红地球成熟晚7～10天，极晚熟品种。

设施中的表现：在延迟栽培中，秋红晚熟，不仅果穗大、粒大、色泽艳丽，而且品质十分优良，一直可以延迟到春节前进行采收。尤其是采用套袋后果穗更为整洁美观，栽培中要注意适当修穗及时防治黑痘病。

4. 美人指 欧亚种，又名染指、红指。

植物学性状：嫩梢黄绿，阳面紫红色，无茸毛；幼叶黄绿稍带红紫色，有光泽，成龄叶片心脏形，中大，黄绿色，叶表面和叶背均无茸毛。新梢粗壮，直立性强，新梢中下部有紫红附加色，节间中长，成熟枝条灰白色。两性花。

果实性状：果穗大，圆锥形，无副穗，平均穗重780克，最大穗重可达1 850克；果粒大，粒重10～12克，最大20克，最大果粒纵径超过5厘米，果粒纵、横径之比达3∶1，果粒细长形，如美女手指，先端鲜红色，光亮，基部色泽稍淡，延迟采收后果面全部呈深紫红色，外观艳丽。果皮与果肉难分离，皮薄但有韧性，不易裂果，果肉细脆可切成片，口味甜美爽脆，含糖量16%～19%，含酸量0.45%。

美人指

生物学特征：该品种生长势极旺，芽眼萌发力强，成枝率高，果枝率中等，每果枝平均1.1个花序。不同栽植地区成花能力有所不同，花序形成节位较高，在干旱、半干旱地区成花能力较强。

设施中的表现：美人指用于延迟栽培和南方避雨栽培。在设施栽培中，美人指树势旺盛，宜采用弱势砧木、棚架整形、中长梢修剪，以缓和树势，并采用控制设施内土壤和空气湿度以及控制氮肥、适当早摘心、及时环剥等措施促进花芽形成。美人指抗热性较强，但抗病性弱，生长季要加强病虫防治，尤其要及早防治霜霉病和白腐病，实行套袋栽培并适当延迟取袋时间，以防病虫害发生和果实上色过深。

5. 意大利 欧亚种，又名意大利亚、黄意大利。

意大利

植物学性状：嫩梢黄绿色，有茸毛。幼叶黄绿色，有光泽；成龄叶片中等大，心脏形，深5裂，叶面平滑，叶背有丝状茸毛，叶缘略向上卷，锯齿锐，叶柄紫红色，长于中脉；叶柄洼开张圆形或拱形。一年生成熟枝条褐色，上有红色条纹，卷须间隔着生。两性花。

果实性状：果穗大，平均重830克，圆锥形，果粒着生中等紧密，果粒大，平均粒重6.8克，椭圆形，绿黄色，果粉中等厚，果皮中厚，肉脆，味甜，有玫瑰香味，品质十分优良，含糖量17%，含酸量0.6%，每果粒含种子1 ～ 3粒，种子与果肉易分离。

生物学特征：树势中等，芽眼萌发率高，结果枝占总芽眼数的15%，每果枝平均着生1.3个花序，果穗着生于第四、五节。北

京地区露地栽培时，4月中旬萌芽，5月末开花，9月下旬成熟，从萌芽至果实成熟需160天左右，果实成熟期一致，品质优异。较抗白腐病和黑痘病，但易感染霜霉病和白粉病。延迟栽培可在元旦前采收，品质十分优良。

设施中的表现：意大利为世界性优良鲜食品种，晚熟、穗大、粒大、果穗美观，品质优良，果实耐贮运。在设施中栽培长势中庸，管理省工，容易成花，喜充足的肥水，宜棚架栽培，长、中梢混合修剪。生产上要注意在坐果后及时进行果穗整形，防止果穗过大，影响外观。同时要加强对霜霉病、白粉病的防治，及时套袋，采收时应细致小心，防止碰伤果皮形成褐斑。

6. 阳光玫瑰 欧美杂交种，又名闪光玫瑰。

植物学特征：嫩梢绿白色，有浓密的茸毛，幼茎、幼叶上密被茸毛；成龄叶厚，有革质感，叶面深绿色，叶缘上卷，叶表面无毛，有泡状突起，叶背茸毛稀疏，叶缘锯齿大，较锐，很容易与其他品种区分，叶柄紫红色，叶柄短于中脉，叶柄洼闭合，一年生成熟枝条深褐色，节间长，冬芽饱满而大。两性花。

果实特征：果穗大，圆锥形，果粒着生中等紧密，平均穗重750克。果粒大、短椭圆形，果顶有明显的棱状突起，平均粒重9克，果皮亮绿黄色，成熟一致，果肉脆嫩细腻，香味浓郁，可溶性固形物含量18%，含酸量0.5%，品质上等。

阳光玫瑰

生物学特征：枝条生长旺盛，年生长量可达3 ~ 4米，一年生枝条成熟好。萌芽力强，丰产性强，每果枝平均1.65个果穗。在重庆地区避雨栽培中，4月上中旬萌芽，5月中开花，7月初果实转色，8月上中旬果实成熟，果实成熟一致，而且果实成熟后耐挂性强，一直可以延迟到国庆节前采收，且耐贮运。阳光玫瑰是当前颇受各地瞩目的优良葡萄品种。

设施中的表现：阳光玫瑰喜欢温暖和

较湿润的环境，适合在设施中栽培，在设施中生长健旺，水肥供应良好时当年即可成形，第二年即可投产。生产上推广时要注意选用无病毒嫁接苗木，砧木宜采用5BB、3309C等，采用棚架或T形架和H形架栽培，中、短梢混合修剪，萌芽后要及时抹芽、定梢，防止架面密闭，并采用无核化处理和套袋防果锈技术。该品种对霜霉病有一定的抗性，但易受绿盲蝽、斑衣蜡蝉危害，果面易发生果锈，生产上要及早防治。由于该品种优质、丰产，晚熟，果穗外观美丽，耐较长时间挂树，因此适合进行延迟栽培，尤其适合在观光栽培中应用。

7. 摩尔多瓦　欧美杂交种。

植物学特征：嫩梢绿色或黄绿色，幼茎上有暗红色纵条纹，密被茸毛；幼叶绿色，叶缘有暗红晕，叶面和叶背均具密茸毛。成龄叶绿色，近圆形，中大，叶缘上卷，全缘或3裂，裂刻浅，叶表面无毛，叶背茸毛稀疏，叶缘锯齿大，较锐，叶柄紫红色，叶柄短于中脉，叶柄洼闭合呈椭圆形，一年生成熟枝条深褐色，节间长，冬芽饱满而大。两性花。

摩尔多瓦

果实特征：果穗大，圆锥形，果粒着生中等紧密，平均穗重650克。果粒大、短椭圆形，平均粒重9克，果皮蓝黑色，着色一致，果粉厚，果肉柔软多汁，无香味，可溶性固形物含量16%，含酸量0.54%，每果粒含种子2粒，品质上。

生物学特征：枝条生长旺盛，年生长量可达3～4米，一年生枝条成熟好。萌芽力强，丰产性强，每果枝平均1.65个果穗。在河北昌黎地区露地栽培，4月中旬萌芽，5月底开花，8月初果实上色，9月底果实成熟，晚熟品种。果实容易上色，且整齐均匀。抗病性较强，尤其高抗霜霉病，是其主要特点。成熟后耐长期挂树。果实耐贮运。

设施中的表现：在设施中生长较旺，幼树成形快，易形成花芽。宜棚架或T形架栽培，中、短梢混合修剪，萌芽后要及时抹芽、定梢，防止架面密闭。该品种对霜霉病有显著的抗性，但对黑痘病、白腐病抗性一般，生产上要及早防治。由于该品种高抗霜霉病，丰产，晚熟，果穗外观美丽，因此特别适合进行延迟栽培，尤其适合在观光栽培中应用。摩尔多瓦不仅是优良的鲜食品种，而且也可用于酿酒，酒色桃红，酒香独特。

第四节　适合设施栽培的无核品种

鲜食品种无核化是当前国际鲜食葡萄的发展方向，同时也是我国设施葡萄栽培今后品种选择的发展趋势。

一、适合设施栽培的早熟无核葡萄品种

根据多年观察，当前适于我国设施栽培中采用的早熟无核品种主要有以下品种。

1. 火焰无核　欧亚种，又名早熟红无核、红光无核。是国际上近年来推广的主要早熟无核品种。

火焰无核

植物学性状：嫩梢黄绿色，带紫红色条纹，无茸毛。幼叶厚，浅紫红色，成龄叶叶面光滑。叶背无茸毛。叶片中小，5裂，上下裂刻均深。叶柄洼开张、椭圆形，叶脉和叶柄紫红色，枝条粗壮，平均节间长度9.2厘米。

生物学特性：植株生长势较为

中庸，萌芽率高，结果枝率高，每果枝平均果穗1.61个，丰产性强。从萌芽到果实成熟约100天，是典型的早熟无核品种。

果实性状：果穗中大，平均穗重455 ~ 600克，果穗长圆锥形。果粒稍小，自然状况下平均粒重3.0克，果皮呈鲜艳的紫红色，果粒圆形，果皮薄，果肉脆，无核，含糖量17.5%，风味香甜爽口，品质优良。

设施中的表现：在设施栽培中，2月下旬萌芽，3月下旬开花。5月末或6月初即可成熟上市，果肉甜脆、品质十分优良。火焰无核最大特点是在温室栽培中特别容易形成花芽，早丰产性强。但该品种对赤霉素处理不敏感，生长期易感白粉病，在采收结束揭棚膜以后易发生霜霉病，生产上一定要注意及早防治。火焰无核果实皮薄肉脆，果实成熟前水分忽多忽少易诱发裂果，必须引起高度重视。

2. 无核奥迪亚 欧亚种。

植物学特征：嫩梢紫红色，幼叶绿色带紫色晕，茸毛较少，成龄叶大，裂刻深，叶缘锯齿稍锐，叶面、叶背均无茸毛，叶柄洼拱型。两性花。

果实特征：果穗大，圆锥形，平均穗重500克，果粒着生紧密，上色、成熟较为一致。果粒大，椭圆形，紫黑色，自然状况下平均粒重7克，无核，经赤霉素处理后单粒重可达11克。可溶性固形物含量19%，果肉细脆，具香味，果皮薄，不落粒，品质优良。

无核奥迪亚

生长结果习性：无核奥迪亚引进我国时间不长，从河北、北京等地栽培情况来看，该品种植株生长旺盛，一般萌芽率

75%～80%，结果枝占总芽数的70%左右，每果枝平均1.4～1.5个花序，丰产性强，二次枝花芽形成较少。枝条成熟度好，抗旱，抗寒，丰产。在河北昌黎地区4月中旬萌芽，5月下旬开花，7月下旬果实成熟，是目前早熟无核品种中抗寒性较强的品种。

设施中的表现：在设施中无核奥迪亚生长旺盛，容易形成花芽，丰产性好，适于棚架或T形架栽培，中、短梢混合修剪。成熟期早，品质十分优良，适合进行设施促成栽培。栽培中要严格控制负载量，防止结果过多降低品质和延迟成熟。果皮较薄，容易造成碰伤，管理中和采收时应予以注意。该品种抗霜霉病、炭疽病能力较差，生产上要及早套袋和进行防治。

3. 夏黑　欧美杂交种。三倍体品种，又名黑夏、夏黑无核。

植物学特征：嫩梢黄绿色，有少量茸毛，幼叶浅绿色，带淡紫色晕，叶片上表面光滑有光泽，叶背面密被丝状茸毛。成龄叶片特大，近圆形，叶片中间稍凹，边缘凸起，叶5裂，裂刻浅或深，叶缘锯齿较钝，呈圆顶形，叶柄洼矢形，新梢生长直立，一年生成熟枝条红褐色。两性花，但花粉发育不良。

夏黑葡萄

果实特征：自然状态下果穗圆锥形或有歧肩，果穗大，平均穗重450克左右，果穗大小整齐，果粒着生紧密。果粒近圆形，自然粒重3.5克左右，经赤霉素处理后可达7.5克以上，果皮紫黑色，果实容易着色且上色一致，成熟一致。果粉厚，果皮厚而脆，果肉硬脆，无明显肉囊，可溶性固形物含量20%，有草莓香味，无核，品质优良。

生物学特性：植株生长势强旺，芽眼萌发率85%，成枝率95%，每果枝平均着生1.5个花序。隐芽萌发枝结实力强，易形成花芽，丰产性强、抗病性强，果实成熟后不裂果。在江苏张家港地区露地栽培，3月下旬萌芽，5月中旬开花，7月下旬果实成熟，从萌芽至果实成熟约需110天，在云南建水设施栽培，12月上中旬萌芽，翌年1月下旬开花，3月中下旬即可成熟上市，并可实行一年两次结果。是当前备受全国重视的早熟无核品种。

设施中的表现：夏黑早熟、优质、抗病、丰产，适合进行促成栽培和避雨栽培，由于夏黑是三倍体品种，自然生长果粒较小，需用赤霉素进行处理，在处理浓度和时间上各地应进行充分的试验，总结出适合当地稳妥的处理浓度和方法。栽培中必须严格控制产量（亩产控制在1 000 ~ 1 250千克），以保证早熟和优质。夏黑采后贮运中容易落粒，必须引起重视。

近年来，我国从夏黑芽变中选出早夏黑品种，其成熟期比夏黑早7 ~ 10天，其他性状基本上与夏黑相同。

二、适于设施中栽培的中熟无核品种

1. 8611　欧美杂交种，又名无核早红。是我国河北昌黎果树研究所培育的三倍体无核品种。

植物学特征：嫩梢绿带紫红色，有稀疏茸毛。幼叶绿色，叶缘具紫红色，幼叶表面有茸毛，叶背茸毛极密；成龄叶片较大，近圆形，3 ~ 5裂，上裂刻深、下裂刻浅，叶背茸毛中密；叶柄洼拱形或矢形，叶柄和叶脉均呈紫红色，叶柄长；卷须间隔着生，一年生成熟枝条红褐色。两性花。

8611

果实性状：果穗中等大，果穗圆锥形，平均穗重450克，果粒重4.5克，经赤霉素药剂处理后，单粒重可达9.7克，最大粒达19.3克，果穗平均重可达650克。果粒着生中等紧密，果皮为粉红色或淡紫红色，果皮中等厚，果粒着色均匀一致，可溶性固形物含量15%左右，风味稍淡。

生物学特性：生长势强，结果枝率高，每结果枝平均着生果穗2个，副梢结实力较强，丰产。小棚架栽培时第二年即可布满架面，易早结果、早丰产。华北地区露地栽培4月上旬萌芽，5月中下旬开花，7月底至8月初成熟采收。在温室中6月上中旬即可成熟上市，属早中熟品种。

设施中的表现：在设施中生长势强，对土壤要求不太严格，容易形成花芽，丰产，早结果，抗病性强，是各地近年来设施栽培中常选用的品种。但果实风味明显较淡，应注意控制产量并采用增施磷钾肥、环剥等方法提高果品质量。设施中更要严格控制产量，及时进行摘心和采用赤霉素处理，以提高产品的商品性能。

2. 世纪无核 欧亚种。又名森田尼无核、无核白鸡心。

植物学特征：幼叶绿色，略有微红色，有稀疏茸毛；成龄叶片叶面、叶背无毛，5裂，裂刻很深，呈花叶状，叶柄紫红色，枝条粗壮。

果实性状：果穗大，一般穗重500克左右，果穗圆锥形，紧密，果粒鸡心形，平均粒重5.2克，果皮淡黄绿色、薄而脆。果肉较硬、含糖量16%。果味香甜爽口。丰产，适应性强。

生物学特征：生长势强，萌芽率高，成枝率高，极性明显，丰产性强，每果枝平均果穗1.9个。

世纪无核

北京地区露地栽培时4月上中旬萌芽，5月下旬开花，8月中下旬成熟。在华北地区设施栽培中，萌芽期2月上旬，3月末开花，6月上中旬即可成熟。

设施中的表现：在全国各地设施中表现均十分优良。在设施栽培中，幼树生长旺盛，容易形成花芽，抗热性强，丰产。果穗大而整齐，果粒碧绿色，十分美观，很受市场欢迎。但世纪无核在温室中易遭绿盲蝽危害，而且温室中温度过高时枝条容易徒长。若采收过晚，有落粒现象，生产上应予严格控产提质、适时采收。在开花期和幼果期要及时用生长调节剂进行处理，以增大果粒。

三、适合设施延迟栽培的无核品种

1. 红宝石无核　欧亚种，又名大粒红无核。

植物学特征：嫩梢紫红色，无茸毛。幼叶厚，黄绿色，有光泽，幼叶上、下表面均无茸毛；成龄叶片较厚，深绿色，心脏形，叶缘稍向上翘，呈漏斗状，5裂，上下侧裂中等深，叶片上表面光滑，茸毛少，叶背无茸毛，叶脉黄绿色，叶柄紫红色，叶柄洼呈闭合椭圆形，叶缘锯齿大，稍钝。节间较长，一年生成熟枝条黄褐色。卷须间隔着生，双分杈或有三分杈。两性花。

红宝石无核

果实性状：果穗大，一般穗重850克，最大穗1 500克，圆锥形，有歧肩，穗形紧密。果粒圆球形，平均粒重4.2克，果粒大小整齐一致。果皮亮红紫色，果皮薄，果肉脆，可溶性固形物含量17%，含酸量0.6%，无核，味甜爽口。

生物学特性：生长势强，萌芽率高，每果枝平均着生花序1.5个，丰产，定植后第二年开始挂果，早果性好。果穗大多着生在第4～5节上。适应性较强，但抗病性较弱。对土质、肥水要求不严，果实耐贮运性中等。华北地区4月中旬萌芽，5月下旬开花，9月中下旬果实成熟，从萌芽到果实成熟160天左右，为晚熟无核品种。

设施中的表现：在设施中生长旺盛，宜采用弱势砧木，棚架或Y形篱架整形，中、短梢修剪。红宝石无核穗形大，品质优良，

但果穗紧密、果粒稍小，应采用果穗整形和赤霉素处理及环剥等方法，以使果穗整齐美观和增大果粒。该品种抗病性稍差，成熟较晚，尤其易感黑痘病和霜霉病，生产上要及早防治。其果穗穗梗及果柄较脆，采收时应细致小心。除鲜食外，红宝石无核也是一个优良的制罐品种。

2. 克瑞森无核 又名绯红无核、淑女红、克伦生无核。极晚熟无核品种。

植物学特征：欧亚种，嫩梢亮褐红色或绿色，幼叶有光泽，无茸毛，叶缘绿色。成龄叶中等大，深5裂，锯齿略锐，叶片较薄，叶片两面均光滑无茸毛，叶柄长，叶柄洼闭合呈椭圆形或圆形。成熟枝条粗壮、黄褐色。

克瑞森无核

果实性状：果穗中等大，圆锥形有歧肩，果穗紧密，平均穗重650克，穗轴中等粗细，果皮亮红色，具白色较厚的果粉，果粒椭圆形，平均粒重4.5克，果梗长度中等，果肉黄绿色，半透明状，果刷长，不易落粒。果皮中厚，不易与果肉分离，果味甜，可溶性固形物含量19%，含酸量0.6%，品质优良，无核。

生物学特性：生长极旺盛，萌芽力、成枝力均较强，主梢、副梢均易形成花芽，植株进入丰产期稍晚。喜干旱高温环境，较耐盐碱，抗病性稍强，但易感染白腐病。在北京地区露地栽培4月上旬萌芽，5月底开花，10月上旬成熟，果实耐贮运。

设施中的表现：克瑞森无核是极晚熟品种，适合进行延迟栽培。在设施中生长势强，宜采用弱势砧木，棚架或T形宽篱架栽培，中、短梢混合修剪。结果后应采用环剥与赤霉素处理等方法促进果粒增大。该品种在干旱条件下易形成花芽，但负载量过大或管理不善，易发生着色不良，可采用环剥、去除老叶、适当提早解除纸袋和喷布脱落酸、2-氯乙烯磷酸苯药剂等措施促进果实着色。栽培中一定要注意控制树势，防止生长过旺影响结果和产品质量。克瑞森无核新梢硬脆，容易从与老蔓结合处折断，夏季修剪和冬季修剪时必须谨慎小心。

葡萄品种十分繁多，近年来各地还陆续报道了一些适于设施栽培的新品种。但是在一个地方到底采用什么品种，一定要事先经过3～5年的引种观察和试验才能确定，尤其是在设施栽培中，不同的地区、不同的设施种类，其形成的生态小气候都不一样，品种表现变化很大。设施栽培投资较高，品种选择必须以其实际表现为依据，一旦品种选择失误将给生产造成巨大损失，设施栽培千万不能盲目追求新品种，更不能简单轻信个别苗木销售者的片面宣传介绍，一定要经过严格的引种观察，才能正确确定一个地区适宜的设施栽培品种。一般来讲，凡容易在散射光下形成花芽并容易上色且品质优良的早熟品种，较适合于在设施中进行促成栽培，而一些晚熟、优质、果刷长、不易落粒的品种则适宜进行延迟栽培。

第四章 设施内葡萄育苗

第一节 设施育苗的特点和育苗方法

一、设施内育苗的特点

设施内由于环境因素由人为调控，积温高、水肥易调节，受自然降雨影响较小，病虫害较少，苗木生长期长，因此在设施内葡萄育苗条件相对比露地优越。各种育苗方法都能在设施内应用，尤其是温室内地温、气温回升较快，扦插育苗时间可以提早到1月或2月，绿枝嫁接时间也相应延长1 ～ 2个月，苗木生长期可延长到11 ～ 12月。由于生长期延长，枝条老熟充分，苗木质量也明显提高，因此在设施内育苗是一种培育壮苗的重要途径。

另外，我国北方和南方大部分葡萄产区夏秋季多雨，常常使幼苗感染多种病虫害，造成苗木生长衰弱，而在设施中能有效防止降雨的影响，减轻病虫害危害，从而使苗木生长远比露地培育的苗木要壮。因此，开展专门的设施内育苗将是今后葡萄苗木培育的新途径。

二、设施内育苗方法

目前，利用设施进行葡萄育苗有两种类型，一是专门在设施内进行单纯的繁殖苗木，尤其是营养袋育苗或嫁接育苗。二是间接育苗，即在设施栽培的第一年当葡萄植株较小、还未形成遮阴时，为了充分利用设施内土地而在葡萄行间进行扦插育苗，而当葡萄进入结果期以后，由于枝蔓遮阴，则不宜在葡萄架下进行育苗，以免影响葡萄正常生长和苗木的健壮生长。

严格来讲，所有露地育苗的方式和方法均可在设施中进行，当前设施中育苗主要采用的育苗方法是扦插育苗和营养袋育苗。在专门化的育苗设施内，还可以进行嫁接育苗及无毒苗的培育。

第二节　扦插育苗

设施内的环境和土壤状况由人为控制，具有培育健壮苗木的良好条件，但要真正培育出健壮苗木，则必须掌握好正确的育苗时间和育苗技术，尤其是要重视育苗前催根处理、加强设施环境调控以及苗木管理3个技术环节。

一、温室内扦插育苗时间

设施内扦插育苗的时间要明显早于露地育苗，设施内扦插育苗的开始时间主要以设施内温度上升和稳定的状况和时间而定，一般当设施内地温稳定在12℃时，即可开始进行扦插育苗。对于有加温条件的温室可提早进行扦插，而在依靠日光加温的温室则可略迟一些进行，一般开始进行扦插的时间是在同一设施内葡萄开始萌芽的时期。

营养袋育苗主要培育带叶栽植的绿苗，一般从开始育苗到出苗栽植仅需60天左右，而一个地方露地栽植必须在晚霜结束以后，因此在育苗之前一定要根据用苗的地方或单位的具体栽植时间确定设施育苗的开始时间，千万不要过早或过晚，否则栽植时苗木过大或过小，都不利于进行栽植。

二、插条催根处理

1. 插条准备　由于设施内扦插时间较早和设施内温度较高，为保证扦插育苗时插条萌芽和插条生根相吻合，使扦插苗出苗整齐，扦插前应对插条进行催根处理。处理前，先将经过上一年冬季沙藏、品种纯正、老熟充分的葡萄枝蔓每两芽剪成一段，上剪口在芽上方1.5厘米处平剪，下剪口距下芽眼0.5厘米处斜剪似楔状。生产经验证明：下剪口距葡萄节越近越容易生根，这是因为葡萄枝蔓的节上髓射线发达、营养充足、细胞分裂快、容易产生根原始体，容易分化形成幼根。所以，扦插育苗时，插条下剪口一定要靠近葡萄枝蔓下端一个节上。但一定要注意，用作插条的枝段上段一定要有一个健壮的芽眼，无良好芽眼的枝段决不能做插条。

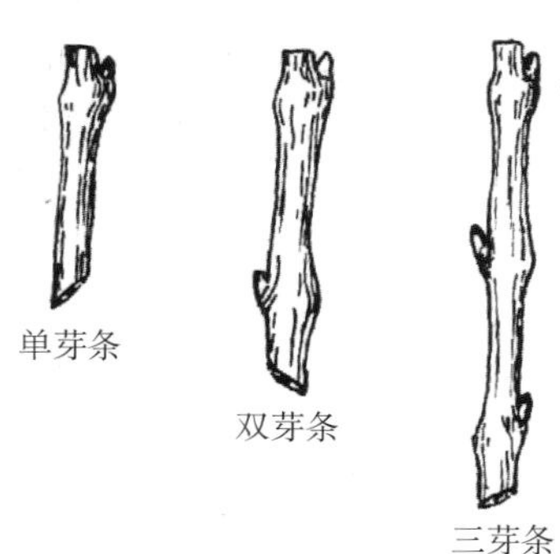

不同插条剪截法

插条剪好后，放在清水中浸泡10 ~ 12小时（不能太久，防止烂芽），使插条充分吸水。

2. 插条催根处理　插条催根处理的方法有以下几种：

（1）电热温床催根。利用电热线加热催生新根，这是最适宜在温室中进行的一种催根方法。

温床设置：首先在温室内葡萄行间或另一处室内做电热温床。温床长约3米，宽1.2 ~ 1.5米，深20厘米，设置温床时先把挖出的土取出放在温床四周，在温床沟底先平铺一长与温床大小相同的聚苯塑料板或由几个小块聚苯塑料板拼成的与温床底面积相同的聚苯板，上面铺一层厚5厘米的沙子，然后在温床的两端和中部分别设置3根与温床宽度等长、宽5 ~ 6厘米、厚1.5 ~ 2.0厘米的木板条，木板条上按间距5 ~ 6厘米钉一排钉子，每排钉子间距要一致，然后从一头开始往另一头，按间距5 ~ 6厘米铺设地热线，注意地热线要铺设端直不能彼此交叉，而且地热线的首末两端必须在温床的同一端引出，因此铺设前必须设计好地热线的铺设道数，其铺设道数的计算方法是：

地热线铺设道数＝（地热线长度—温床宽度）÷温床长度（注意：道数必须是偶数）

布线间距＝温床宽度÷地热线铺设道数

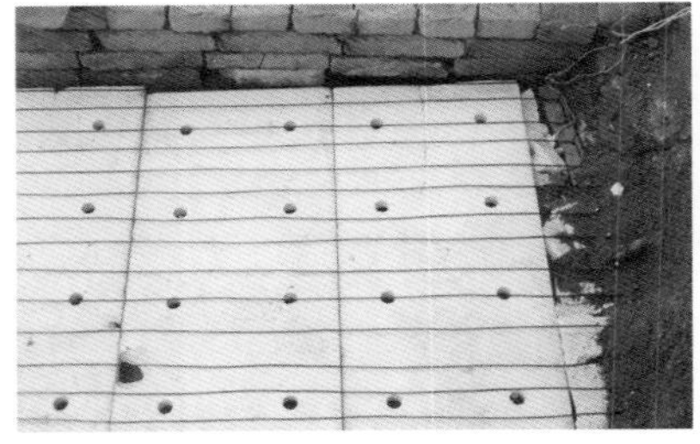
催根苗床铺地热线

电热线覆沙

地热线布置设计好后，即可进行铺设地热线，铺好后，上面再盖5厘米厚的湿锯末，如果没有锯末，也可用湿沙代替，然后将经过催根激素处理的葡萄插条20 ～ 30个捆成一捆，下剪口朝下蹲齐，紧密摆放在湿锯末上。插条间的空隙用湿锯末或细沙灌严，上部芽眼露出，插条四周用湿锯末或沙子培好，温床四周用泥土或砖砌封严实。每平方米苗床可摆放3 000 ～ 4 000个待处理的插条。

插条在温床上摆好后，将电热线的两头接在控温仪上，控温仪的探温头插在温床内部插条的基部之处，然后通电，用控温仪控制逐渐升温，最初升温时每两小时左右升温1℃，当苗床内温度达到25 ～ 28℃时，控制恒温，并注意经常给苗床喷水，保持锯末或细沙湿润，在25 ～ 28℃恒温下经过10 ～ 13天，插条即可产生愈伤组织或长出幼根。

（2）温室倒插日光催根。这是利用温室中气温上升快、地温上升慢的现象将插条倒插，将插条基部置于较高的气温中进行催根的方法。具体做法：在温室中选光照充足、温度较高的地段作催根畦（温床），畦宽1米，长3 ～ 4米，在畦底上先铺一层10厘米的细土并整平压实，然后在土面上铺5厘米左右的潮湿细沙，将经过浸泡的插条上端朝下、插条基部朝上整齐摆放在平沙上，插条与插条之间的缝隙用湿细沙填满。在插条基部层面上平放一根温度表，然后用塑料薄膜将整个温床台面盖严，四周用土压紧，每天细心观察，使膜内气温维持在25 ～ 27℃之间，并适当喷水保湿，经过20天左右插条根部长出愈伤组织或幼根时即可进行扦插。

（3）化学药剂催根。利用生长调节剂类化学药剂处理插条下端扦插部位，能在短期内促进形成愈合组织和新根的生长，从而使苗木生根发芽整齐，苗木健壮。温室育苗中无论采用哪种育苗方法，都应事先用生长调节剂对插条基部进行处理，然后再进行催根或扦插，最常用、最简便的处理方法是把用清水浸泡后的葡萄插条下端用500毫克/升的ATP 2号生根粉溶液或300毫克/升的萘乙酸钠（NAA）加100毫克/升吲哚丁酸（IBA）溶液浸蘸5～10秒后再进行催根处理或直接扦插。必须注意的是，浸药处理时千万不能将顶端芽眼浸到药液中，否则将严重影响芽的萌发。

三、设施中扦插育苗

设施中扦插育苗分为两种，一是在葡萄幼树行间直接整地作畦进行扦插，二是营养袋扦插育苗。

温室内直接扦插方法与露地扦插方法基本相同，首先在葡萄行间认真整地作畦，整地前每亩施入4 000千克充分腐熟的有机肥。畦的长和宽要根据设施内葡萄行间的具体情况而定，关键是畦面的宽度不能太大，以防影响管理和操作。为了防止设施内空气湿度过高，设施内育苗时一定要采用地面覆膜、膜下灌水的方法，这样不但能减少灌水次数和防止地面蒸发造成的温室内空气湿度过大，同时也能促进苗木生长健壮。

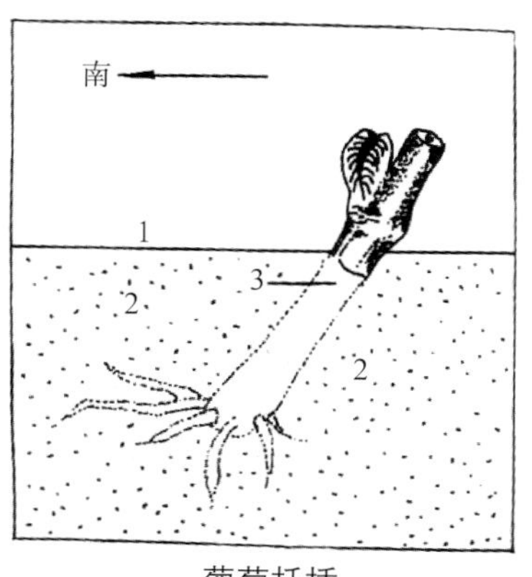

葡萄扦插
1. 塑料地膜　2. 苗圃土壤　3. 插条

育苗畦面铺膜应选黑色薄膜，黑色薄膜不但能增加地温、防止蒸发，而且有减少杂草的作用。畦面铺膜以后，四周用土压实，然后在畦面上以行距30厘米、株距15厘米的距离进行扦插。扦插时为了防止碰伤插条上已形成的幼根，可先用尖头小木棍，在地膜面上向下扎一个深度适当的孔穴，然后再进行扦插。若未能及时进行催根处理，也可将插条用生根剂浸蘸后直接扦插，但生根和发芽相对较慢一些。扦插后要充分灌一次透水，以后的管理基本上与露地育苗方法相同。

第三节　营养袋育苗

营养袋育苗是我国葡萄科技工作者发明的一种快速高效葡萄育苗方法，是在人工制作的塑料袋中装入配合良好的营养土，然后将经过催根的插条插入营养袋中，并将营养袋置于温度和光照良好的温室或大棚内，促其生根萌芽，形成健壮的营养袋苗，然后在设施或大田中定植。营养袋育苗具有单位面积育苗数量多、出苗快、苗木移栽成活率高等优点，尤其在设施葡萄幼树期，树冠遮阴不严重，在行间进行营养袋育苗可以充分利用设施空间，增加设施栽培的经济收入。

一、营养袋育苗方法

1. 制作营养袋，配制营养土　育苗前先用宽19厘米、长16厘米塑料薄膜或无纺布对折热粘合制成高16厘米、直径约6厘米的塑料袋，袋底剪一个直径1厘米的小孔或剪去两个角，以利排水。有的地方还可采用同样大小的塑料育苗钵作营养袋，效果也很好。塑料育苗袋制好后，用土和过筛后的细沙及腐熟的厩肥按沙：土：肥＝1：1：1的比例配制营养土。注意，沙的比例不能太多，以防栽苗时袋内土坨散开，影响生根和成活。

2. 装袋与摆放　将塑料袋盛满营养土，使袋内土面离袋口约1厘米，然后将营养袋整齐地排列在设施中事先挖好的育苗畦中，一般每平方米可摆放300多个营养袋。注意摆好营养袋后育苗畦的四周要用砖或湿土砌坚实，防止营养袋倒斜。

3. 扦插　扦插时将处理好的枝条剪成双芽插条，并在上端芽眼的上方1厘米处平剪，在下端芽的下方斜剪3～5厘米，剪成马耳状。然后垂直扦插在已摆好的营养袋中央，插条的顶芽与袋内

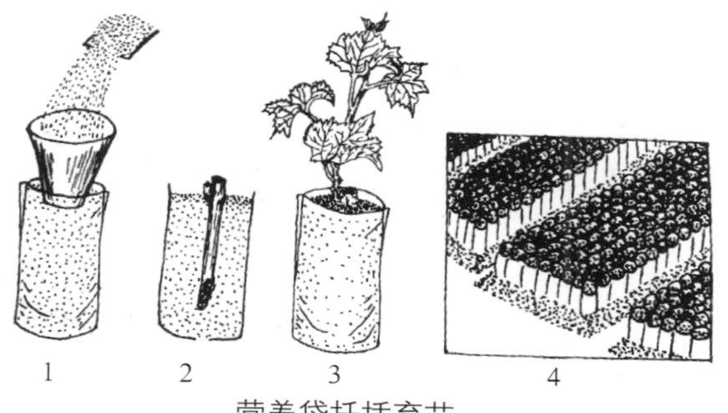

营养袋扦插育苗

1. 装营养土　2. 插条插于袋中央　3. 营养袋苗　4. 营养袋摆放

土面相平。对已采用催根处理的插条，为防止扦插时伤害幼根或愈伤组织，可先用带尖的小木棍在营养袋土的中央插一个孔穴，然后再小心地将已催出愈伤组织或幼根的插条插入孔穴之中，并用土将孔穴的孔隙填严。扦插完后，灌1次透水，注意这次灌水的水温应与袋土的温度相一致（用事先储存在温室中的水）。同时在畦上架设拱形支架，上盖塑料薄膜，白天将薄膜揭开，进行通风，晚上盖严，使畦内白天的温度保持在20℃以上而不超过30℃，夜间温度保持在15℃左右即可。

营养袋苗

4. 扦插后管理　扦插后的管理十分重要，主要工作是保持袋内适当的湿度和及时喷洒叶面肥及防治病虫。灌水时切忌袋中渍水。扦插后一般10 ～ 15天即可长出新叶，在长出3片叶后，可补喷1 ～ 2次0.3%尿素及磷酸二氢钾溶液。以后每隔10天左右喷一次多菌灵600倍液或240倍半量式波尔多液，预防黑痘病和霜霉病发生。苗木长到20 ～ 25厘米高、有4个叶片平展且心叶健壮时（四叶一心），即可连袋一起出圃进行定植。

设施内营养袋育苗

二、营养袋育苗应该注意的问题

塑料袋育苗的关键是要控制营养袋内的水分。水分过少土壤过干，会影响发根和萌芽；而袋内水分过多，会造成袋内积水使幼根腐烂变质，所以要经常检查，随时调整。在温室中进行塑料袋育苗时，白天温度应保持在25 ～ 28℃，最高不能超过30℃；夜间温度应保持在15 ～ 18℃，尤其是幼苗生长期夜间温度不能低于15℃。育苗中既要防止高温造成苗木徒长，同时也要防止低温冷害影响幼苗生长。

设施内育苗若是供露地使用，为了使营养袋苗能适应外界条件，在定植前3 ～ 5天要逐渐揭膜降温，使设施内育苗处的气温逐渐和外界一致，对营养袋苗进行适应性锻炼，然后即可起苗外运。

三、设施内培育大苗

在设施栽培中，为了尽快促进树冠的形成和及早结果，应尽量采用培育大苗进行定植。其方法是用口径较大的塑料袋或无纺布袋进行大营养袋育苗，育苗袋直径30 ～ 40厘米，深40 ～ 50厘米，这样幼苗根系生长更为强大，待苗木长到4 ～ 5叶平展时，细心将袋苗移到设施栽植穴中进行定植、加强管理，一般当年可以成形，第二年即可开始结果，称为“大苗定植”。但大苗根系所带土坨较大，搬动、运输不太方便，一般多在距离种植地点较近的设施中育苗时采用。若是自育自用时，应尽量采用培育大苗、大苗定植的方法，以促进设施葡萄尽快形成经济效益。

温室内培育大苗

第四节　设施中直插建园

直插建园是不经过专门的育苗过程，而是直接将插条扦插在栽植穴上，促其成苗，将育苗和栽植结合在一起的建园新方法。直插建园不仅省去了育苗过程，降低了育苗成本，而且没有栽植后的缓苗适应阶段，苗木生长更快，更健壮，更利于实现提早结果。许多省、市在设施栽培中采用直插建园的方法均取得良好的效果，值得在各地推广。但直插建园需要插条数量较多，事先应该进行充分的准备。

直插建园的方法：葡萄直插建园分为几个步骤：

1. 挖好栽植沟　直插建园扦插的地方也是以后植株生长的地方，因此一定要为植株生长创造良好的条件，事先准备好栽植沟，栽植沟是按设施中行距的要求，挖深0.6米、宽0.8米的定植沟或定植穴，土壤黏重的地方，还应更宽、更深些。定植沟、穴内施入充足的充分腐熟的有机肥，并和表土混均。天气干旱的地方可浇一次透水，待土壤不发黏的时候整地作畦，畦宽一般0.6 ~ 0.8米，为了保证扦插育苗的效果，扦插前在畦面上铺一层黑色地膜，以提高地温、保墒和防止杂草。

2. 插条剪截与催根处理　直插建园宜用长条扦插，一个插条上至少要有3～4个芽眼，插条长，插条内贮藏养分较多，有利于插条的发根和幼苗生长，而且根系也较深。扦插前对插条进行催根处理，然后再进行扦插。

3. 设施内扦插 扦插时间根据设施内的地温状况而定，扦插时为了保证足够的成苗率，在规定的栽植点范围上，每处扦插2～3个插条，插条间距离约10厘米，插条上部芽眼与地膜相平，扦插后及时在栽植沟内灌水，水略渗后用细土在插条上方堆一高10～15厘米的小土堆，埋住顶芽，堆土对促进成活有十分重要的作用。

4. 扦插后管理 扦插后要加强检查，一般经过15～20天后插条开始生根发芽，对已发芽的插条，小心剥开幼苗上的覆土，并在其旁插一竹竿，进行标记和立杆扶直，同时要加强水肥和病虫害防治，水肥要少施、勤施，一般1周灌施1次稀肥水，促进扦插苗健壮生长。对同一插植穴中过密的苗木，可在秋季落叶后移出。

设施中直插建园管理良好时，当年即可成形，第二年就可以开始结果。

第五章 设施葡萄栽植

第一节 定植沟准备

葡萄是多年生深根性作物，喜欢疏松、通气性良好、有机质含量大于2%、pH中性、含氧量大于9%的土壤，因此定植前必须对设施内土壤进行深耕、熟化与改良，给根系生长创造一个良好的环境条件，这样才能保证设施葡萄幼株健壮生长，及早进入结果期。

一、设施内挖置定植沟

根据设施内的栽植方式确定定植沟的方向和相互距离。温室中采用棚架整形的，在温室的南边距温室前棚面1米处、东西向挖定植沟，如果采用温室内双行拱形棚架栽培，在距后墙1.5米处东西向再开挖一条定植沟。温室和大棚内采用篱架和T形架栽培时，定植沟南北走向，行距2.5 ～ 3.0米，行距不能太小。

二、开沟方法和施入底肥

1. 沙质土 沙质土壤质地疏松、通气性能好，适合种植葡萄。但沙质土有机质含量少，保肥保水性能差，定植前必须增施有机肥。在沙质土上挖定植沟可适当浅些，沟宽50 ～ 60厘米、深50 ～ 60厘米。沟开好后，在沟底铺约20厘米厚的作物秸秆，然后将充分腐熟的鸡粪或牛羊粪与表土充分混匀后填入定植沟内，亩施有机肥量4 000 ～ 5 000千克，并加入100千克过磷酸钙（南方用钙镁磷肥），填到距地面15 ～ 20厘米时，再填耕作层熟土，如熟土不足，可从外地起土补充，填到平地面后灌水沉沟，几天后，待水完全渗入土中不粘铁锹时，再进行定植。

温室挖定植沟

2. 黏土 黏土质地紧密，通气性、导热性较差，早春地温上升慢，土质冷凉，但黏土有机质含量较高，保水保肥性能好，葡萄品质较好、产量高。黏土地种植葡萄的关键是改良土壤的通透条件。因此，开沟时，定植沟应深、宽各0.8 ～ 1米。回填时，最下边20厘米垫入杂草或粉碎的作物秸秆，然后将腐熟的有机肥和表土充分混匀后回填到地面，并适当灌水渗沟，晾几天后待沟内回填土稍凉干时再进行定植。

3. 山坡地 我国山地占很大比例，东西走向的山脉南坡在坡度10°以下的丘陵地，北面有山峰作挡风屏障，气候温和、光照充足，常形成地域性小气候，适合修建温室。海拔高、气温较低的地区，只要光照良好、土壤适合尤其适宜于进行延迟栽培，是修建设施温室的理想地区，应注意合理地开发和利用。但山坡地地形结构复杂、土壤质地差别很大，建设温室应选择光照条件好、土层深厚的地区。对于土壤过分黏重的地段，栽植前应采用开沟填加有机肥和掺沙的方法进行改良；对于土壤中有大量碎石块的地段，开挖定植沟时要捡出过多的石块，换上好土。回填时，先在沟底铺10厘米厚的杂草或秸秆，再把壤土和粗肥按1 ： 1的比例掺匀，回填到与地面相平，然后灌水，待沟内水渗到回填土手握不成团时再进行定植。

4. 轻质盐碱土 葡萄较耐盐碱，其根系在一定程度上能限制盐分进入植株体内，同时葡萄根系具有清除盐害的生理功能，所以葡萄的耐盐碱力比其他果树强。生产实践证明，在轻度盐碱地上种植葡萄含糖量较高，品质良好。但是土壤含盐量超过一定限度就会影响葡萄的生长，所以在盐碱地修建温室种植葡萄时，首先要测定土壤pH和含盐量，pH过高（大于8.0）和过低（小于6.5）及含盐量过高（大于0.13%）时，要采用增施有机肥、换土、淋溶盐分等方法改良土壤。

盐碱地温室挖定植沟，沟深、宽各1米，回填时先在沟内回填10 ~ 15厘米杂草或作物秸秆，再用1份粗肥、1份田间土和1分细沙混合的三合土再加部分生理酸性肥料，一起回填到与地面相平，然后灌水沉沟，待水分完全渗入土中后再进行定植。

在各种不良土壤上建立葡萄园时，应尽量采用根域限制栽培的方法，这样能大幅度降低土壤改良的成本投入和工作量，提高土壤改良效果，具体方法见“葡萄根域限制栽培”一节。

第二节　设施葡萄栽培架式与种植密度

设施内空间有限，光照较差，葡萄的架式和栽植密度对能否合理利用光热及空间有直接的关系，而且架式和密度也影响设施内的通风透光和小气候状况，直接影响葡萄的生长和结果，因此，必须重视设施内葡萄架式和栽植密度的选择。决定设施内葡萄架式与定植密度首先要考虑的是植株对光照的需求，阳光是温室的最主要光源和热源，也是葡萄植株进行良好光合作用的首要前提。架式选择合理、栽植密度合适，合理稀植、葡萄植株受光均匀，日光利用率高，设施内葡萄才能生长健壮并获得较好的果实品质和较理想的产量。

确定设施葡萄架式和栽植密度还要考虑设施的结构形式和品种的适应性及生长势、生长结果习性以及便于栽植后的操作管理。

一、日光温室中葡萄架式选择

日光温室经常采用东西走向、南面向阳的建造方式，温室内适宜采用东西行向的拱形棚架效果较好，植株在靠近南边前窗和靠近北边后墙前东西行向定植，采用南低北高与温室棚面结构平行的拱形棚架，棚架架面叶幕层与棚膜应保持50～60厘米的空间距离（通风道）。这种架式光照条件好，通风透光，葡萄植株受光充分，光合效率高，架面结果部位分布均匀，葡萄花芽分化好，坐果率高，果实着色比较一致，而且在幼树期也有利于架下进行间作种植。

温室内的葡萄也可采用南北成行的V形篱架形式，为避免互相遮光，行距一般在2.5～3.0米、株距1.5～2.0米。千万注意V形篱架行向不能东西走向，行距也不能太密，不能小于2.5米，否则互相遮阴影响生长和果实质量。

二、塑料大棚内葡萄架式选择

塑料大棚和温室不同，它南北走向，大棚东、西、南、北四面受光，光照条件比较好，因此可采用小棚架或V形架定植，均采用南北行向。V形架定植时，每棚根据棚的宽度，栽2～4行，以拱顶为中心线，向两旁分布，最外的边行，距大棚边膜1～1.5米。大棚内葡萄行距2.5～3.0米，株距1.5～2.0米。大棚内棚架整形时，可采用龙干形、T形、H形和V形小平棚，株行距根据架面大小灵活决定，关键是要保持大棚内通风透光良好，每个枝蔓都要有充分的生长空间，设施内始终保持良好的通风、光照环境。

三、种植密度

采用棚架龙干形栽培时，行距一般为4～6米，株距0.8～1.0米，若棚架用T形或H形整形，行距应加大到6～8米，株距应增大到4～6米。而在采用V形篱架定植时，行距2.5～3.0米，株距1.5～2.0米。同时要注意，随棚面高度变化，外边的一行架可略低一些、里边的逐级升高，但整个架面叶幕层距棚面应保持0.5～0.6米的距离。若采用多膜栽培时，内膜距叶幕层应保持0.5米的距离，而且内膜与棚膜（外膜）还应保持0.5～0.6米的距离，因此采用多膜栽培时一定要增大设施的高度，这是进行多膜覆盖时不能忽视的重要环节。

此外，确定温室葡萄栽植密度和架式时还要注意到栽培品种的生长结果习性。凡生长旺盛、节间长、结果部位较高的品种，宜用棚架，行距可略大一些，而株距适当加密，从而增加栽植初期单位面积内的栽植株数，而在结果后几年中逐渐间伐。而对一些生长势中庸、节间短、花芽分化节位较低的品种，则可采用篱架和V形架，栽植密度略大一些。但在温室内栽植的葡萄品种，一般生长势普遍强于露地，因此不能盲目照搬露地栽植的种植密度，如果栽植密度过大，往往会造成架面郁闭，光照不良，影响花芽分化及品质和产量。所以，在设施中无论定植哪个品种，株行距一定要大于露地栽培的株行距。生产上为了提高设施内前期单位面积产量，前期定植密度可适当大些，待达到盛果期后及时进行适当的间伐，调整密度。

确定了架式和定植密度后，就可以计算苗木用量。栽植用苗量可用下列公式求得：

1. 棚架定植株数　株数（A）= 温室东西长度（B）÷ 株距（C）× 行数（N）

如：温室内栽植行东西长68米，株距2米，栽南北两行，所需苗木数为：$A=B/C\times N=68\div 2\times 2=68$ 株

2. V形架定植株数　A=设施内可种植面积（H）÷［株距（C）× 行距（N）］

设施内可种植面积=设施内栽植行可种植长度 × 可种植宽度

如：设施内栽植行可种植长度是58米，可种植宽度是10米，葡萄栽植株距是2米，行距是3米。代入公式：$A=58\times 10/(2\times 3)=96$（株）

苗木株数计算出来后，即可按所需数量准备苗木，为了防止个别苗木质量不高或其他因素影响栽植成活率，常在计算数外再增加5%左右的苗木量，以防栽植后个别苗木未成活需要补栽时的需求。

第三节　设施葡萄定植

一、设施内葡萄定植时间

设施葡萄定植时间受自然气候影响较小，硬枝苗木定植从苗木落叶后到设施内植株萌芽前都可以进行定植，一般是越早越有利于葡萄生长，最好是在秋季及时早栽植，时间一般在9月中旬到10月中旬之间，这样有利于苗木根系当年恢复生长和第二年及早生发新根。生产上常用观察地温的方法来确定最适宜的定植时期，即当温室内土层20厘米处地温在12℃时或第二年春季设施内地温达到10℃并持续升温时，就可以开始进行定植。

营养袋绿枝苗的定植是在当营养袋苗有4 ～ 5个叶片平伸、设施中20厘米处地温与营养袋育苗苗床地温相近时就可以进行定植。

有些地方，在春季露地葡萄萌芽前按规定的株行距在露地先进行葡萄定植，整个生长季节按露地葡萄进行常规管理，秋季降温前再建造温室、扣膜，这样修建温室时间稍宽余一些，而且也可提高土地利用率，但采用这种方法一定要注意，在建造温室或大棚时要注意保护好已成活的植株，防止碰伤植株枝蔓和根系。

如果用插条直接扦插建园，最好先将插条进行催根，然后在设施内土壤温度稳定在10 ～ 12℃时再穴插进行直插建园。

二、设施中苗木定植方法

定植栽苗之前，先在定植沟中间按株距挖好定植穴。如果用一年生成苗定植，定植前先按苗木质量进行选择，只选用健壮合格的苗木并用5波美度石硫合剂进行苗木消毒，并剪去苗木根系中的伤根、烂根和过长的根，用0.3%的尿素水溶液将根系浸泡8 ～ 12小时，然后再用500毫克/升生根粉溶液浸10秒钟，随即进行定植，这样可明显提高栽植成活率。除生根粉外也可用300 ～ 500毫克/升萘乙酸（NAA）溶液浸蘸或喷布根系。栽苗方法与露地葡萄栽植方法相同。

大棚内覆膜种植葡萄

大棚内葡萄幼树覆膜

三、营养袋苗木定植

设施中营养袋苗木定植时间不像露地营养袋苗定植时间那样严格，只要营养袋苗已有4个叶片平展、心叶完好（即四叶一心）且生长健壮，而且设施内温度适宜时即可随时进行定植。

栽植营养袋苗时，选择生长良好、根系已能在袋外看见的壮苗。栽植前在定植沟内按株距挖深度大于营养袋高度的定植穴，在穴底撒入约25克速效化肥，并与土掺匀，再把苗袋放在定植穴内，然后把塑料袋轻轻用刀划开去掉，从四周填土按实，栽植后立即灌一次足水。营养袋苗一般无缓苗过程，栽植后即可开始正常生长。

可拆卸育苗容器

第四节　定植当年的幼树管理

葡萄设施栽培改善了葡萄生长的生态环境，葡萄生长发育时期比露地大为提前和延长，生长也明显比露地旺盛，加之由于设施内生态环境受人为控制，因此设施内幼树管理与露地管理有明显区别，一是各项管理工作开始时间要提早，二是要结合设施内生态条件进行人为的定向科学管理。

设施内幼树管理的主要目的是促进早成形、早分化花芽，尽快形成健壮的树形，为第二年获得一定的产量奠定良好的基础。

一、幼梢绑蔓与摘心和副梢处理

当葡萄定植后新梢长到7～8片叶、30～40厘米高时，要注意设立支架进行绑蔓（立竿扶直），保持新梢顶端生长优势，促其向上健壮生长。

当新梢长到1.2～1.5米高时（或根据整形要求），及时进行顶梢摘心，摘心能促进枝条的加粗生长，促进叶腋芽体分生侧枝和花芽分化。摘心后抽生的两个侧枝向前延伸，若要培养成V形树形，对两侧枝沿铁丝方向相向水平绑缚，在相邻两株新梢交界处再次摘心，而对侧枝上抽生的副梢每隔20厘米保留一个，并留4～5片叶摘心，促其花芽分化，形成第二年的结果母枝。以后当副梢再长4～5片叶时再进行一次摘心处理，以后可以不再摘心，让其顶端自然下垂，直至落叶。注意，对摘心后主干上萌芽的夏芽副梢，整形带以下的留1～2叶摘心，形成所谓“毛腿”，这样利于增加光合产物和促进主干加粗生长。通过合理的摘心和副梢处理，加快了树形的形成，并调节了树体营养和水肥的分配，促使幼树植株在栽植当年即可形成健壮的骨架结构和分布均匀的结果母枝，在管理良好的情况下，第二年即可开始开花结果。

幼树主干保留副梢形成“毛腿”

二、设施内幼树的施肥管理

设施内施肥方法和露地明显不同，设施有棚膜覆盖物遮挡，通风减缓，葡萄叶片蒸腾速率减低，根系吸收变慢、运转变缓，加之天然降雨的淋溶作用很小，如果过多的使用化学肥料，就会造成设施内土壤发生次生盐渍化，影响葡萄根系和树体生长，所以设施内应尽量少施无机化学肥料，多施充分腐熟的有机肥料。尤其在定植前，定植沟中要施足充分腐熟的底肥。除此之外，当新栽植的葡萄新梢长到50厘米以上时，每隔半月追施一次液态有机肥，即将腐熟的鸡粪、厩肥或人粪尿加水稀释成50倍液肥，开沟施入葡萄根部，促进新梢生长和花芽分化。少施、勤施、以液态有机肥为主是设施施肥的主要原则。到入秋后，及早追施一次氮、磷、钾三元素复合肥，株施30 ～ 50克，促进枝蔓充实，保证花芽良好分化。沼液和沼渣是很好的有机肥，设施中应提倡使用沼肥，一般沼渣用做底肥，而沼液多作追肥使用。

在整个葡萄生长季节，结合植株生长情况，每隔15 ～ 20天喷施一次叶面肥，叶面肥种类有300倍磷酸二氢钾和250倍过磷酸钙及3%草木灰浸出液等。原则是生长前期追施氮肥，生长中后期追施磷钾肥。当前市场上出售的叶面肥种类很多，要进行试验后才可选用。

三、设施内水分管理

设施内新植葡萄不能过多浇水，否则设施内湿度较高，会引起葡萄枝蔓徒长，枝条不充实、花芽分化不良、病虫害发生。此外，早春浇水，地下水的温度低于土壤温度，浇水过多时常导致地温降低，造成葡萄幼树根系生长缓慢，地上部、地下部生长不均衡。尤其是苗木定植后，不太干旱的情况下尽量不浇水，待开始揭膜通风时再浇一次透水，这样能使地温稳定上升，保证根系正常生长和发芽、抽枝健壮。其他浇水时间可结合施肥一同进行。值得注意的是，设施内土壤也不能太干旱，近年研究表明，设施内水分不足常常是设施内葡萄光合效率降低的一个重要原因，尤其在幼树生长期内，土壤水分更为重要。因此既要保证维持光合作用水分的充足供应，又要防止设施内土壤和空气湿度过高，这是必须重视的设施葡萄水分科学管理的重要原则。

设施葡萄水肥一体化

设施栽培中应推广实行膜下滴灌和水肥一体化，这样不仅能实现水肥科学合理供给，而且节水、省肥、省工，并能维持设施内良好的生态环境。

四、幼树期间设施内土壤管理

定植当年的葡萄根系生长十分迅速，必须加强设施内土壤管理，保持土壤疏松状态，增加土壤含氧量（>10%），从而促进根系正常生长，为第二年开花结果打下良好基础。要经常进行地面松土中耕、清除地面杂草、改良土壤通气状况，尽量减少人为的踩踏，使树盘内土壤始终处于疏松状态，为幼树的幼根生长创造良好的条件。对进行覆膜栽植的幼树，当夏季温度过高时，要注意在膜上覆土或及时揭膜，防止土温过高伤害幼树根系。设施内种植间作物时，要留出1米宽的树盘，作为葡萄根系生长的营养空间。进行间作时，要注意间作物种类的选择，要以不影响葡萄生长为先决条件，不能只为了增加当年的收入，种植过多的或不适宜的间作物，从而影响葡萄植株的生长。

葡萄幼树根系较浅，四年生以内的幼树要禁用各种除草剂，防止影响幼树根系生长。

五、幼树期设施内病虫害防治

设施内温度高、湿度大，加之幼树枝蔓幼嫩、病虫害发生往往比较突然，而且蔓延速度也十分迅速。设施内病虫害发生的种类和规律与露地有较大的不同，设施内病虫害防治一定要立足于预防为主、综合防治，防早、防好、防彻底。一般在扣膜上架前（萌芽前），要认真喷布一次5波美度石硫合剂。葡萄幼梢生长阶段，主要以防治叶部病害霜霉病、黑痘病为主，每隔15 ～ 20天喷洒一次半量式200 ～ 240倍波尔多液，或78%科博600倍液。同时要根据当地实际情况，防治绿盲蝽、斑衣蜡蝉，常用药剂为10%吡虫啉1 500倍液或25%噻虫嗪3 000倍液。当完全揭膜后，要及早喷布75%百菌清800倍液或70%多菌灵500倍液、40%乙膦铝300倍液等药剂，重点预防霜霉病的发生，两次喷药间隔时间半月左右。为防止农药之间的相互拮抗作用，在喷洒波尔多液15天后，才能使用其他农药。若发现幼树有其他病虫害发生，应及早采用相应的防治措施。

第六章 设施葡萄的整形修剪

第一节　葡萄整形

葡萄整形主要在幼树期进行，整形的目的是培养形成健壮、枝蔓分布合理、通风透光良好、便于田间管理的树体骨架结构，为整个栽培期的正常生长、结果和管理奠定良好的基础。

葡萄是蔓生植物，枝条柔软，且一年有多次生长，尤其是在设施内栽植，温度高、湿度大、葡萄生长期长、生长量大。但设施内生长空间有限，管理不善常造成枝蔓混乱，徒长郁闭。通过整形，形成合理的树体骨干结构，充分利用设施内的有效空间，使葡萄植株各部分均匀受光、达到生长健壮，结果良好，丰产、优质、高效的目的。

葡萄整形和所采用的架形密切相关。同时也和栽培品种的生长结果习性和设施结构状况有关。当前我国设施葡萄栽培采用的架式主要有3种：即篱架、V形架、棚架（倾斜式小棚架、平棚架、T形架、H形架等），其他一些架形是在这几种架形的基础上进行调整和改良后形成的。

一、篱架整形

1. 篱架设置　篱架也称篱壁架，由立柱和立柱上几道铁丝构成。适用于温室和大棚内采用。设置时南北行向，行距应保持在2.5 ～ 3.0米，立柱地面上高度2.0米，在立柱上从距离地面50厘米处开始，每隔50厘米拉一道南北向与地面平行的铅丝。架面最高点距离棚面框架要保持至少50 ～ 60厘米的空间。架面与地面垂直，这种架面的主要特点是栽植密度大、便于管理、树冠成形快、投资较小。缺点是：架面直立、枝条长势旺、结果部位外移快，同时由于架面直立、相互遮阴光照不良，容易造成枝蔓徒长、叶片黄化和导致落花落果、果实发育和着色不整齐。但由于篱架适于密植、成形快，因此，一些地区在设施栽培初期以篱架为主，而结果后再逐渐转为棚架，即所谓“先篱后棚”的架形。

2. 单壁篱架和双壁篱架 单壁篱架，每个栽植行内只栽一行葡萄，架杆上拉3 ～ 4排铁丝，每行形成一排树篱，行距2.5 ～ 3米，这是传统栽培中最常采用的一种篱架形式。

双壁篱架，也称宽窄行栽植，即主行距3米左右，每个栽植行内宽70 ～ 80厘米，行内栽植两行葡萄，每个栽植行内左右两侧各立一排支柱，两排支柱间距60 ～ 70厘米，支柱上拉3 ～ 4排铁丝，每个栽植行内形成两排树篱。

设施内篱架整形

理论上双壁比单壁多一倍的架面积，能更有效地利用温室内的土地和空间。但在设施内这种架式彼此遮阴更为严重，行间内管理不方便，产品质量较差，设施栽培中应避免采用双壁篱架。

3. 篱架整形方法

(1) 扇形篱架整形。设施中由于其空间有限，采用篱架扇形整形时主蔓不能过多，而要采用少主蔓规则扇形。其方法是：在苗木栽植后发芽前修剪时，剪留基部3 ～ 4个饱满芽，春季萌芽发后，从中只选留2个壮梢引缚向上生长，呈U形。当新梢长度达1.0 ～ 1.2米时进行摘心，促使新梢粗壮和副梢萌发，在副梢有4 ～ 5个叶片时及时摘心，促进副梢生长充实，培养成为来年的结

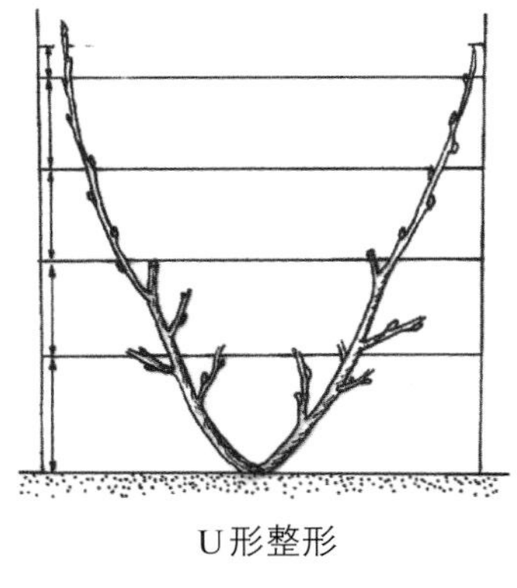
U形整形

果母枝，对以后抽生的二次副梢进行适当的疏枝和摘心。冬季剪修时，在两个主蔓上按适当的距离选留健壮的结果母枝。以后每年进行正常修剪，使整个树形成为以2个主蔓为骨干的扇形树冠。

这种整形方法的主要特点是方法简便、主蔓较少、通风透光较好，当年可以完成整形，第二年即可进入结果期，适于生长势较弱的品种和建筑高度低于2.7米的各种设施中采用。

但扇形整形主要缺点是枝蔓较为直立，生长过旺，修剪量大，结果部位低，而且果穗贴近架面，不便进行花序修剪和果穗管理。所以在设施中不宜采用低架面篱形整形，而应将扇形整形改造为生长势较为缓和的水平高干单臂或水平双臂整形方法。

（2）水平单臂整形。水平单臂整形主要应用于设施内单壁篱架栽培的葡萄植株。单臂整形的葡萄株距一般较密，一般为1.0 ～ 1.5米，每株只留一个主蔓，主蔓像人的一只手臂略倾斜伸向架面，一个设施内所有植株主蔓所伸方向应该一致，并在距地面1.2 ～ 1.4米的位置将枝蔓水平绑缚在铅丝上，并在水平枝上每隔20厘米左右培养一个结果枝组。冬季修剪时在充分老熟、枝条粗度0.8厘米处短截；第二年萌芽后，除顶端芽适当水平延伸外，其余萌发的新梢按结果母枝培养，到第二年冬季修剪时，主蔓上每个枝组上保留2 ～ 3个老熟充分的枝条，并在粗度0.8厘米处进行中短梢修剪。以后各年进行正常枝组修剪。单臂整形一般一两年就可完成整形。

水平单臂整形主蔓水平生长，树势缓和，树形容易调控，枝组稳定，生长健壮。但单臂主蔓整形对修剪技术要求较高，同时树势偏旺。当留枝过多时，常造成架面拥挤光照不足。在设施中应用时要注意生长季修剪和适时采用间伐加大株距，以控制架面枝条，改善架面通风透光状况。

水平单臂整形

(3) 水平双臂整形。整形方法基本和单臂整形一样，主要应用于株距较大且生长旺盛的品种，一般株距在1.5 ~ 2.0米，其差别在于每个主蔓在高1.2 ~ 1.4米处摘心，促发两个分枝，分别向左右分开，形成两个主蔓，每个主蔓长0.7 ~ 0.8米，像人的两个手臂分别左右伸向两侧架面。这种整枝形式除具备单臂水平整枝的优点外，由于它单位面积内株数较少，通风透光较好，树势比较均衡，而且单株的结果面积大。但栽培中要注意行距不能太小，留枝不能太多，架面上当年新梢枝距应保持在16 ~ 18厘米。这种整形主要用于设施大棚栽培，在单面向阳的温室中应用也较多。

水平双臂整形

二、V形架整形

1. V型架 V形架整形是在篱架基础上改良发展形成的一种新的整形方法，它的主要特点是在整形带以上的新梢，有规则的分向两边，形成V形，不但扩大了架面和结果面积，而且枝条倾斜生长，缓和了生长势、改善了葡萄架面的通风透光状况。V形架整形综合了棚架和篱架的优点，实际上V形架是一种短棚架或倾斜形篱架，V形架的架杆为T形或“干”字形，架桩高度2.5 ~ 2.6米，地面以上高度2.0米，并在地面以上80 ~ 100厘米处设置第一道铁丝，在距离地面1.2米和1.8米处再各设一条约1.0米和1.6米长的横杆，两个横杆前端各顺行拉一道铁丝，总计5根铁丝，幼树生长期在主干高度80 ~ 100厘米处摘心，培养两个主蔓并相向水平引缚在与其高度一致的铁丝上，主蔓上抽发的新梢留4 ~ 5片叶摘心，培养为第二年的结果母枝，新梢间枝距16 ~ 18厘米，分别整齐的引缚在V形架两道横杆的铁丝上，整体树冠形成V形。

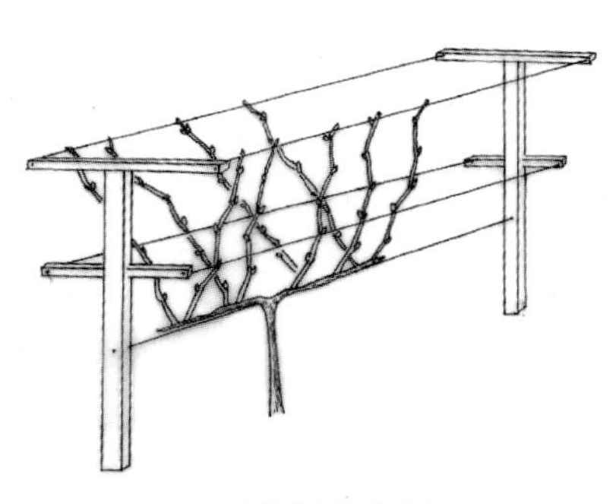

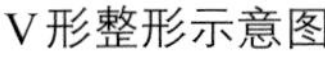

V形整形示意图

V形整形

V形整形树冠成形比棚架整形快，栽植密度相对也较大，叶幕受光面大，丰产性良好，适合在光照良好的温室和大棚中应用。但在整形修剪中要注意控制枝蔓生长势和留枝密度，防止结果部位上升，并可采用顶端枝梢自然下垂、环剥等措施来缓和生长势，以提高产品的质量和维持树形的生长均衡。

2. V形小平棚整形 V形小平棚整形是在V形整形的基础上进一步改良形成的一种新的整形方式，它和原来的V形整形不同点在于：葡萄行距由2.5 ~ 3.0米增加到4.0 ~ 4.5米，主干分枝处高度由100厘米提高到180厘米，并从180厘米高度处摘心，促发新梢形成双臂，双臂上发出的新梢相互保持16 ~ 18厘米枝距，呈V形引向水平棚架架面、新梢分别分布在高度为2米的平棚架铅丝网上。V形小平棚的优点是行距大、通风透光良好，果实病害减少；结果枝部位提高，光照好、病害明显减轻，而且由于叶果比增加、果穗着生部位高、果穗部位气温提高，葡萄可提早成熟5 ~ 7天且品质优良。这种架形特别适合在大棚和避雨大棚中应用，近年来在南方地区推广很快。但这种架形架面高，在以妇女为主要劳力的地区，操作不够方便。

V形小平棚

三、棚架整形

棚架整形和篱架整形最大的不同是葡萄枝蔓、新梢在水平或略倾斜的棚架面上生长，棚架主要特点是：①采光合理：葡萄枝蔓平铺在架面上，叶幕层厚，树体有效光合面积大，光源利用充分，果实着色好、含糖量高。②架面高，通风条件好：当设施腰窗和顶窗同时打开时，形成通风道，能很快完成架面叶幕层附近的气体交换，降低温室内气温和湿度，病虫害发生较少。③树势平衡：枝条近乎水平延伸，有利于平衡前后树势，枝条不易徒长，利于花芽形成和早期丰产，树体枝蔓容易更新。④果穗下垂，便于进行修穗、整穗和果穗处理、套袋。在设施跨度较大和幼树期，为了充分利用设施空间，也可采用温室内南北两方双行栽植，形成门形拱棚架。这样利于早期产量的提高，增加设施栽培效益。

但棚架整形树体成形较慢、投资较高，尤其是架面高、管理较为费工、架面上部管理不便。在具体选择架形时这些问题都应认真考虑。

棚架适合在设施高度大于3米的大棚和温室中采用。棚架设置好后，就可以选用适当的整形方式，当前棚架栽培采用的整形方式主要有龙干形、T形和H形。

温室内龙干整形短梢修剪

独龙干大棚架整形

1. 龙干形整形 龙干形整形主要用于棚架架式，是我国葡萄棚架栽培中常用的传统架形。

龙干整形方法是：栽植行距4～5米，株距80～100厘米，幼树期每株只留一个主蔓进行培养，形成龙干，龙干长5～7米不等，主要根据架面大小来确定。架面上相邻主蔓之间相距70～100厘米。龙干整形不留分枝，只在每条主蔓（龙干）距地面1.5米以上的龙身（主干）上两侧每间隔20～30厘米培养一个结果枝组，每年在枝组上实行短梢修剪，形成龙爪，延长枝形成龙头。冬剪时，主蔓在剪口粗度0.8～1.0厘米处进行剪截，两侧枝组上的枝条（龙爪）在粗度0.8厘米处短剪；第二年延长枝（龙头）继续向前生长，主蔓上两侧的侧枝仍留3～4芽修剪，继续培养成枝组（龙爪）。而对生长较弱的主蔓，进行重短剪，促其抽发壮枝，重新培养为健壮的延长枝（龙头）。

以后每年冬季修剪时，在主蔓顶端留一新梢继续作为主蔓延长枝培养，其他侧枝新梢按结果母枝处理的方法进行短截。设施中管理良好时，第二年就可以形成龙干树形，以后每年进行以短梢修剪为主的常规修剪。

这种整形方式方法简便、易操作，树形容易培养，树体生长均衡，结果部位紧凑，树形稳定，架面通风透光条件好，果穗下垂，容易进行管理。但龙干整形的主要缺点是完成整形需要2 ～ 3年时间，且冬季修剪量过大，而且架面校高，水平架面上部不易管理。

2. T形棚架整形 T形棚架整形也称“丁”字形整形，它适合在大棚和高度大于3米、跨度大于6米、不下架埋土防寒的设施中应用。其行距应大于4米，株距2 ～ 2.5米。整形方法是，幼树期每株只留一个主蔓（主干），垂直向上进行引缚培养，高度达到1.8米时摘心，促发2个新梢，形成主蔓，向相反两方延伸，主蔓上的副梢每隔20厘米保留一个，并留5 ～ 6片叶进行摘心促壮，冬季修剪时对其保留2 ～ 3个冬芽，在粗度达到0.8厘米处修剪，第二年萌芽后选留两个新梢，分别绑缚在两边，形成鱼刺状结果枝组，以后每年在枝组上进行短梢修剪。

T形整形

T形整形

T形整形

T形整形在设施中适合于大部分鲜食品种，对于个别生长极旺盛的品种，要注意适当增大株行距和采用合适的控梢措施，以促进花芽形成和保证正常坐果。T形整形是一种整形方法简便、容易掌握、架面通风透光良好、结果早的葡萄架形，尤其在新发展的不埋土防寒设施栽培地区应重视推广这种整形方法。

3. H形棚架整形 H形棚架整形是一种规则的大架面整形方法。这种整形适合在大棚和连栋大棚中应用，由于架面大、枝组多，4个分枝分布规则整齐，所以植株生长中庸，坐果良好，树形美观，特别适合在观光栽培中应用。采用H形棚架整形时行、株行距应保持在6～8米，而且随着树龄增加和主枝延伸，还要适当间伐，增大株距。

H形整形

H形整形结果状

H形整形的方法是幼树期每株只留一个主蔓（主干）垂直向上进行培养，高度达到1.8米时摘心，促发2个新梢，形成一级主枝，并向相反两方延伸，一级主梢上不

留副梢和分枝，而当一级主枝长到1.5 ～ 2.0米时再次摘心，再次促发2个新梢形成二级主枝，并将其向与栽植行平形的方向相互反方向绑缚，形成规则的H形枝蔓骨架，在二级主枝上的抽发的副梢每隔20厘米保留一个并留4 ～ 5片叶进行摘心促壮，冬季修剪时对其只保留2 ～ 3个冬芽，在粗度0.8厘米处修剪，第二年萌芽后选留两个新梢，分别绑缚在两边，形成结果枝组，以后每年冬季对结果枝组进行短梢修剪。H形整形架面宽大、生长中庸、通风透光十分良好，每年进行规则的短梢修剪，结果部位整齐一致、果穗管理方便。但H形整形对整形技术和水肥管理要求较严格，完成整形的时间也较长，各地在应用时要因地制宜。

生产上确定葡萄架形要充分考虑到品种的生长结果习性和树体的生长势。生长势强、结果部位高的品种要采用较大的架形。而生长势弱、结果部位低的品种可采用V形架。同时架形的选择还要考虑到葡萄品种对光照条件的要求，对在直射光条件下才能正常生长结果的品种，如红地球等品种应采用棚架形，而对在散射光条件下就能正常生长结果的品种，如巨峰、夏黑、玫瑰香、87-1等品种可采用篱形架和V形架。

葡萄整形方式多种多样，当前生产上采用较普遍的整形方式主要是龙干形和V形、T形及H形四大类，其他形式都是根据这几种形式演变而来的。

除以上几种架形和整形方法以外，我国各地设施栽培中还有多主蔓扇形、X形等多种整形方式，从发展趋势来看，“高、宽、稀、垂”是今后设施葡萄优质、安全、省工、高效栽培中主要的葡萄架式和整形方式，各地可根据实际情况灵活选用。

第二节　设施葡萄休眠期修剪

一、休眠期修剪时间

设施葡萄休眠期修剪类似露地栽培的冬季修剪，它的主要目的是培养和维持树形、调节树体生长和结果的关系、改善葡萄树体内通风透光条件，同时通过修剪调整结果母枝的着生部位、防止结果部位外移，使结果母枝不断更新复壮。

由于设施葡萄一般不埋土防寒，所以秋季落叶后、扣膜前即可进行修剪，但修剪时间不要太早，以便让养分充分回流，使枝条充分老熟。北方设施通常在11月上中旬覆膜前进行修剪。南方促成栽培一般在11月扣膜前完成修剪，而南方地区避雨栽培修剪可推迟到12月以后进行，北方地区修剪应在覆膜扣棚和埋土防寒以前进行。北方延迟栽培的葡萄植株应在葡萄采收后半月左右再进行修剪，这时树体经过一个时期的恢复，枝蔓和冬芽较为充实。但休眠期修剪时间也不能过晚，如修剪过晚，剪口愈合差，萌芽前树液流动后就容易出现剪口“伤流”现象。同时若在温室盖膜以后进行修剪，不但因覆膜后设施空间较小，不易进行操作，而且修剪枝条时容易划伤损坏棚膜。

我国南方地区，冬季温度较高，设施内温度更高，树体落叶很晚甚至不落叶，在这些地区葡萄修剪时间的确定要依靠枝条基部枝、芽的老熟程度（即枝条、芽鳞呈现深褐色，枝条充分硬化、木质化）和计划的萌芽时间来确定，有时还可带叶进行修剪。

二、确定芽眼负载量

芽眼负载量是指修剪后的每株留芽数量。设施内葡萄芽眼萌发率与露地相比相对较低，所以修剪时单位面积内留芽量比露地葡萄要略多一些，一般生产上冬剪留芽量是架面留新梢（第二年抽发的梢）数量的1.5倍以上。如设施中每平方米架面留12个新梢，修剪时每平方米架面就要留18个芽眼。确定单株芽眼的留量可用下列公式进行计算：

单株留芽量=每株平均架面面积（米）×12×1.5

如：温室内平均每株架面面积为3.5米^2，这时，每株冬剪时的留芽量则为：3.5×12×1.5=63（个）。

近年来，为了便于掌握，生产上常用每平方厘米主干（蔓）

面积可负担的果实产量来推算每株的合理留芽量，计算方法是：在正常管理条件下，每平方厘米主干截面积可承担生产优质葡萄1.5 ～ 2.0千克，因此，在此原则下先测定计算出每株葡萄地面以上30厘米处主干的截面积后，然后计算出植株理论负载量，并根据该品种的单穗重、萌芽率、果枝百分率即可求出修剪时合理的留芽量。

用公式求出单株理论留芽数以后，在实际生产中再按植株生长势的强弱、结果母枝的质量，枝条四周生长空间的大小等进行适当的增减和调整。

一般在确定了单株留芽量后，就可以根据品种的结果特性、设施内面积、栽植株数初步估算预测出第二年单位面积的葡萄产量。

负载量是指修剪时的留芽量。留芽量多少和来年的产量和生长状况有着直接的关系。留芽量太少，来年产量就低；但留芽量过多、枝条过多，不但来年生长衰弱，而且产量和果实质量也得不到保证，同时会因枝条过长，造成枝条下部芽不萌发，形成树体空膛、结果部位上升。因此正确负载量（留芽量）的确定要根据葡萄树当年的生长状况、管理水平、品种特性等因素综合进行分析，从而提出一个葡萄园修剪时正确的负载量（留芽量）。这对正确指导葡萄修剪有十分重要的意义。

三、确定修剪留枝长度

由于葡萄枝条上不同芽位有明显的异质性并且不同品种这种异质性的表现互不相同，因此每个品种花芽在枝条上的分布节位就有一定的位置。设施内葡萄因受设施内部空间的限制，枝条不能过分长放，所以设施内葡萄冬季修剪主要以短梢修剪（留2 ～ 3个芽）和中梢修剪（留4 ～ 5个芽）为主，而以长梢修剪（留6个芽以上）为辅。短梢修剪主要用于预备枝和结果母枝的修剪，中梢修剪主要用于结果母枝的修剪，长梢修剪主要用于幼树整形和主蔓延长枝修剪以及某些花芽分化节位较高品种的结果母枝修剪，同时也常用于填补架面缺枝以及衰老树的更新。

短梢修剪时枝条上只保留2～3个冬芽，由于留芽较少，来年生长时，树体中的营养供给相对比较充足，因此就有利于冬芽中花芽的分化。而且由于短剪后留芽数较少，植株营养供应集中，所以萌芽整齐，枝条和花序发育健壮、坐果率高。同时短梢修剪的架面留芽少，枝条分布较稀疏，有利于通风透光。因此，葡萄短梢修剪在设施葡萄生产上应用非常普遍。

短梢修剪具体方法是在主蔓或侧蔓上选留成熟度良好的一年生健壮枝条，在枝条粗度0.8厘米处，留2～3个芽剪截，作为第二年的结果母枝或预备枝。主蔓上相邻短剪枝条的相互间隔距离为20～25厘米，修剪后的枝条均匀排列在主蔓或侧蔓的两侧，如果第一年修剪时结果母枝的留枝量不足，第二年就要注意培养健壮的新梢，冬剪时继续选留，直至留满整个架面。对结果母枝进行短枝修剪时要注意，只有花芽分化的节位较低的品种，才适合采用短梢修剪。

葡萄品种间的生长势和结果习性不同，结果母枝的修剪方法也有所区别。一般对生长势强、结果部位高的品种（如美人指、红地球、克瑞森无核等）留4～5个芽修剪。而对生长势中庸、结果部位低的品种（如玫瑰香、夏黑、京亚等）留2～3个芽短剪。而对所有品种的预备枝，一律采用只留2～3个芽，进行短剪。

近年来在设施栽培中观察发现，一些品种如京秀、世纪无核、红地球等，过分短剪第二年即无花序，这和在温室中花序分化节位改变有很大关系，对此类品种除了加强生长季管理（摘心、环剥）促进中下部花芽分化外，在修剪时应注意采用中短梢混合修剪，但留枝密度要适当减少，并对中长枝下方的另一枝条进行短剪，做为预备枝。

四、更新修剪

设施葡萄生长旺盛，枝条顶端优势十分明显，往往顶部芽眼萌发后，中下部芽眼就较难萌发成枝，从而造成枝蔓空膛和结果部位迅速外移。而更新修剪就是防止结果部位外移、保持植株上结果部位相对稳定的一种重要的修剪方法。另外，设施葡萄生长期比露地葡萄长60天以上，年生长量要比露地大得多，若任其枝蔓生长，一年可长达9～10米，由于葡萄的极性生长很强，所以在设施栽培条件下，结果部位外移要比露地葡萄更快、更严重，因此每年必须通过更新修剪来控制结果部位的外移。常用的葡萄更新修剪的方法有两种，即单枝更新和双枝更新。

1. 单枝更新 单枝更新是指在休眠期修剪时，在同一个枝条上留2～3个芽进行短剪，第二年让所留的芽眼全部萌发，将上部萌发的枝条作为结果枝，下部萌发的枝条作为预备枝，并对预备枝及早摘心，而在第二年冬季修剪时，剪去上部已经结过果的枝条，用下部培养好的预备枝来作第三年新的结果母枝。修剪时将结过果母枝仍然只留2～3个芽进行修剪，第三年发芽后，继续将上边的枝条作结果枝，而将枝条基部抽生新梢上的花序除去，仍作为预备枝培养，第三年冬剪时，继续采用去掉上部已经结过果的枝条，而将基部的预备枝仍留2～3个芽剪截，又作为第四年的结果母枝。每年依此类推，在一个枝条上始终用上部的枝条作结果枝，而用基部芽抽生的枝作为预备枝，始终利用一个枝条既抽生结果枝又抽生预备枝，将结果部位稳定在一定的空间范围。

单枝更新

2. 双枝更新 双枝更新是在一个二年生枝蔓上，选留两个相近的一年生枝为一组，上面的一个枝条留3～5个芽修剪，作为下年的结果母枝，而下面的一个枝条剪只留2～3个芽短剪作预备枝。第二年萌芽抽枝后，上面一个

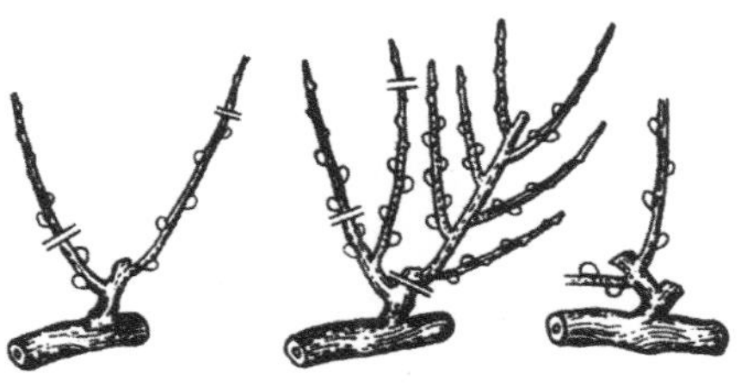

双枝更新

枝条新梢上的花序保留，作为结果枝，而对下边预备枝上萌发的2～3个新梢上的花序及早疏去，作为预备枝培养。第二年冬剪时，去掉上部已经结过果的枝条，而将下面预备枝上抽生的枝条中，上部的一个适当长放作结果母枝，而将下部的一个枝条又只留2～3个芽短剪，作为预备枝。以后每年依此类推。

双枝更新多用于结果部位较高的品种和棚架栽培，而结果部位较低的品种则可用单枝更新法进行修剪。

采用预备枝修剪方法可以防止结果枝部位的上升或外移，但是设施葡萄生长结果到一定的年限后，枝条就会老化，产量逐年下降，此时要注意培养老蔓下部健壮枝组作为更新枝，并在冬剪时对衰老的主蔓进行回缩更新修剪。

3. 回缩更新修剪 回缩更新修剪是对树龄较长的多年生老蔓进行更新复壮的一种方法，也称“大更新”。其具体做法是，当树龄较长，枝蔓生长明显变弱的时候，在主蔓中下部选生长健壮的枝条作更新枝，在生长季节进行培养。冬剪时，将已经老化、生长势衰弱的老蔓回缩到老蔓下部培养好的健壮更新枝的部位，进行回缩更新。更新修剪在设施栽培中具体操作时，要有计划地进行，逐步回缩，防止回缩修剪过重，影响更新后第二年的生长。同时要注意，由于回缩修剪的伤口较大，因此回缩剪口不要距所留的更新预备枝太近，防止剪口失水过多，影响更新枝的生长。

第三节　设施葡萄生长季修剪

生长季节修剪是指在葡萄萌芽后一直到果实采收后落叶前这一生长阶段内对树体进行的修剪。露地栽培中这项工作主要在夏季进行，也常称为夏季修剪，简称夏剪。而在设施中由于萌芽生长较早，修剪也较早，应称为生长季修剪。生长季修剪的目的是合理布局和调控新生枝条的生长，改善架面通风透光条件，调节树体各部位的生长势，提高叶片的光合效率，改变树体营养的流向，促进当年果实发育良好，品质优良，促进第二年花芽分化并发育良好。

生长季修剪主要包括抹芽、定枝、绑蔓、花序修剪、新梢摘心与副梢处理、去除老叶、清理修剪等项工作。设施栽培中，生长季节修剪要比露地栽培开始得早，结束得晚，一般从设施内葡萄萌芽开始，一直到设施中落叶前都要不断地进行这项工作。

一、抹芽

抹芽是葡萄栽培中一项特有的工作。葡萄一个冬芽内除了有主芽外还有预备芽，因此一个芽眼内可以抽发出几个幼梢，为了防止萌芽后枝蔓密度过大和促进枝梢健壮，当设施中葡萄芽萌动长到1厘米左右时，在一个芽眼位置上只选留一个最健壮的主芽，及时去除多余的弱芽，以保证萌芽后抽生枝条生长健壮。

除了要及时除去弱芽和过密的芽以外，同时要抹去根颈部从地面发出的萌蘖和多年生枝干上萌发出的隐芽。抹芽是萌芽前后葡萄管理上一项重要的工作，必须及早进行。

葡萄主芽和副芽

抹芽后每个芽位只留一个新梢

二、定枝

定枝是当大部分新梢长到4 ～ 5片新叶、新梢上已能明显看出花序时，按照植株正确的负载量和架面状况进行新梢的选留和合理的枝条布局，使架面上新梢绿枝相互距离保持在16 ～ 18厘米，及时去除多余的无效枝和生长势过弱或过强的竞争枝、徒长枝，使每平方米架面保留12 ～ 14个生长健壮的新梢，并使所留新梢中结果枝和营养枝的比例达到1 ∶ 1或1 ∶ 1.5，保证合适的叶果比，使每个枝条、每个叶片都有足够的生长空间，使每个花序、果穗都有足够的叶面积提供光合营养。

三、葡萄新梢绑缚

葡萄新梢绑缚也称为绑蔓，它分为老蔓绑缚和新梢的绑缚。设施内葡萄修剪后要及时进行骨干枝和老蔓的绑缚，将枝蔓均匀分布绑缚在架面上。新梢绑缚有双重作用：①改善架面的通风透光条件，通过绑缚使新梢分布均衡。②调节新梢的生长势，对于生长势强旺的新梢，通过压平、水平绑缚和弓形绑缚，改变新梢的生长角度，改变树体内营养运输的方向，缓和新梢生长势；对于细弱的新梢进行垂直绑缚，使其具有向上的生长优势，使弱枝变为中庸枝和强壮枝。

葡萄新梢长到30～40厘米时要及时绑蔓，这时枝条基部已开始木质化、新梢容易弯曲并有韧性。若绑缚时间太早，新梢木质化程度不够，枝条太嫩太脆，绑缚时容易折断。绑缚太晚，新梢过旺，枝条杂乱生长，架面光照不好，不但不方便操作，而且容易造成过多伤口。

新梢绑缚的方法以往常用塑料绳、布条等绑扎物，采用“8”字形结扣方法，防止架面铁丝擦伤幼枝。用布条、塑料绳绑蔓十分费工，近年来已开始推广采用绑蔓丝（塑料皮铁丝）、绑蔓卡和

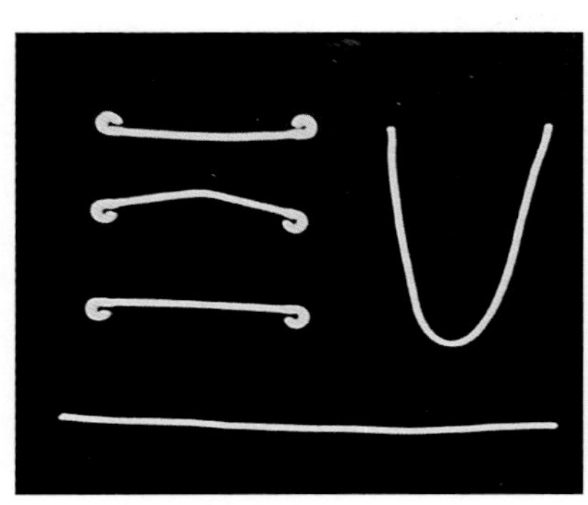

绑蔓卡与绑蔓丝

绑蔓卡（丝）绑枝

绑蔓机代替布条、塑料绳等人工操作绑蔓，新的绑蔓材料和方法不但工作效率高而且十分美观，可连续多年使用，适合在设施葡萄栽培中广泛采用。

四、疏花序和花序修剪

1. 疏花序 疏花序是在新梢上花序充分呈现后，根据树龄、长势、管理水平确定出合理的产量标准，并依此标准疏去过多、过密的花序，选留生长健壮、分布均匀、着花部位良好的花序，以保证当年花序和果穗的质量与产量。

从树龄上和健康栽培的角度来讲，种植后当年和植株生长的第二年要以培养良好的树体结构和健壮的根系为主要目的，不宜过早、过多结果。因此，国外和我国栽培水平较高的地区，种植当年和植株生长的第二年都及早疏去新梢上的花序，以保证树体的健壮和根系的充分发育。但相当多的地区，种植第二年就盲目保留花序、追求早结果，而且以后每年都以盲目高产为目的，这种做法是不科学的，应该纠正。在设施栽培的条件下，树体生长发育比露地要快，在良好管理条件下，种植后第二年就能形成许多花序，但幼树期要严格控制花序、果穗数量（强壮树每株4 ~ 5穗，中壮树每株2 ~ 3穗，弱树不留花序）。树龄超过3年、进入结果期后，按品种特性、生长状况和管理水平进行正常的选定花序。

2. 花序修剪 花序修剪是开花前对所选留的花序进行的一次疏剪和整理。葡萄是圆锥形花序，花序较大，一个花序上常有800 ~ 1 200朵小花，若任其生长，就会造成果粒过多、果穗和果粒大小、成熟不一，严重影响商品价值。因此，必须在开花前及时去掉过多、过密和生长发育不健全的花序，并对花序进行修剪。花序修剪包括定花序和修花序，具体见第八章第四节。

五、新梢摘心和副梢处理

设施中温度、湿度较高，葡萄新梢和副梢生长十分旺盛，任其自然生长，不但会造成枝蔓郁闭，而且浪费树体营养，因此必须进行新梢摘心和副梢处理，处理的目的在于控制营养生长，促进枝条加粗生长，改善葡萄架面的通风透光条件，调节营养物质的分配与均衡，提高坐果率，促进花芽分化和果实发育。新梢摘心和副梢处理分为营养枝和结果枝两种不同的处理办法。

1. 营养枝的摘心和副梢处理 新梢上没有花序的枝条和预备枝等均为营养枝。营养枝摘心的目的是促其健壮生长和及早形成花芽，成为来年的结果母枝。营养枝一般留8 ~ 10片叶摘心，摘心后出现的夏芽副梢，除顶端一个副梢适当长放外，对其他副梢一般留2 ~ 3个片叶片摘心，对二次副梢只保留顶端一个，其余的全部去除。到冬季剪时，对生长部位良好、老熟充分、粗度在0.8厘米以上的副梢可以留作来年的结果母枝或预备枝，而生长过弱的副梢可及时疏去。要注意的是：对设施葡萄营养枝和结果枝上的副梢处理绝不能采用全部抹除的方法，否则会逼发冬芽，影响第二年的生长与结果，这一点一定要予以高度重视。

对生长势特别强，不作延长枝的新梢（竞争枝）可及早剪除，有空间时应及早在新梢半木质化时从5 ~ 6片叶处进行摘心或扭梢处理，以缓和生长势，促进花芽形成，培养成为第二年的结果母枝。

2. 结果枝摘心和副梢处理 结果枝摘心的目的一是促进开花坐果，二是调节果穗的松紧度，使果穗更加美观。在设施栽培中，不同品种生长结果习性不一样，因此不同品种进行结果枝摘心的时间和留枝长度以及副梢处理的方法不完全一致。

欧亚种品种群品种一般坐果率较高，结果枝一般在开花前一周左右在果穗以上留4 ~ 5片叶进行摘心。而对坐果率高而且果穗比较紧密的如红地球、美人指、世纪无核等品种，结果枝摘心应在开花以后进行，果穗前可多留叶片（5 ~ 6叶）进行摘心，这样营养分散，果穗就比较松散。而对果穗较疏松、生长势中庸的品种，如玫瑰香等品种，在开花前进行摘心，并且摘心稍重，留叶量稍少；而对生长势过弱的结果枝要去掉花序进行重摘心，促其健壮生长，第二年再结果。

欧美杂交种品种如巨峰等，在设施中存在着严重的落花落果问题，因此，在葡萄开花前5 ～ 7天要对结果枝及时进行适当的重摘心，一般果穗上只留2 ～ 4片叶，落果越重、摘心越重，以利于保花保果。此次摘心时期一定要及时，一般掌握在80%以上的花序分离、花蕾由绿开始变黄时进行。摘心后出现的夏芽副梢，顶端的一个适当长放，留4 ～ 5叶摘心，其余的留2 ～ 3片叶摘心。及时适度的重摘心能明显减轻巨峰等品种的落花落果，而且也可促进当年新梢基部芽眼的花芽分化。

要注意的是，葡萄叶片的有效叶龄（即能生产净光合产物的时间）仅为110天左右，而在主梢叶片老化后，果实生长、花芽发育所需要的养分全要依靠副梢叶片制造和供给，因此一定要保护副梢，利用副梢叶片制造养分，充实花芽分化和果穗生长期的营养供给。具体生产中，果穗以下的副梢一般生长较弱，只要有生长空间可以保留而不处理，而对果穗以上的副梢，可留1 ～ 2片叶进行摘心。在枝条过密时可适当疏去过密的枝条和去除部分果穗以下的副梢，以改善架面通风透光状况。

3. 化学控梢 设施葡萄生长量大，处理副梢常常要耗费大量人工。近年来采用植物生长抑制剂控制副梢生长在生产上得到了广泛的应用，从而节省了大量的人工。

但在植物生长抑制剂的应用上一定要注意生长抑制剂的选择、合适的浓度及正确的应用时间和方法，尤其是应用时间，只能在开花前和套袋后喷布新梢顶端，而在萌芽期、开花期、幼果膨大期和套袋前绝对不能使用（表6-1）。

表6-1　植物生长抑制剂在控梢上的应用

药剂名称	使用时间	使用浓度（毫克／千克）	备　　注
矮壮素	开花前10天左右，套袋后	500 ～ 750	又名CCC，和硼、钾肥配合应用
缩节胺	开花前5天左右，套袋后	300 ～ 550	又名甲哌鎓、助壮素，应和良好水肥配合

（续）

药剂名称	使用时间	使用浓度（毫克／千克）	备　　注
烯效唑	开花前5～7天，套袋后	20～30	抑制能力强，使用前应进行试验，注意和良好水肥配合

六、去除老叶

去除老叶

设施中葡萄枝叶密度大，光照差，而且葡萄叶龄在110天以上时，老龄叶片的营养消耗开始大于营养制造。为了改善设施内葡萄架面的光照环境和节省树体营养，促进果实上色，设施栽培中应及时将叶龄在110天以上的老叶、黄叶去掉，去除老龄叶片的时间在葡萄果实开始着色时。去掉果穗上部叶龄大于110天的老叶能明显改善架面通风透光条件，节省树体养分，有效地促进葡萄着色和成熟。这对设施栽培中的欧美杂交种品种更为重要。

七、设施葡萄清理修剪

清理修剪是设施葡萄栽培中一个特有的修剪技术。生产中发现，由于温室葡萄开始生长早，生长期较长，而且枝叶在薄膜覆盖的光照条件下生长，缺乏直射阳光的照射，容易使新梢上的芽眼芽体“老化”，从而造成第二年萌芽率降低、花芽明显减少，甚至毫无产量。为解决这一问题，在设施葡萄果实采收后要及时揭膜晾晒树体并进行一次架面清理修剪，剪去结果枝上部枝条，促进下部芽眼萌发，让新梢在直射阳光下生长，分化形成花芽。具体时间北方地区约在6月上中旬，方法是在葡萄果实采收后及时进行揭膜，然后进行清理修剪。修剪时，首先疏除生长势过旺的徒长枝、竞争枝和衰弱枝，对生长势中庸的结果枝在已采收果穗部位以下留3 ～ 4芽进行重度剪截，刺激基部冬芽萌发。并使新生枝条在自然光直接照射下健壮生长，到12月冬季修剪时再在充分老熟的新枝条上留3 ～ 5芽进行修剪，并尽量保留基部靠近骨干枝的新梢。采用这种方法能够防止设施葡萄第二年无花序的现象，并能有效控制结果部位外移。清理修剪要在果实采收后及时进行，越早效果越好。

果实采收后设施及时揭膜

果实采收后清理修剪

清理修剪是设施栽培中特有的管理技术，不同品种进行清理修剪的时间和轻重程度有所不同，应根据不同品种具体情况进行试验观察后再行决定适当的修剪时间和修剪长度。同时为了促发壮枝，在进行清理修剪时必须配合良好的水肥管理，一般在葡萄果实采收和修剪后立即施入部分速效肥，施肥后及时灌溉，以保证清理修剪后新发枝条生长健壮和花芽充分分化。

由于设施内温度高、湿度大、葡萄营养生长期长，抽枝多，架面更易郁闭，因此设施内必须及时进行生长季修剪，严格防止架面郁闭和通风透光不良。

第七章
设施内生态条件的调控

第一节　设施内温度调控

设施栽培是在一个地区人为地创造一种新的葡萄生长发育的环境条件，促进葡萄提早或延迟发芽、正常生长和开花结果。设施内生态环境既受当地自然条件影响，也受人为调节的控制，而且人为调控的状况直接决定着设施中葡萄的生长结果状况和成熟采收时间。如何更有效地进行人工调控，如何更充分利用自然条件和如何防止一些设施造成的不利因素，这就成为设施栽培中一项十分重要的工作。

设施内生态条件调控主要包括：设施内温度调控、设施内湿度调控、设施内光照调控和设施内气体成分的调节等项工作，每项工作都对设施内葡萄的生长和结果有着重要的影响。

一、设施中的温度调控

设施栽培的实质就是通过设施增温或控温，促进葡萄提早或延迟萌芽、开花和成熟。完成休眠后的葡萄植株萌芽早晚主要受设施内温度高低所左右，日光温室和大棚升温的主要方法是利用太阳辐射能量给设施内加温，并通过设施保温，提升设施内的气温和地温。如果一个地区春季日照较少、温度过低，而要使葡萄提早成熟供应市场，那么就要在设施中增设附加热源，给设施人工加温。经济条件好的地区，可利用暖气设备进行加温，这样既安全又容易控制。在有地热资源或工厂余热资源的地区，也可利用这些投资少、又便于利用的热源。当前农村中最常用的方法是在早春时节在温室中增设火炉、火道或各种加温设施，使温室增温，利用燃煤、燃气增温时，可在温室内后墙上设置散热管道，每天下午6时后至第二天早晨8时给设施内加温。

设施内温度计的正确安置

设施内温度调控主要工作包括给设施升温及萌芽后合理控温，并使设施内温度均匀分布。设施中萌芽前升温要做到逐渐升温，使葡萄植株有一个逐步适应的过程。当设施内温度过高时要及时进行通风降温，使设施内的温度适宜葡萄生长、开花和结果。而要做到使温度分布均匀，就必须设计和建造结构合理的温室、大棚设施，尤其要注意设施的方位、高度、跨度和长度。设施过高、过长、跨度过大，设施内温度分布则不均匀；在温室中一般是靠近前棚面1米范围内温度较低，而靠温室中部和内部温度较高；温室跨度越大，前棚面的主要受光面和后部次要受光面温度差异也越大，温室越长，温室两头温度与中间温度差异也越大，因此一定要合理设计温室的结构，不能盲目求大、求高。

棚内设置小棚提高地温

大棚加热防寒炉

日光能加热设置

良好的设施白天能够充分地吸收日光能，夜间也能较好地保存所吸收的热量，使昼夜温差维持在10 ～ 15℃之间，这样对葡萄生长发育十分有利。但有的设施白天温度很高，而晚上降温很快，到凌晨温度很低甚至接近冰点，这对葡萄生长结果十分不利。造成这种现象的主要原因是设施结构不良和保温措施不合理，具体表现在以下几个方面：

1. 温室结构性能不良　一些温室过长（大于100米）、过高（大于3.5米），跨度过大，这样不但受热不均匀，而且温室前棚面散热面过大，夜间温度降低很快，保温性能差。还有一些采用砖、石结构的温室，温室墙体厚度不够或未设置空心层，这种温室晚上散热较快，尤其是石结构的内墙，白天温室内温度很快升高，而到夜间石结构存蓄热量不多，并且很快释放，使温室内温度迅速降低。而厚度适当的土墙和空心砖墙及用草泥抹成的后墙散热就慢得多，设施内温度变化则不骤烈。

2. 保温措施差　设施内夜间温度的80%是从前棚面散失的，如果前棚面保温措施好，温度散失就少，否则，温度就很难维持。因此，用以保温的草帘和覆盖物一定要严、紧、无缝隙，若用草帘其厚度应在5厘米以上。如果单层草帘厚度不够，要用双层草帘或者用一层草帘加一层纸被、无纺布等。另外防寒覆盖要长一些，北边要覆盖住后墙，南边要落地20 ～ 30厘米。当外界温度过低时，还要在前窗下部加置一层1.2 ~ 1.4米高的防寒护帘，给温室穿“裙”保温，也称防寒帐，预防外界冷空气对植株带来的影响。

防寒帐

高海拔地区进行延迟栽培，为了增强保温效果，常将温室建成半地下式，即温室地面低于外界地面60～80厘米，同时用土在温室后墙外堆成土坡状，从而增加温室的防寒保温效果。

北墙式大棚

设施大棚增温、防寒的措施除重视设施结构外，还可将大棚北面砌成砖墙、内壁涂白，这样不但可防北方寒风吹袭，还有利于在大棚上增设防寒被，同时在大棚中增设二道膜、地膜、围膜也能起到良好的增温、防寒作用。一般每增设一层薄膜，可提高膜内温度4～5℃。在葡萄萌芽后若遇到强降温气候，大棚内可紧急设置火炉、热风机等加温器具，提高大棚内的温度。

二、设施中葡萄不同生长期对环境温度的要求

葡萄不同生长阶段对环境温度的要求和对低温、高温的忍耐是不同的，设施栽培必须满足葡萄不同生长阶段对温度的相应要求，才能保证葡萄在设施中的正常生长和结果。

1. 萌芽期对环境温度条件的要求 葡萄在一年的生长发育过程中，不同的生长阶段对温度的要求是不一样的。一般葡萄根系在土壤温度达到7℃时就开始活动。而葡萄植株在10℃以上稳定的

手摇边棚膜卷膜杆

温度条件下，经过10天左右即开始萌芽。萌芽期设施内最低温度一定要保持在10℃以上。白天温室内温度应在15 ~ 20℃，夜间5 ~ 12℃。这样萌芽才能整齐，新梢抽生也才能健壮。葡萄萌芽后抗寒性迅速减弱，幼叶嫩梢在10℃时停止生长，0℃时严重受冻。设施葡萄萌芽期正是外界温度最低的时期，一定要防止低温对葡萄萌芽的影响。但也要注意这一阶段温度不能太高，温度过高，枝条抽生过快易造成嫩梢徒长、节间细长，生长不健壮。萌芽期温度超过33℃持续时间超过4小时，个别葡萄品种尤其是欧美杂交种品种，幼芽和幼叶容易发生灼伤现象。因此，白天当设施中气温达到28℃时就要注意开始通风，使温度降至25 ~ 28 ℃。我国北方地区3月上旬正是设施内葡萄萌芽后迅速生长期，这一时期，太阳辐射逐日增强，上午9时以后设施内升温很快，这时必须注意加强温度观察，及时打开通风孔，调节气温，防止温度过高造成徒长和招致幼嫩的花序及叶片遭受高温伤害。

温室葡萄高温热害

2. 葡萄开花期对温度的要求　葡萄开花期对外界环境最为敏感。葡萄从萌芽到开花的时间随着设施内温度的变化缩短或延长。设施内气温在25℃时，葡萄萌芽至开花需要30 ~ 45天；如果温度上升到28 ~ 30℃时，萌芽至开花就会缩短到25 ~ 38天。但是温度过高，促进了极性生长，顶端优势非常明显，结果会使枝条顶芽发育快和顶梢生长势强旺，造成上部枝梢徒长，而下部枝条瘦弱。同时由于生长太快，节间变长，枝条细弱，花序分化差、花序小，有的花序甚至退化萎缩。因此，葡萄萌芽到开花这一阶段白天的最高温度必须控制在30℃左右，不要超过32℃，而夜间维持在15 ～ 18℃。

大棚卷膜通风降温

葡萄开花期抗低温能力很差，欧亚种葡萄品种一般在气温低于16℃时就不能正常开花，欧美杂交种品种在气温低于20℃时就不能正常开花，若遇到0 ～ 5℃的低温，花序、花蕾、幼果就会受冷脱落，而设施促成葡萄开花时正值外界气温变化剧烈的初春季节，因此这一阶段设施防寒十分重要。

葡萄开花期要求的最适温度是20 ～ 25℃，最低温度不能低于16℃。不同类群的品种开花所需最适温度有所不同，欧亚种品种群的葡萄开花期需要20 ～ 26℃的温度，欧美杂交种葡萄需要25 ～ 28℃的温度。葡萄在昼夜平均温度20℃左右时授粉受精完成得最好。开花期设施内温度过高时，要及时打开通风口，用通风的方法迅速将温度降到开花所需温度。

葡萄开花前后这一阶段，白天温度应控制在25 ～ 28℃之间，晚上维持在16 ～ 18℃之间，超过33℃以上的温度持续时间太长，易引起巨峰系葡萄的落花、落果和叶片黄化。其他品种果穗也会

及时通风调节温湿度

温室放风降温

发生停长、僵化、果粒大小不均。在开花后幼果生长期，如果设施内温度过高，白天一定要注意打开后墙上的通风窗和前棚面中部的通风口，全天进行通风。如果温度还持高不下，必须将前窗塑料膜接口处揭开，加大通风量使室温尽快降到28℃左右。

3. 葡萄果实生长和成熟阶段对设施温度的要求　葡萄果实生长初期这一阶段是葡萄果实和叶片、枝条同步生长阶段。为了保证枝、叶、果的健壮生长，白天温度应控制在25 ～ 28℃之间，夜间保持在18 ～ 20℃之间。这一阶段室外气温逐日升高，且变化较为骤烈，要注意根据外界变化随时进行盖膜或通风，防止外界气候突然的变化影响设施内果实生长，使果实生长处于较为平稳的温度范围之内。

葡萄果实硬核发育期对温度十分敏感，当设施内温度大于33℃和土壤水分供给不良时果实极易发生日灼、气灼伤害，这一阶段必须严格控制设施内的温度，防止高温对幼果的伤害。

当日照过强、温度过高时可在设施上设置遮阳网，遮挡阳光，防止高温的伤害和影响。

葡萄着色成熟期要求温度较高、日温差要大，要注意调控设施内温度，使白天日温在28 ～ 30℃之间，夜间保持在18 ～ 20℃之间，温度高时可适当打开通风口通风降温，若遇到连续高温天气，可揭开部分温室前窗薄膜和大棚围膜，或在设施上增设遮阳网，使设施内昼夜温差达到15℃左右，增大日温差，促进果实迅速着色，增加果实含糖量，降低果实含酸量。葡萄采收以后，应及时将设施覆盖的塑料膜全部揭开，使葡萄植株在自然界日照和常温下生长。

温室覆盖遮阳网

但延迟栽培的温室葡萄成熟时正值初冬季节，这时外界温度低，采收后不能马上揭膜，而应该继续维持设施内15 ～ 20天较温暖的气候，促进树体恢复和营养回流，在植株修剪、施肥和埋土防寒后再揭去温室覆盖的薄膜。

设施内降温主要依靠揭膜和打开通风孔进行通风降温，实践表明设施葡萄温度管理中，萌芽前这一阶段主要工作是升温、保温，萌芽期主要工作是升温和调温，而到开花和结果阶段，由于此时太阳辐射的增强，主要工作是控温和防止棚内温度过高，而果实成熟期主要是适当降低夜间温度，增大日温差，不同的生长阶段对温度要求不一，这一点葡萄设施栽培者必须十分注意。

第二节　设施内水分和空气湿度调控

葡萄是既抗旱而在关键期又不能缺水的果树。葡萄设施栽培和露地栽培最大的差异在于设施内的土壤水分全靠人工灌溉，外界降雨对设施内土壤水分影响不大，而设施内空气湿度高低主要取决于土壤水分蒸发和葡萄叶片的蒸腾及设施的结构和管理情况。可以说，人为因素决定着设施内的水分状况。

由于设施内较为密闭，所以设施内空气湿度过大是常常出现的主要问题，湿度过大会在设施内形成水雾，在棚膜上形成水滴，影响室内光照。萌芽期湿度过大，还会促进枝条顶芽先萌发，而其他芽眼萎缩干枯。有的葡萄品种如乍娜、87-1等还会出现雾滴浸泡芽眼，致使芽体变褐腐烂的现象。开花期湿度过大，花冠不易脱落，影响授粉受精，同时会导致葡萄灰霉病和穗轴褐枯病的发生。葡萄着色成熟期湿度过大，影响着色，降低含糖量并引起果实裂果和病虫害滋生。但若水分供应不足，不仅影响葡萄的生长和结果，而且会伴生一系列生理障碍和异常。因此必须合理调控设施中的水分和湿度状况是设施栽培中一项重要的工作。

一、葡萄不同生长阶段对水分和设施内空气湿度的要求

葡萄不同的生长阶段不仅对温度要求不一样，而且对水分和湿度要求也不一样。实际生产中，设施葡萄萌芽前土壤和设施内要保持较高的湿度，这样利于萌芽整齐一致。而在葡萄萌芽期一般空气相对湿度则应控制在85%左右，不能过分干旱。而在萌芽后新梢生长期湿度则不能太大，空气湿度宜控制在70%～75%之间，以防枝条徒长。在开花期空气相对湿度应该较低，以利于开花和授粉，但品种不同也有不同，一般欧亚种品种开花时空气相对湿度控制在60%～65%，对欧美杂交种品种开花时空气湿度可控制在65%～70%。幼果生长期对土壤水分需求较多，设施内的空气湿度应维持在75%～80%。葡萄上色成熟期要注意降低土壤和空气湿度，设施内相对湿度应控制在65%以下。

特别要注意，葡萄虽较耐干旱，但设施内也不能过度干旱，尤其是在萌芽前、枝叶生长期和幼果生长期这三个关键阶段，设施内土壤水分决不能匮乏，这几个阶段的过度干旱会使葡萄萌芽

不整齐、叶片光合作用减弱、呼吸作用加强、果实膨大受阻、果实含糖量降低、含酸量增高。设施葡萄每年的冬灌十分重要，充分的冬灌不仅对第二年的生长有重要的影响，而且对淋溶地表的盐分，防止设施土壤发生次生盐渍化有着重要的作用。因此一定要科学、合理地进行设施水分供给和设施内空气湿度的调控（表7-1）。

表7-1　设施内葡萄不同生长阶段温度、湿度管理指标

生长阶段	温度（℃）		空气湿度（%）	土壤水分 土壤相对湿度（%）	备　注
	白天	晚间			
休眠期	0 ～	9	休眠期80% 萌芽前90%	70%～80%	破眠单氰胺涂芽后必须灌溉
萌芽期	15 ～ 20	5 ～ 12	75%～80%	80%～85%	萌芽后不能低于5℃，棚温不能高于32℃
新梢生长期	20 ～ 25	10 ～ 15	70%～75%	75%～80%	新梢生长期温湿度不能过高
开花期	25 ～ 28	16 ～ 18	50%～60%	60%～65%	花期控制湿度
果实生长期	25 ～ 28	18 ～ 20	70%～80%	75%～80%	果实生长期温度不能低于16℃
成熟期	28 ～ 30	18 ～ 20	60%～65%	60%～65%	采前要控制湿度
采收后	采后揭膜，与外界环境一致				采后揭膜

二、设施中土壤水分和空气湿度的调节

一般的设施葡萄栽培中，一年中必须有3 ～ 4次充分的水分供应。第一次灌水时间在11月上中旬，相当于露地栽培的冬灌。这时正值设施扣膜前、葡萄修剪后，可结合施基肥充分灌一次大水，这次灌溉不但对葡萄第二年生长、结果有重要的促进作用，而且对防止设施内土壤次生盐渍化有着重要的作用。第二次灌溉在葡萄发芽前，以促进发芽整齐健壮。此后，设施内主要靠覆盖地膜

温室内铺设地膜防止空气湿度过高

大棚设置通风窗

保持土壤中的水分，并降低设施中的空气湿度。尤其在开花期，一定要维持较为干旱的设施环境，以保证良好的开花授粉和坐果。第三次灌水时间在坐果后、葡萄幼果膨大时进行，采用膜下滴灌，主要是为了促进幼果迅速膨大。20天以后，根据土壤墒情和植株生长情况再酌量补充灌水一次，然后直至葡萄采收基本不再灌水，保持设施内较低的空气湿度，促进果实品质提高和及时成熟。第四次在果实采收后，这时温室已经揭膜，室外已进入夏季高温阶段，再灌一次透水，促进根系生长和对养分的吸收，补充树体内养分的消耗，同时降低土壤中的盐分含量。

设施内空气湿度降低主要靠通风和地面铺盖塑料薄膜，设施内湿度大时要及时打开通风口，通过空气对流使水分向外散失，降低设施内空气湿度。设施内地面铺盖塑料薄膜不仅能有保墒、防止杂草的作用，而且也能防止土壤水分的蒸发，降低设施内的空气湿度。

近年来，我国许多地方在设施中采用膜下滴灌和水肥一体化技术，不但使水分、养分供应更趋于合理，而且防止了设施内空气湿度的骤变。显著提高了设施葡萄的产量和品质，并减轻了病虫害的发生，在有条件的地方应积极推广设施膜下滴灌和水肥一体化技术（详见第十二章第三节）。

利用棚膜集雨设置

进入4月以后，我国北方已开始降雨，尤其是5、6月南方已先后进入梅雨季节，为了防止因降雨而增加设施内的空气湿度，在雨季到来之前，要及早进行检查，将覆盖设施的塑料膜全部盖严，防止雨水进入设施内。降雨量大的地区，应在设施四周专门设置排水沟，引水外流，使之远离设施，尤其是在葡萄着色成熟期，更要注意避雨和排水，防止雨水进入设施内引起裂果和病害突发。

然而在西北干旱地区，降雨过少，地下水不足，水分严重缺乏，在这些地区设施栽培中采用半地下式设施建造方式和利用薄膜集雨和建立蓄水也是当地设施栽培中一项重要工作。

第三节　设施光照调控

葡萄是最喜光的树种，光照状况直接影响其生长和结果，生长期光照不足，叶片同化产物减少，使葡萄植株得不到应有的养分供应，影响花芽分化。开花期前后光照不足，严重影响开花和坐果。开花时，日光如果直射不到花序，花冠就不易脱落，严重妨碍授粉、受精和坐果。葡萄果粒增大期光照不足，新梢细弱徒长，果实发育迟缓，容易发生病害。果实着色到成熟期，需要大量的同化产物，此期光照不好，光合作用减弱，果实着色不良，含糖量降低，果实品质将受到很大影响。

在设施栽培条件下，由于棚膜的阻隔，光照时间和光照度要比自然条件下减少1/4 ~ 1/3，若设施结构不良或薄膜陈旧、灰尘吸附，光照损失就更多，因此在葡萄设施栽培上，千方百计改善设施内的光照状况、增强光照度、增加光照时间永远是设施栽培最重要的工作与任务。

设施内的光照条件不仅左右着植物的光合作用，而且直接影响着设施内的温度、空气湿度和土壤温度、土壤微生物活动。在设施栽培的环境调控中，改善和增强设施内的光照状况是设施栽培中最核心的问题。

设施内的光照状况，除受自然地理位置及变化着的太阳位置和外界气象因素的影响外，也受设施本身的结构和管理技术的影响。一个地区日照时数，主要受当地的纬度、季节和地理及天气情况影响，而设施内的光质、光量状况主要受覆膜种类和设施结构的影响。设施内光照强度和光照分布是随着太阳位置的变化和温室结构的影响而变化，生产上对设施内光照状况的要求是能最大限度地透过太阳光线，使受光面积达到最大值、受光时间最长和使温室内光照分布均匀，而要达到上述要求，首先要考虑温室的设计和结构，尤其是棚面角度和覆盖物的选择。

1. 设施覆盖薄膜对光照的影响　设施覆盖膜对设施内光照状况有很大的影响，生产上主要采用农用塑料薄膜，其中蓝紫色无滴多功能膜透光性能更好，价格又低，铺设也较方便，因此在生产上应用十分广泛。但是，塑料薄膜受静电吸附等原因的影响，容易受烟、尘污染，尤其是PVC膜更为严重，尘土在塑料膜上附着过多就会影响光线的透入，所以使用时除了要仔细选用质量高的防尘、无滴薄膜种类以外，还要经常清除膜面尘土，保持棚膜的清洁、透亮。有沙尘暴的地区，在沙尘暴到来前要尽早用覆盖物覆盖棚膜，阻防沙尘，并在沙尘暴过后及时清除棚膜上的沙尘，必要时应对棚膜进行清洗或更换。

2. 增加设施内光照的辅助措施　增加设施内光照除改进设施结构，合理选用覆盖薄膜外，为改善设施内的光照状况，提高葡萄叶片的光合效率，生产上还常采用以下方法：

（1）铺设银灰色。反光膜　反光膜也称聚酯镀铝膜、镜面膜，是将0.03 ～ 0.04毫米厚的聚酯膜进行真空镀铝，形成反光镜面膜。反光膜其幅宽有0.5、1.0米等各种规格，使用时在温室内向着太阳光的透射方向铺设，如葡萄架下或北、东、西三面墙面上铺设银灰色反光膜，将照射到膜上的太阳光反射到葡萄植株上，形成散射光，增加葡萄叶片上的受光量。

设施地面铺设反光膜

反光膜也可以就地取材，收集各种有反光作用的锡箔纸、镀铝膜或旧棚膜等，并缝结成宽1米左右的反光膜带，铺设在温室内的地面或弱光区，也能起到增加反射光照的作用。

（2）喷施光合促进剂。在整个葡萄生长季节，每隔20天喷洒一次400倍液光合促进剂，能有效促进叶片对光线的吸收和，促进光合作用的增强。

（3）墙体、支柱涂白。除上述方法之外，在温室后墙、侧墙及支柱上用石灰进行涂白，也能增强反光效果，增加温室内的散射光强度，明显改善树冠下方和树冠内的光照状况。

温室后墙涂白增强反射光

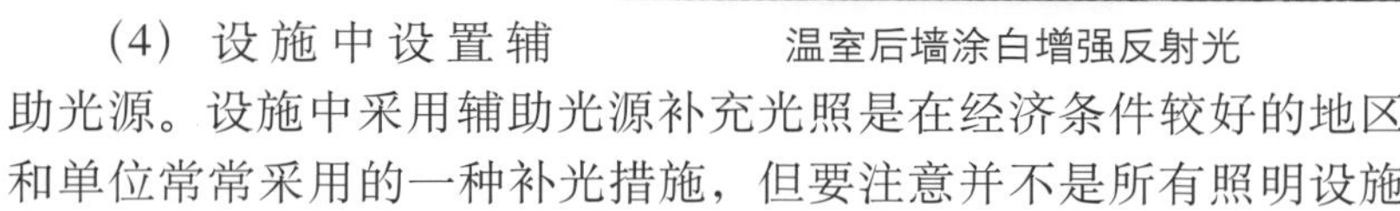

（4）设施中设置辅助光源。设施中采用辅助光源补充光照是在经济条件较好的地区和单位常常采用的一种补光措施，但要注意并不是所有照明设施

都能起到补光和促进光合的作用，只有生物钠灯、植物专用电光源等专用光源的光谱才接近于太阳光，才有促进叶片光合的作用，而一般家用的白炽灯泡补光作用很弱。因此不要简单采用在温室内挂电灯泡的做法。设施内补充光照主要在开花和幼果生长期，这些阶段若遇连阴雨天气，每天早上8 ～ 12时要开启辅助光源进行补光。在进行人工补光的时候，要注意光源的安置高度和位置，要尽量使葡萄架面各部分的叶片均能受到均匀良好的光照。

3. 春季阴雨低温天气更要注意补充光照 在华北和西北东部地区，早春设施内葡萄发芽后常遇连阴天气或雾霾，光照严重不足，而由于这时外界气温较低，生产上往往为了保温而不揭开覆盖物或草帘，但长时间缺乏光照会给葡萄叶面光合与生长造成很大影响。因此一定要注意，即使在阴、雾低温天气，一旦阳光初露，就要选择一定时间卷起草帘，使植株得到光照，群众称为“宁可舍温，不可舍光”，或开启辅助光源进行补光。这一点必须引起栽培者的高度注意。

设施葡萄行间设置辅助光源

第四节　设施内气体成分调节

一、设施内气体成分调节的重要性

葡萄设施栽培和露地栽培完全不同，它是在一个相对密闭的空间内进行生长和结果，随着设施内葡萄植株的呼吸和光合以及设施内土壤微生物的活动、农药与肥料的使用、薄膜成分的逐渐扩散等原因，设施内气体成分随时都在改变，由于棚膜的密闭作用，就会造成某些气体成分如二氧化碳的缺乏，或者造成某些有毒气体如氨气、氯气、二氧化氮、一氧化碳等的累积，当有毒气体达到一定浓度时就会对葡萄生长和结果造成严重的影响和毒害。因此，及时控制和调节设施内的气体成分是设施栽培中一项特有而且十分重要的工作。设施内气体调节的主要工作是补充二氧化碳和防止各种有害气体在设施内的积累。

二、设施内二氧化碳来源及日变化规律

二氧化碳是绿色植物进行光合作用时不可缺少的主要原料。在露地栽培中，二氧化碳来源于环境大气之中，浓度一般是330毫克/升左右。而设施栽培环境是一个较为密闭的空间环境，在正常情况下，设施中二氧化碳的来源主要有三个途径，一是通过通风换气由大气中的二氧化碳来补给；二是温室中葡萄及间作植物和土壤微生物呼吸释放的二氧化碳；三是土壤中有机物分解产生的二氧化碳。设施中二氧化碳的消耗有两条途径，一是葡萄及间作物进行光合作用时二氧化碳参予了叶片内光合同化过程，二是当温室通风换气时一部分二氧化碳会逸散到室外。

日光温室是一个较为密闭的环境，夜间由于植株呼吸产生二氧化碳形成聚集，从而使清晨揭开草帘前的二氧化碳浓度达到最高。而随着揭开草帘后植株光合的增强，二氧化碳含量明显降低。北京农学院近年来对葡萄温室进行测定表明，在温室葡萄生长期（3月中旬）清晨揭草帘前，温室内二氧化碳含量为650 ～ 700毫克/升，而揭草帘后，由于葡萄光合作用的增强，温室内二氧化碳含量急骤降低为190 ～ 220毫克/升，而此时又正是设施中一天内光合作用最旺盛的时期，低浓度的二氧化碳远不能满足正常光合作用对CO_2的需求，由于二氧化碳的不足，使这时葡萄叶片光合作用的强度也随之降低到一天的最低点。而后又随着揭棚膜通风，

温室内二氧化碳含量又逐渐恢复到300毫克/升左右，这时叶片光合强度才逐渐恢复。

由此可见，增施二氧化碳对弥补温室内二氧化碳的不足、增强光合作用、提高产量和品质有着显著的作用。

不同葡萄品种进行光合作用时二氧化碳饱和点不同，而且在不同的条件下（温度、湿度、光照等）二氧化碳的饱和点的高低也互不相同，因而设施中最适合的二氧化碳浓度应根据品种、设施内环境状况等条件具体而定。研究结果和生产实践证明，在正常的光照和生长情况下，随着设施内二氧化碳浓度的增高，葡萄光合产物（糖含量）随之增加。实际生产中，将设施内的二氧化碳浓度提高到室外浓度的3～5倍，即1 000～1 500毫克/升，对葡萄及多种间作蔬菜的光合作用是有利的。但应注意，在阴天低温时，由于光合作用的降低，设施内二氧化碳补充到500～600毫克/升时即可，不可过高，否则超过限度时反而会产生二氧化碳中毒等不良影响。

三、设施中增加二氧化碳的措施

1. 增施有机肥 有机肥在分解过程中要放出大量的二氧化碳。据测定，作物秸秆和堆肥施入土壤5～6天后，就开始分解释放二氧化碳，开始释放量为3克/（米^2·小时），6～7天后开始下降，但到第20天还保持在1克/（米^2·小时）的水平。如果1米^{2}土地上施用秸秆堆肥4.5千克，折合每亩3 000千克，则可以在1个月内使温室内二氧化碳浓度达到600～800毫克/升。可见，要增加日光温室的二氧化碳补给，首先必须立足于增施农家肥。

2. 燃烧含碳物质 在冬季配合温室内加温时可采用该种方法。具体方法一是燃烧蜂窝煤或焦炭。炭在燃烧过程中被氧化形成二氧化碳，1千克煤或焦炭完全燃烧时约可产生3千克二氧化碳。燃烧蜂窝煤成本低，原料容易得到，但当煤质不纯、燃烧不完全时，会在产生二氧化碳气体时同时产生一氧化碳、二氧化硫等有毒气体，因此一定要选优质的煤，并要燃烧充分。

除燃煤之外，还可燃烧纯净煤油。燃烧1升煤油可产生2.5升（1.27千克）的二氧化碳。这种方法燃烧完全，所得二氧化碳气体纯净，但成本偏高。但如果煤油质量不好，燃烧不完全时，则有可能产生乙烯气体，也会对葡萄造成伤害。

有些地方采用燃烧液化石油气产生二氧化碳，此法成本较低，但需配用专用的液化石油气罐等设备。

3. 沼气池与日光温室结合，燃烧沼气获得二氧化碳 农村发展沼气是一项有多种良好功能的新工作，沼气燃烧时能形成大量的二氧化碳，沼液和沼渣又是良好的有机肥料。近年来发展的“四合一”型温室就是将种植、养殖、能源和沼气“四位一体”结合在一起，并为增加设施中二氧化碳提供了一种良好的途径，值得大力推广。

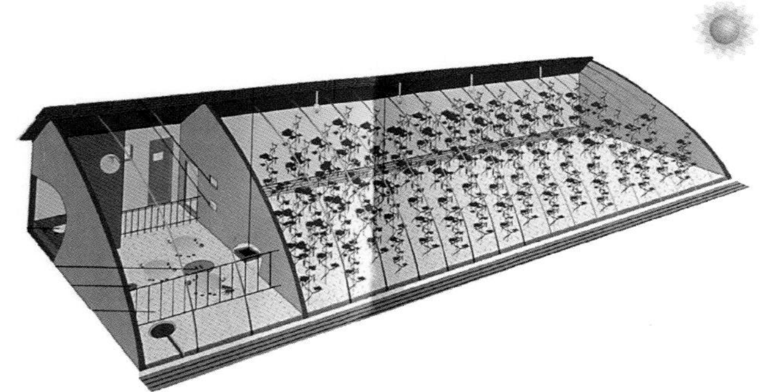

种植、养殖、沼气三合一生态温室

4. 施放纯净的二氧化碳 这种方法包括两种途径，一是施放干冰。干冰是固体二氧化碳，便于定量施放，所得二氧化碳气体纯净，但成本高，贮藏和运输都不方便。二是施放液态二氧化碳。液态二氧化态可从制酒等行业得到，纯度高，不含有害气体，施用浓度便于掌握，但需要有专门的高压钢瓶及调控释放阀等专用设施作为贮运和施放工具。

5. 化学反应法 这是采用稀硫酸与碳酸盐（如碳酸铵、碳酸氢铵）反应产生二氧化碳气体的一种方法。目前各地农村推广的主要是用稀硫酸与碳酸氢铵反应产生二氧化碳，同时最终产物硫酸铵可作为设施内外其他作物的肥料。

用稀硫酸与碳酸氢铵反应产生CO_2气体时，将2千克碳酸氢铵加入到1.2千克硫酸中，约可生成0.84千克CO_2，这可使一亩温室或大棚中CO_2浓度增加到700 毫克/升。具体做法是：在每亩温室内均匀设置10 ～ 20个挂瓶、挂桶点，即用干净的塑料瓶或小塑料桶等吊在温室各点的半空中。由于二氧化碳比空气重，塑料容器应吊在离地面约1.5米高处，并在这些瓶、桶中加入适量清水，然后将工业浓硫酸（96%～ 98%）按水量的1/7缓慢地沿器皿的边沿注入水中形成稀硫酸。注意！千万不能把水倒入硫酸中，以免激烈反应造成硫酸飞溅、灼伤工作人员。边倒边搅，然后在早上揭帘卷苫后半小时在瓶、桶中放入适量的碳酸氢铵，同时搅拌，使形成的二氧化碳均匀地释放，同时将温室密封2 ～ 3小时后再放风，使葡萄叶片充分吸收二氧化碳进行光合作用。目前市场上销售的二氧化碳发生器即是利用这个原理生产二氧化碳，而且使用更为方便，可根据当地经济状况购买使用。

因温室和大棚的面积不同，各种作物的二氧化碳饱和点不同，所以，每次具体使用的硫酸和碳酸氢铵的量也不同。一般情况下，用量可按表7-2进行查找。

表7-2　化学反应法生产二氧化碳时硫酸与碳酸氢铵每亩设施需用量

设定浓度（毫克/升）	需用二氧化碳		反应物投放量（千克）	
	重量（千克）	体积（升）	96%硫酸	碳酸氢铵
500	0.392 9	0.2	0.455 4	0.705 4
800	0.982 1	0.5	1.138 4	1.763 4
1 000	1.375 4	0.7	1.593 8	2.468 8
1 200	1.707 9	0.9	2.049 1	3.174 1
1 500	2.357 1	1.2	2.732 1	4.232 1

注：设定浓度为设施内需要的二氧化碳浓度，一般可设定在800 ~ 1 000毫克/升。

6. 施用成品二氧化碳固体气肥 CO_2固体气肥是采用工业微生物发酵技术制作的一种颗粒状二氧化碳肥料，施入土壤后经过吸水潮解和微生物活动，可产生出较多的CO_2气体，它无毒无害，在设施中应用安全可靠。其使用方法是在设施葡萄开花前和幼果迅速膨大期，分别各施用一次，每次每亩施用量为7千克，施用时在设施中每平方米用一粒约10克重的扁圆颗粒状的固体气肥，进行穴施，穴深约3厘米，施后盖少量土，施用后2 ~ 3天即可开始产生CO_2气体，并可维持约1个月，施用固体气肥后，设施CO_2中浓度可达到1 000毫克/升。使用固体CO_2气肥是一种安全、方便可行的补充CO_2的好方法。

二氧化碳固体气肥

四、人工补充二氧化碳时应注意的问题

1. 施用时期 设施葡萄补充二氧化碳主要在开花前后和幼果生长期，尤其是幼果膨大期，应连续补充30 ~ 40天，使此阶段设施中二氧化碳保持较高的浓度，促进形成更多的光合产物。若采用有机物发酵法生成二氧化碳则应及早进行施肥。

2. 施用时间 若采用化学反应法生成二氧化碳，在每天揭帘后半小时开始，使温室中在2 ~ 3个小时内保持较高的二氧化碳浓度。如果需要通风，则应在通风前半小时停止施用。

3. 根据天气调整施用浓度 晴天二氧化碳设定浓度要高些为1 000 ~ 1 500毫克/升；阴天要低些，为500 ~ 800毫克/升。低温寡照时期一般不要施用，以免发生负作用。

4. 二氧化碳气肥应与其他措施配合 施用二氧化碳气肥时白天设施内室温适当提高2 ~ 3℃，夜间适当降低1 ~ 2℃，并适当灌水提高空气湿度，以利于增强光合作用，同时要增施磷钾肥。

5. 施用二氧化碳不要突然停止 若计划终止施用二氧化碳时，应提前开始逐日减少施用浓度，缓慢停止，不能突然停止，否则植株易出现早衰现象。

五、防止设施中有害气体的积累

设施内因用煤燃烧加温和使用各种肥料、农药以及使用不同原料制成的塑料薄膜和其他的生产活动等，都会产生一些有害气体，如二氧化硫、亚硝酸气体、一氧化碳、氨、苯、氯气等，这些气体都会影响葡萄的生长和结果。尤其是设施内施用过量的化肥和未腐熟的有机肥时，在密闭的环境下会产生氨和亚硝酸气体。一般温室内氨的浓度超过4 毫克/升、亚硝酸气体浓度含量超过2 毫克/升、一氧化碳和二氧化硫气体浓度超过3 毫克/升和1 毫克/升、乙烯浓度超过0.1 毫克/升时就会给葡萄造成不同的危害，严重的甚至造成植株的死亡。保持设施内的气体清新，防止有害气体对葡萄的危害，也是葡萄设施栽培中一项十分重要的工作。

1. 设施内有害气体的检测 设施内有害气体的定性、定量检测是一项专业性很强的技术工作，必须由专门的技术单位进行。而在实际生产中可根据葡萄植株新叶的表现和症状进行初步的判断（表7-3）。

表7-3 设施内常见有害气体的判断和对葡萄的危害

有害气体种类	主要来源	中毒浓度	主要表现
一氧化碳	燃料质量差或燃烧不完全	3毫克/升	叶缘和叶脉间产生小斑点或形成枯死
氨气	使用未腐熟的有机肥使用尿素、碳铵过多	4毫克/升	叶缘和叶尖变褐变白，严重时形成枯死
亚硝酸	氮肥使用过量	2毫克/升	叶片气孔周围呈白斑

（续）

有害气体种类	主要来源	中毒浓度	主要表现
乙烯和氯	使用有毒的塑料薄膜或塑料管道	0.1 ~ 1毫克/升	叶片下垂、弯曲，叶色变黄
二氧化硫	使用劣质煤加温 使用未腐熟的粪肥	1毫克/升	叶背气孔周围形成褪色斑点后弥漫呈水渍状斑

除靠叶片症状判别外，也可在清晨用pH试纸测试设施棚膜上的水滴，当试纸呈现蓝、紫色（碱性）反应时，表明设施内有过多的氨气；而当试纸呈现黄、红色（酸性）反应时，表明设施内有过多的二氧化硫或亚硝酸，这时必须及时通风换气。

2. 设施内有害气体的预防和排除 设施内有害气体的预防和排除主要依靠清除产生来源和加强通风换气，无论是大棚或温室，在气候正常时，每天上午和中午都要定时进行适时、适量的通风换气。当发现有中毒症状时，应适当加大通风量和通风时间。

除经常通风换气外，设施栽培中特别要注意有害气体的产生来源和积累，其主要措施是：①坚决杜绝未腐熟有机肥的应用，尽量少施用化学肥料，防止肥料在分解中产生释放有害有毒气体。②实行葡萄病虫害农业综合防治，尽量少用化学农药，减少有害气体的形成。③给温室增温时选用含硫量低的优质燃煤，设施内的增温设施，尤其是火墙和烟道一定要密闭良好，燃火点要与设施内种植区隔开，防止一氧化碳、二氧化硫等气体和烟尘对葡萄的危害。④合理选用薄膜，不用容易分解产生氯气、苯、二氧化硫等有害气体的塑料薄膜或塑料管道。

第五节　根据品种特性进行设施环境调控

当前我国栽培的鲜食葡萄品种有上百个，设施中栽培的品种也有几十个之多。每个品种由于起源不同，对环境条件都有一定的要求和适应性，彼此间相互差异很大。尤其是在设施栽培中，品种的适应性会随着设施条件的变化和管理水平的不同产生相应的变化。因此除了在选择品种时要充分了解品种对环境条件的要求与适应性外，同时还要按品种对设施环境条件的要求进行必要的调整，从而获得最佳的栽培效益。

生产上为了便于管理，在同一温室内最好栽植同一个品种。如果定植两个以上品种，则应注意选用生物学特性相近的品种或同一品种群内成熟期相近的品种。

一、欧亚种葡萄品种群品种对设施环境的要求

世界上大多数优质鲜食葡萄品种和酿酒品种都属欧亚种品种群，该品种群的葡萄品质好、果肉脆、果皮薄，在市场上很受欢迎，如玫瑰香、乍娜、红地球、意大利亚、火焰无核、红宝石无核、克瑞森无核等。这一类品种在设施中最突出的特点是品质优良、抗热性强，所以北方促成栽培和南方避雨栽培多采用欧亚种品种。但这一类品种对光照要求较严，在设施中花芽分化节位较高，尤其是欧亚种东方品种群中的品种就更为突出。而且欧亚种品种抗潮湿能力差、抗病性弱，有些品种在土壤水分供应不均匀时裂果现象严重，在设施栽培中进行品种选择和设施环境调控时必须给予注意。

在欧亚品种群的葡萄品种中，一些散射光下容易结果和上色的品种在设施中栽培比较容易，如乍娜、玫瑰香、奥古斯特等。而一些红色品种，如京秀、红巴拉多、克瑞森无核等则要在直射光下才能很好上色，这些品种对设施环境和栽培技术就要求较高。

欧亚种品种需要的环境条件是：萌芽至开花期要求最低温度不能低于15℃，最适温度20 ～ 25℃，相对湿度80%；开花期要相对干旱，相对湿度60%～ 65%；幼果生长期最低温不能低于16℃，果实生长最适温度25 ～ 27℃。果实着色期最低温度应在20℃以上，最适温28 ～ 30℃，日温差应在10 ～ 15℃。萌芽期如果温度低，容易形成发芽慢、发芽不整齐；而温度高于30℃时，枝条顶端芽眼萌发快，基部芽眼萌发慢，形成很强的顶端优势。

葡萄花期对温度最为敏感，温度低于20℃时，花冠不易展开脱落、开花不整齐且花期延长，授粉受精不能正常进行，而花期温度过高，超过33℃以上，花冠不易脱落，形成花冠干缩，影响受精。在果实膨大期温度高于33℃，会导致日灼、气灼病发生，葡萄浆果停止生长。果实着色期温度过高，日温差过小，果实不易上色，在成熟前20天左右，一定要注意通风增大日温差和降低土壤和空气湿度，保持日温差在10 ～ 15℃。若日温差过小、湿度过高，则影响果实内含糖量的增加和果皮上色的快慢和上色程度。

值得注意的是，欧亚种品种花芽分化对光照的质量和时间要求较高，光照时数不足、直射光较少都不利于花芽的分化和形成，这一点在设施栽培时必须予以足够的重视。

二、欧美杂交种品种对设施环境的要求

欧美杂交种品种有时也称为巨峰系品种，但严格来讲，巨峰系品种只是欧美杂交种中的一部分，只是与巨峰有血缘关系的四倍体、三倍体品种。欧美杂交种品种中还有许多非巨峰系品种，如红双味、白香蕉、金手指、金星无核、摩尔多瓦等。巨峰系品种以果粒大在市场上深受消费者欢迎。一般来讲，欧美杂交种品种对设施内的光照和温、湿度条件的要求相对比欧亚种品种较为宽松，尤其是其抗潮湿的能力和抗病性明显强于欧亚种品种，在设施内栽培巨峰系品种和欧美杂交种品种，抗湿、抗病能力均较强，而且花芽容易形成，果实发育良好。但巨峰系品种生长过旺时容易落花落果，而且耐旱和耐高温的能力相对较差，在设施中栽培常常因为高温造成叶片干枯，果粒萎缩。

更值得指出的是，巨峰系品种中的红色品种，如红蜜、红瑞宝、信浓乐、龙宝等果实上色时对气温、水分和日温差要求也十分严格，稍有不足，果实即达不到理想的色泽。这一点也必须引起栽培者的高度重视。

欧美杂交种品种萌芽至开花期，设施内最低温度不应低于12℃，最适温度为20 ～ 25℃，相对湿度应维持在85%，开花期

对温度的要求比欧亚种品种要高，最适温度为25 ～ 28℃，空气相对湿度应降至65%。幼果生长期最适温度为25 ～ 28℃，相对湿度85%。特别应注意的是，巨峰系品种在开花期若温度低、湿度大、则授粉受精严重不良，落花、落果十分严重，并易形成大小粒现象，而若设施内温度过高、湿度过大则容易发生葡萄灰霉病和穗轴褐枯病等，对此必须引起高度重视！巨峰系品种果实着色成熟期要求日温在25 ～ 30℃，日温差10 ～ 12℃，相对湿度维持在70%～ 80%。

总而言之，所有欧亚种品种群的品种要求较强的光照和低湿的栽培环境，而欧美杂交种品种则较适应散射光环境和相对较温和的温度和稍高的湿度。两个品种群要求的环境条件有所不同，在设施环境调控和栽培管理时要特别注意。

第八章 设施葡萄栽培周年管理

第一节 休眠前期管理工作

一、设施葡萄周年管理的特殊性

设施栽培年生长周期中每个阶段开始的时间和露地栽培截然不同，露地栽培年周期管理基本上和自然条件下气候季节交替相联系，而设施栽培却是和人为的调节相联系，也正因如此，设施栽培采用的管理措施常随着地区气候、设施种类、栽培目的、栽培品种、管理模式等的差异而有所不同，有时甚至差异很大。但从总体上看，葡萄设施栽培基本上可以分为休眠前期管理、萌芽前和萌芽期管理、萌芽到开花期管理、果实生长期管理、成熟期管理及采后管理几个阶段，每个管理阶段中对设施内环境和树体、土壤管理都有不同的要求，只有掌握不同管理阶段的特殊要求，才能合理采用相应的管理技术措施。

二、设施葡萄休眠前期主要管理工作

对露地葡萄来讲，广义的休眠期是指当年冬芽形成后不萌芽，而到第二年春季自然萌芽前这一阶段，而在设施栽培中休眠前期主要是指植株当年冬芽形成后到温室盖膜和人工催芽前这一时期，而从管理上讲，设施栽培这一时期可分为休眠前期和催芽期两个阶段，而露地栽培则没有这两个阶段。

休眠前期的管理是要保证植株养分充分回流、枝条充分老熟、冬芽生长充实、花芽分化良好，为来年生长结果奠定良好的基础。

对设施栽培来讲，这一阶段主要在6月果实采收之后至11月之

间，管理工作是在设施揭棚膜后或露地状况下进行的，主要管理工作内容是：

1. 病虫害防治 防治病虫害、保证采后到落叶时叶片生长良好是这一阶段的主要工作。尤其对已经结过果的植株，采收后到重新覆膜前这一阶段的病虫害防治往往容易被忽视，以至招致霜霉病严重发生，造成早期落叶和逼发冬芽。因此，防治霜霉病是这一阶段十分重要的工作。要防重于治，要注意交叉用药，防止病菌对农药产生抗性，生产上常用200倍等量式波尔多液或78%科博600倍液，每隔10～15天交替喷布。若已有霜霉病发生则应立即采用50%烯酰吗啉1 000倍液加保护剂50%嘧菌酯或35%甲霜灵锰锌等药剂进行防治，对有虫害发生的地区要针对具体虫害进行防治。

2. 早施基肥 设施葡萄一定要早施基肥，以利采后树势恢复和根系吸收。施肥一般应在9月中下旬开始进行，对结有二茬果的温室在二茬果收获后立即施肥，设施中最晚也必须在10月上旬完成施肥工作。基肥以腐熟的有机肥为主，施肥量以1千克果4千克有机肥的比例进行。同时每亩加施50～75千克过磷酸钙（南方地区改用钙镁磷肥），对土壤缺硼的地区每亩加施1.5～2.0千克的硼砂。施肥方法以沟施为主，在树行一边距干约40厘米处挖深50～60厘米的沟，土肥混匀，施肥后立即盖土平沟，并进行灌溉。

3. 整形修剪 设施葡萄整形修剪比露地栽培要早，一般在10月下旬至11月初设施覆盖棚膜前进行。另外，设施葡萄伤流期比露地葡萄要早得多（1月中旬至2月上旬），因此设施葡萄修剪千万不要太晚，以免导致伤流过多。设施栽培中葡萄修剪时一些品种可能尚未落叶（如红地球等品种），这时只要枝条老熟良好，就可以带叶修剪。

设施葡萄修剪值得注意的有两点：

（1）设施葡萄枝条上花芽形成规律与露地不同，因此枝条留枝长度与修剪方法应在观察总结的基础上合理确定，一些地方因套用露地修剪方法，导致设施葡萄修剪后无花序，这和修剪不当有一定的关系。

（2）设施空间相对较小，但葡萄枝条营养生长期长、生长量大，因此留枝密度和留芽量不能太大，注意更新修剪，防止结果部位上移，防止第二年新梢过密、叶幕郁闭。

4. 灌溉 每年修剪后、扣棚膜以前要灌一次透水，类似于露地的冬灌。这次灌水不仅对促进根系生长、促进正常休眠有良好作用，而且能充分淋洗土壤中的盐分，防止设施土壤的次生盐碱化，同时对冬芽中花芽充分分化也有极为重要的作用。群众有“冬灌不冬灌，产量差一半”的说法，充分显示出冬灌的重要性。这次灌溉之后稍晾几天，就可以进行修剪和覆盖棚膜。

温室栽培一般不埋土防寒，而在冬季严寒的东北地区，设施大棚葡萄则要在10月底和11月初进行埋土防寒或覆盖防寒。近年来，东北、华北在设施内采用覆盖薄膜、覆盖草帘、覆盖合成纤维棉被等措施代替埋土防寒，显著减轻了工作量，而且防寒效果十分良好。

第二节　设施葡萄休眠期管理

设施栽培休眠期管理是指扣棚覆膜后到萌芽前这一阶段的管理。其主要工作是扣棚覆膜和采用化学方法打破休眠。

一、扣棚覆膜时间扣棚覆膜时间

设施促成栽培扣棚覆膜一般在一个地区下霜前（早霜）7 ～ 10天进行，华北、东北南部地区立冬前（10月底到11月初）即可开始扣棚覆膜。覆膜不可太晚，以防扣棚过晚降低土温，推迟萌芽时间。扣棚覆膜后到小雪时（11月下旬）则应将温室内气温维持在7.2℃以下，以保证植株充分休眠，此时，为防止阳光照射使设施内温度上升，设施棚膜上应加盖草帘或覆盖物遮避阳光，同时注意夜间适当通风，使设施内温度保持在7.2℃以下。在华北北部和东北地区，初冬季节降温较快，尤其是初冬夜间温度常低于−5℃以下，在这些地区温室扣膜覆盖后应注意加盖草帘或覆盖物，进行适当的防寒保温。

二、化学处理打破休眠

化学处理打破休眠见第七章第一节。

三、休眠期病虫害防治

清园是休眠期设施葡萄病虫害防治中一项重要的基本性工作，设施内病虫害的初侵染源主要是上一年感染病虫的残枝和残留的病虫叶果及设施内残存的间作物和杂草，对这些病残枝叶果和杂草应及时清理、彻底烧毁。对四年生以上的葡萄大树，还应注意剥除枝干上翘起的老树皮，将其收集并彻底烧毁，以减少第二年的病虫侵染源。

萌芽前、冬芽膨大时必须及时用铲除剂（3 ～ 5波美度石硫合剂或其他药剂）喷涂全株枝芽，将越冬的病虫消灭在萌芽之前。对个别前一年病虫较重的温室或大棚，对地面也要进行喷药处理。萌芽前病虫害防治是一项十分重要的工作，必须认真全面地进行。

由于石硫合剂是一种有腐蚀性的强碱性药剂，对设施内的钢铁构件、铅丝和棚膜有很强的腐蚀作用，因此在设施内使用时可在覆膜前喷药或覆膜后采取刷、涂的方法或定向喷雾的办法，尽量防止对设施钢铁框架和棚膜的腐蚀和损伤。

第三节　设施葡萄萌芽期管理

设施葡萄萌芽前后这一段时间，正是室外气温较低且变化较为骤烈的阶段，因此这一时期设施内各项管理工作十分重要。这一阶段的主要工作是升温催芽、土肥水管理和病虫害防治。

一、升温催芽和保证发芽整齐、幼梢生长健壮

在打破休眠的基础上要进行逐渐升温催芽，初升温时，设施内温度上升不要过猛，设施促成栽培一般从1月上旬至中旬开始揭

帘升温、催芽。每天揭草帘和覆盖物的时间是晴天上午太阳出来半小时以后揭帘，下午太阳落山前1小时盖帘，阴雨天和雪天不揭帘。升温催芽不能操之过急，要缓慢升温，如果气温骤然升高，常使冬芽很快萌发，但这时地温一时跟不上来，这就容易导致地上部与地下部生长不协调，形成发芽不整齐，花穗发育不良，甚至造成以后的落花落果。所以，从揭帘升温的第一周，要通过调控揭、盖覆盖物的时间和程度，实行逐步升温，初升温时，白天温度由10℃逐渐升至20℃，夜间由5℃升至10～15℃，而且夜间温度不能低于5℃，白天最高温度不能超过20℃；此后逐渐升高设施内温度；催芽升温的第二周，白天温度保持20～25℃，夜间15℃左右；第三周以后，白天为25～30℃，夜间15～20℃。如果催芽期温度急剧上升，会导致萌芽初期生长不整齐，新梢生长不健壮，这一点一定要予以注意。

温室中由于靠近前坡面温度较低，因此靠南边一行葡萄一般萌芽较晚，为了使温室内植株间萌芽一致，并防止倒春寒的影响，在南边一行植株上可顺行扣一小拱棚或挂一幅二道幕，使葡萄植株处在塑料小帐幕内，以促进葡萄萌芽整齐和防止冷风冷气的侵袭。

我国北方元月中下旬是一年气温最低的时节，而且常有突发性极端低温侵袭，因此在设施管理上要根据气候变化加强设施管理，防止设施升温后温度突降，伤害已开始萌动的冬芽。

二、发芽前后设施内土壤水分管理

葡萄在发芽前芽膨大和萌芽后新梢生长期间，需水量较大，此期间若水分供给不充足，容易发生萌芽期拖长，萌芽率下降，或者是发芽不整齐。萌芽前较高的湿度有利于萌芽整齐一致，所以，设施中在萌芽前开始升温催芽时，要灌一次催芽水，使温室中空气湿度能保持在85%～90%，造成一个良好的温度、湿度环境，同时，结合灌水还可追施一次速效性肥料使萌芽整齐、茁壮。

三、发芽前后葡萄病虫害防治

如发芽前未喷石硫合剂时，可在芽鳞开裂吐绒至稍透绿前抓紧喷一次0.5 ～ 1波美度石硫合剂，注意浓度不能太大，一旦绿叶初露，就应将石硫合剂药液浓度降为0.2 ～ 0.3波美度，或用50%嘧菌酯2 000倍液等，预防病害发生。在萌芽早、有绿盲蝽和金龟子发生的设施内，要喷洒一次20%吡虫啉2 000倍液或90%敌百虫800倍液，保护幼芽不受危害。

第四节　开花前葡萄管理

设施葡萄从萌芽至开花一般需要40 ～ 50天，此阶段设施葡萄生长迅速，而这时也正置外界冬末春初气候变化较为骤烈的阶段，设施内温度、湿度调控和病虫害防治是这一阶段的重要工作。

一、萌芽至开花前设施内的温度和水分调控

萌芽后，植株新梢进入迅速生长时期，为了防止新梢徒长，促进花器分化，要注意实行控温控湿管理，也就是萌芽后的设施内温度、湿度管理指标要从催芽末期的高水平降下来，白天控制在23 ～ 27℃，夜间保持在15℃左右。由于开花前后也是灰霉病和穗轴褐枯病容易发生的时期，所以要严格控制土壤水分和空气湿度，及时通风换气，使开花前后阶段空气湿度保持在60% ～ 65%。如果萌芽后发芽势不强，这常常是由于土壤深层水分供给不足所引起的。这时就要考虑灌一次水，并一次补足。开花前，当花穗尖初散开时，根据当时土壤水分状况，需要时可适量灌一次小水，不要大水漫灌。这一阶段要注意采用膜下滴灌和适时通风，降低设施内空气湿度，以防灰霉病、穗轴褐枯病的发生，保证开花的顺利进行。

二、开花前设施中土肥管理

此期要保持土壤疏松，结合追肥进行灌溉和中耕，增加土壤含

氧量，促进新梢健壮生长，保证开花、授粉、受精顺利进行。据试验，葡萄花前10天追肥，可增加产量13%～15%，而且果实品质也有明显的提高。此期可追施1～2次速效性氮肥，并适当施用磷钾肥。一般1～3年生的树，每株施2.5～5千克腐熟的有机肥，或50克尿素，或70克复合肥。追肥方法采用沟施，并结合施肥进行灌水。

对易发生落花落果的巨峰系品种，萌芽到开花前这一阶段必须适当控制肥水，调控设施内的温度，防止枝叶生长过旺导致坐果不良和落花落果。

三、开花前葡萄树体管理

萌芽至开花前，枝梢、叶片生长十分迅速，要及时进行抹芽、定梢和新梢摘心，防止枝条生长紊乱。

1. 抹芽 抹芽在萌芽后进行，抹除芽眼中抽生的弱芽、偏芽和萌蘖，使一个芽眼上只保留一个健壮的幼芽。

2. 定梢 当新梢长到能明显看到花序时（新梢长15～20厘米）进行定梢，根据架面枝梢密度，抹去徒长梢和弱梢以及多余的发育枝和隐芽枝，使留下的新梢整齐一致。留梢密度，在棚架情况下，每平方米架面可保留8～12个新梢；V形架情况下，新梢间距离18～20厘米。新梢长到40厘米左右时，结合整理架面，再次抹去个别过强、过弱和过密的枝梢，并同时进行枝蔓引缚，以使架面新梢分布合理，整个架面通风透光良好。

开花前去除内膜降低湿度

留梢间距18～20厘米

3. 新梢摘心　摘心是于开花前将新梢的梢尖剪掉，以缓和新梢与花穗对营养的争夺，使养分更多地转向花穗，以保证花序分化和开花与坐果对营养的需要。一般结果枝摘心在开花前3 ～ 5天进行，在花序以上4 ～ 5片叶处进行摘心；而对于巨峰等落花、落果较重的品种，以花前2 ～ 3天为宜，摘心要适当重些，在花序以上留2 ～ 3片叶摘心。对一些坐果率高、果穗紧凑的品种如红地球、京秀、无核鸡心等，摘心应在开花后进行，同时摘心强度也不能太重，一般在花序以上留4 ～ 5片叶摘心。而对于营养枝摘心，一般留8 ～ 10个叶片，掐去新梢先端未展叶的梢尖，促进下部冬芽分化成花芽。

主梢摘心

新梢摘心不但有促进坐果的作用，而且也能明显促进新梢枝条基部花芽的分化，因此对花芽分化节位较高的品种，可采用6-5摘心法，即当年新梢有6张叶片时可进行第一次摘心，而到再长出5张叶片时进行第二次摘心，这样可以有效地促进新梢基部第二、第三节上花芽的分化。重摘心促进新梢基部花芽分化的方法对设施葡萄栽培有很重要的指导意义。

4. 花序修剪

（1）定花序　花序修剪在新梢上花序全部展现后进行。花序修剪时首先要根据计划的产量指标确定每株应保留的花序总量，疏去过多、过密、过弱的花序。即在疏花序的基础上最后确定结果枝上花序的去留。每个结果枝上保留花序标准是：成熟时葡萄果穗在500克以上的大果穗品种，每个结果枝只留一穗果，果穗在500克以下的中小果穗品种，强壮结果枝留1 ～ 2穗果，中庸枝只留一穗果，弱枝一律不留花序（即壮2、中1、弱不留）。使每平方米架面保留6～8个果穗，叶果比保持在25：1以上。同时去除瘦小和不整齐及各种畸形花序。

（2）修整花序　在葡萄花序上小花序开始分离时，进行花序整形，使花序形状和大小一致，开花整齐。修花序的方法一般是去掉花序上的副穗，并掐掉花序上部过长分枝小花枝的前端（尖部），并掐去1/5的花穗尖。使花序大小一致，紧凑整齐。

对一些紧穗形和大穗形的品种，如红地球、美人指、魏可等，修整花序可采用留二去一的修整方法，即在花序上螺旋状每选留2个分枝后，去除1个分枝，最后掐去穗尖部分花序，这种操作简便易行，工作效率高，疏穗效果较好。

采用一般修穗法后形成圆锥形果穗

对于巨峰系品种，为了防止果穗过分松散和促进开花时期一致，并便于采用生长调节剂处理，花序修剪时不仅要去除副穗，同时还要去除花序上部的几个大的分枝和穗尖，只保留花序中部12 ～ 15个花序分枝，这样不但便于用生长调节剂进行处理，而且花期集中一致，处理后效果明显，坐果整齐，形成的果穗更加紧凑美观，果粒大且一致。

而对于要进行无核化处理的花序更要进行严格的花序修剪，一般只保留花序前端4.5 ～ 5.5厘米长的一段花序，而花序后部除留2个标志小花穗外，其余全部去除。这样处理可以使开花期整齐一致，从而提高无核化处理（除核）的效果。

四、开花前病虫害防治

开花前这一阶段植株生长旺盛，组织幼嫩，病虫极易发生，必须抓好防治病虫，尤其是要重点抓好灰霉病和穗轴褐枯病的防治。同时这一阶段虫害也比较严重。重点要防好斑衣蜡蝉、绿盲蝽和蓟马等害虫。萌芽后二、三叶期和开花前是每年生长季中两个最为关键的病虫防治时期，一定要认真抓好。

防治病虫要注意交叉用药，同时要注意保护天敌，这一阶段也要注意温室内间作物上病虫害的防治。

第五节　葡萄开花期管理

开花期前后既是决定当年生长和结果的关键时期，也是葡萄根系的旺盛活动期，同时也是来年花芽的开始分化时期，良好的管理不仅对当年产量，而且对第二年产量也有决定性的影响，因

此这一阶段也称为一年中葡萄管理的"临界期"，加强这一阶段葡萄管理十分重要。

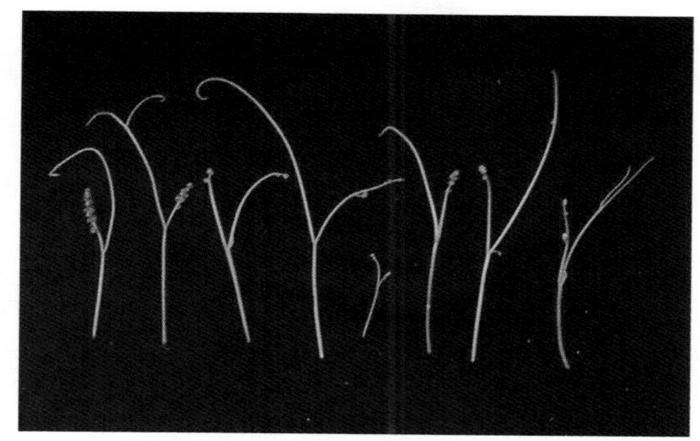
临界期管理不良造成花序退化

葡萄开花以开花始期至开花终止，一个花序大概需5 ~ 7天，而每株葡萄的开花期持续10 ~ 12天，这一阶段虽时间短，但对葡萄生产却有决定性的作用。在设施中，当温度达到16℃以上时欧亚种葡萄开始开花，温度达到20℃以上时欧美杂交种葡萄品种开始开花。如果气温低于15℃则不能正常开花，授粉受精也会受到抑制。在设施中，葡萄开花多在上

管理不善造成落花落果

临界期管理不良造成当年果实发育不良，形成大小粒

午8:00 ～ 11:00，柱头在花蕾开放后1 ～ 2天内仍保持其受精能力。由于开花期间花和枝、叶、根的生长等消耗了大量营养物质，同时这一时期花芽也开始分化，所以这一阶段中生殖生长与营养生长相互争夺养分十分激烈。因此，必须加强花期管理，调节营养生长与生殖生长的关系，以保证当年和第二年的正常生产和结果。

此期管理工作重点是在控制好设施内温、湿度环境的基础上，调整营养分配、抓好病虫害防治、保花保果、保证开花坐果正常进行。

一、开花期设施内温、湿度管理与调控

葡萄在开花期间对温、湿度要求很严格，多数品种需要在比较高的温度和较干燥的环境条件下授粉受精过程才能顺利进行。实践证明，巨峰系品种28℃时花粉发芽最好，低于25℃时，往往授粉不良，大小粒严重，穗形变散。所以，为了提高花粉发芽率，保证授粉、受精过程顺利进行，此期设施内的温度管理指标要适当高些，白天保持在25 ～ 28℃，夜间保持在16 ～ 18℃，同时要注意保持设施中较低的空气湿度和较干燥的环境条件。

开花期如土壤中水分过多，土壤含氧量降低，根系呼吸不良，会导致严重落花。因此，进入开花期要控制灌水，保持空气湿度在60%左右，注意经常通风换气，以保证此期温、湿度的正常与稳定。

二、花期喷硼、锌促进坐果

硼对花粉发育和授粉、受精有重要的促进作用，葡萄缺硼时花粉发育不良，受精能力减退，并引起落花、落果。同时，缺硼时新梢节间短而细，不充实，幼叶畸形，成龄叶叶脉间发生油渍状半透明斑点，斑点轮廓不明显，严重时形成叶脉间失绿。锌是生长素的重要组成成分，缺锌时幼果发育和膨大受阻，容易导致形成大小粒。

缺硼、缺锌症的防治关键是预防，一旦发生症状，治疗效果

都很有限。预防的方法是及早施用硼肥、锌肥，设施中除在土壤中施用外，在葡萄初花期和盛花期，可在花序上各喷一次0.3%的硼砂、硼酸溶液或其他硼肥；在坐果后和幼果膨大时喷施0.3%的硫酸锌或其他种类的锌肥。

葡萄花期若遇低温常导致结果不良、大小粒严重，若设施葡萄开花期遇到连阴雨和低温天气，这时除要喷施硼肥、锌肥外，还应及时喷施10 ～ 12.5毫克/升的赤霉素加1 ～ 2毫克/升的吡效隆溶液进行保花保果，这对巨峰系品种尤为重要。

三、开花期病虫害防治

葡萄花期前后主要防治灰霉病和穗轴褐枯病，但葡萄开花期一般不喷药，而在花前和花后喷药，以防止药物对花粉和柱头以及传粉昆虫的影响，但在设施中由于湿度较大，开花期灰霉病很容易发生，若遇到这种情况，结合保花保果，可在生长调节剂中加入40%嘧霉胺1 000 ～ 1 500倍液或2.5%咯菌腈1 500倍液，这样既可保果，也可防治花期的灰霉病和穗轴褐枯病。

第六节　葡萄果实生长期管理

果实生长期是从落花后幼果开始生长到浆果开始上色成熟前为止（注意，是开始成熟，而不是完全成熟），一般早熟品种需40 ～ 45天，中熟品种需50 ～ 60天，晚熟品种需90 ～ 100天。从果实发育生理上划分，果实生长阶段可分为三期，即先期为落花和生理落果后开始的幼果第一次迅速生长期，中期为果实增大相对缓慢的硬核期（无核品种硬核期时间很短），后期为果实第二次快速生长期。在葡萄果实发育整个阶段中，不仅果实生长发育、枝叶迅速生长，而且根系也在旺盛生长，整个树体对营养需求十分迫切，同时设施内气温、地温也不断上升，因此综合管理十分重要，这一阶段主要工作是合理调控温室内的环境，加强树体营养供给，改善通风透光条件，促进光合产物的形成积累和树体健壮生长。

一、果实生长期设施内温度、湿度管理

葡萄花期过后，即进入生理落果期，然后幼果进入第一次迅速膨大生长期。为了促进幼果生长的正常进行，设施内白天温度应保持在25 ～ 28℃，夜温可保持在18 ～ 20℃，注意白天温度不能超过32℃，当设施中气温达28℃时，则应开始放风，此阶段设施内空气湿度应保持在70%～ 80%。

浆果生长期的前期（即幼果第一次迅速膨大期）是树体生长发育阶段中需水量最大的一个时期，此期设施中要小水勤灌，每周可灌1次，每次灌水可结合进行施肥。当果实发育进入硬核期后，要适当控制土壤水分。为保持设施内的地温和夜间温度，灌溉最好在上午进行。

二、幼果生长期施肥与灌溉

1. 重视幼果期营养供给 幼果生长迅速期需要大量的营养，设施管理上要及时追肥，尤其要重视磷、钾肥和钙肥。磷肥在花后和硬核期分批施入，每次施用量约为1.5千克/亩；钾肥可在硬核期前后施入，每亩施用量（纯量）2.5 ～ 3.0千克。施肥方法可用环状或沟状施入法，施后覆土灌水。葡萄幼果发育期对钙肥的需求量很大，钙肥对果实发育和预防日烧及缩果病等十分重要，在幼果期一定要重视通过根外喷施氨基酸钙、糖醇钙等速效钙肥，一般每隔5 ～ 6天喷施一次，连喷4 ～ 5次。

2. 合理应用根外追肥 葡萄叶片、幼果、绿色茎枝都有吸收营养元素的功能，为了尽快补充营养元素、防止土壤对一些元素的固定，可采用根外追肥的方法，追施氮磷钾肥或其他微量元素肥料。一般常用的浓度是0.3%～ 0.5%，每隔7 ～ 10天喷施一次，根外追肥可以与喷药结合进行，但在使用石硫合剂和波尔多液等强碱性农药时，不宜与根外追肥相混合（表8-1）。

表8-1　葡萄根处追肥常用肥料种类及浓度

肥料种类	喷施浓度（%）	备　注
尿素	0.3 ～ 0.5	生长期及采收后
过磷酸钙	2 ～ 3	幼果生长期
磷酸二氢钾	0.3 ～ 0.5	幼果生长期、上色期间
硫酸锌	0.1 ～ 0.3	开花后幼果生长期
硫酸亚铁	0.1 ～ 0.3	生长前期、防黄化症
硫酸锰	0.02 ～ 0.05	生长前期
硫酸镁	0.05 ～ 0.1	生长前期
硼砂、硼酸	0.3	初花、盛花期
草木灰	3.0	幼果生长期
硝酸钙、醋酸钙	1 ～ 1.5	幼果期、上色期
稀土微肥	0.01 ～ 0.05	幼果生长期
食醋	0.3 ～ 0.5	幼果生长期
沼液	1 ：（2 ～ 3）稀释	幼果生长期

这一阶段果实、枝叶生长迅速期，需要充足的水分供应，可结合施肥勤灌细灌，保持土壤处于合墒状态。为防止设施内空气湿度过大，应尽量采用膜下滴灌的方法，同时要注意经常通风，降低空气湿度。

三、控制副梢生长

此期是葡萄副梢萌发生长的第二次高峰期，要及时进行处理。对于花前或花期摘心后营养枝发出的一次副梢，顶端1个副梢适当长放，在4 ～ 5节处摘心，其余的副梢留2 ～ 3片叶摘心。对结果枝上发出的副梢，若枝蔓过密，可将幼穗下部的副梢抹去，对果穗上部的副梢留2 ～ 3片叶摘心。副梢上发出的二次副梢，只留新梢顶端一个，并留1 ～ 2片叶反复摘心，其余全部除去。副梢处理较费人工，也可通过化学调控，即喷布500 ～ 550毫克/千克的缩节胺、矮壮素等生长抑制剂控制副梢的生长。但要注意，生长抑制剂只能在开花前和套袋后喷布，千万不能在开花期和未套袋时使用，以免影响坐果和幼果生长。

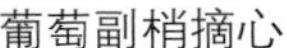
葡萄副梢摘心

开花前、套袋后各喷一次缩节胺

四、疏果、激素处理和果穗套袋

当葡萄果粒达到黄豆粒大小、小穗间彼此可以分清时即可开始疏果，疏果时间一般越早越好。具体方法是对果穗上过密和发育不良的僵果、小果、畸形果、病虫果及时剪除，果粒紧密的果穗也可适当疏除部分小穗和果粒。修穗时对于藤稔、巨峰等大粒（粒重大于12克）品种，一个果穗只保留45 ～ 55粒为宜，中等果粒品种乍娜、维多利亚等（粒重8克左右）保留75 ～ 90粒，小粒品种火焰无核、无核白等（粒重5克左右）保留100 ～ 120粒。疏果不仅可使果穗整齐、紧凑、粒大均匀美观，还可减少因果粒互相挤压引起的裂果。疏果一定要及早进行，封穗后就很难操作了。

对于一些果粒较小（≤4克）的品种，可用生长调节剂进行处理促进果粒膨大，常用的方法是在盛花后12 ～ 15天用25 ～ 50毫克/升的赤霉素（GA）溶液或25毫克/升的赤霉素加2 ～ 3毫克/升的吡效隆（CPPU）或噻苯隆（TDZ）溶液进行浸蘸果穗，促进果粒增大。生长调节剂对葡萄果粒增大的效应，在不同品种间敏

感性差异很大，处理时间和浓度不当时，会产生果梗变硬、果皮变涩、成熟期推迟等副作用，因此在设施中进行激素处理时，具体处理浓度和处理时间，应根据具体品种进行试验之后决定。

套袋可以保护果穗防止病虫危害及药尘污染，使果穗更加美观，一般在对果穗进行疏果、生长调节剂处理以后即可进行果穗套袋。

设施中葡萄套袋除了采用露地栽培中所用的纸袋外，还可采用下端开放的漏斗袋或用纸折的伞袋及无纺布等制作的果袋，这些更适于在设施栽培中应用。为了防止果穗在果袋中感染病菌，套袋前应先用2.5%咯菌腈悬浮剂800 ～ 1 000倍液或40%嘧霉胺1 500倍液加20%苯醚甲环唑2 000倍液等药剂浸穗，并稍晾干后再进行套袋。在南方避雨栽培中，还可采用下部敞开的膜袋进行套袋，防病效果更好。

第一次处理时花穗较小，可采用小塑料杯装药浸蘸花穗

第二次处理时，果穗已较大，应改用稍大的塑料容器或喷雾器进行处理

葡萄自然坐果和经保果处理以后，坐果一般都较多，若不进行修穗，果穗过于紧密，果粒太多，严重影响果穗美观和果粒膨大，同时增加人工疏粒费用，因此在坐果稳定后必须及时修穗

第一次药剂处理

第二次药剂处理

环形调节剂喷雾器

疏穗定穗，一个结果枝只留一穗果

幼穗修整后

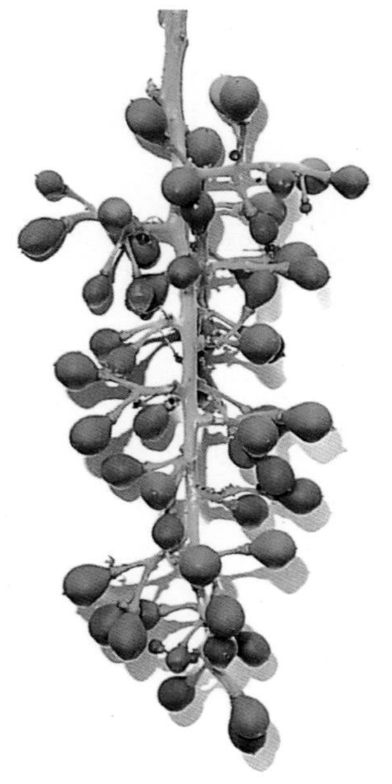

幼穗修整后，整齐、疏散，每个果粒都有充分发育的空间，不但穗形美观，而且能明显减轻病害的发生

葡萄修穗后果穗形状

设施内果穗套伞袋

设施内用半透明果袋套袋

五、葡萄环剥

主干环剥促进早熟

结果枝环剥

环剥可以促进果实上色、提早成熟和提高果实含糖量。设施葡萄环剥在果粒大小基本定形即硬核期后或开始上色时进行，方法是在结果母枝上或结果枝着生果穗的下方节间，用利刃或环剥刀在枝条表皮（韧皮部）上环切一个宽3毫米左右的环状切缝，并将表皮轻轻剥去。对于已结果多年的成龄大树，若植株生长很旺，也可以在主干上进行环剥。

葡萄环剥时要注意四点：一是时间要合适，不能过早和过晚。二是环剥宽度以3毫米较为适宜，不要伤及木质部和切断枝条。三是对生长弱的植株不要环剥。四是环剥只是调整植株营养的分配，不能代替肥水管理，环剥一定要和良好的农业技术相配合。

六、幼果生长期病虫害防治

幼果生长这一阶段，设施内温度、湿度较高，植株生长旺盛，枝叶茂密，防治病虫十分重要。此期设施内容易发生葡萄白腐病和叶蝉、红蜘蛛。如有白腐病发生，在发病初期每隔15天喷1次杀菌药剂，共喷2～3次，杀菌药剂可用50%多菌灵可湿性粉剂600倍液或70%甲基硫菌灵可湿性粉剂1 000倍液，或50%福美双可湿性粉剂500～700倍液、40%的苯醚甲环唑（世高）2 000倍液。对薄膜覆盖不严的设施如有霜霉病发生，在发病初期喷布1～3次杀菌药，每次间隔10～15天，杀菌药可用50%烯酰吗啉3 000倍液、50%甲霜灵锰锌600～800倍液等，交替使用。如果二星叶蝉、红蜘蛛发生时，可喷内吸性杀虫剂，如5%杀螟松乳油2 000倍液，2.5%功夫乳油6 000倍液等。

在春季较干旱的地区，设施中高温、干燥和闷热的环境容易突发白粉病，对此一定要及早预防，常用的药剂有0.2～0.3波美度石硫和剂，15%粉锈宁（三唑酮）800倍液等药剂。

幼果生长期使用农药时一定要注意：

（1）用药种类要严格选择，尽量不使用对幼果有刺激或有伤害的农药，如石硫合剂、溴菌腈等，预防形成果锈。

（2）三唑类农药（除苯醚甲环唑外）都有抑制生长的作用，幼果膨大生长期应控制使用。

（3）在配制药液添加展布剂时，要防止采用对果粉有伤害的苯、二甲苯等溶脂性溶剂。

（4）幼果期用药，每次复配种类（包括叶面肥）不能超过3种，药液总浓度不能大于0.6%。以防伤害幼果发育。

第七节　浆果成熟期及采后管理

本期自浆果开始着色起至完全成熟止。浆果开始着色是葡萄浆果第二个生长高峰时期，此期浆果生长再次加快，但增长速度低于第一生长高峰时期，这一阶段浆果内淀粉开始转化成糖分，随着糖分的增加，浆果内含酸量下降，芳香物质形成，果粒表皮开始变软并具有弹性，逐渐呈出现出本品种所固有的色泽、芳香和风味特征。此期新梢继续加粗生长并开始老熟和木质化，冬芽中的花芽也进一步分化。此时期若营养不足，不但影响当年的产量和品质，还将影响到下一年的产量。这一生长阶段需要相对的高温和干燥及昼夜温差大的环境条件，这样利于提高果实的含糖量和浆果的成熟与着色。

本阶段管理工作重点是控制好设施内的温、湿度，增加光照，适当追施钾肥、钙肥，防治病虫害，适当摘除老叶减少营养消耗，促进浆果着色和成熟。

一、浆果成熟期设施内温、湿度管理

进入浆果着色期后，设施内白天温度应保持在25 ~ 28℃，最高不超过32℃，若超过32℃，则对花色素的生成有明显的阻碍作用，造成着色不良；夜间保持在15 ~ 20℃，以增大昼夜温差，减少呼吸消耗，增加糖分积累。此期外界温度不断增高，应注意延长通风时间，晴天夜间可不封闭通风口。葡萄成熟期要严格控制土壤水分和空气湿度，防止裂果发生，设施内空气湿度保持在60%～65%。

后期为了增加糖分的积累，促进果实成熟，一般要控制灌水。如果此期土壤水分过多或者是变化激烈，易导致果实糖分降低，诱发裂果发生。果实发育期水分也不能匮乏，合适的土壤水分供应是产量和品质形成的重要保证，因此这一阶段既要防止设施内土壤过分潮湿，同时也要防止土壤过分干旱。千万注意灌水要采用膜下滴灌，不能太多、太猛，否则会导致严重的裂果。

二、促进果实含糖量的提高和促进早成熟

这一阶段最主要的工作是千方百计提高葡萄果实的质量。叶面喷施磷肥、钾肥和钙肥可以促进果实含糖量的提高和枝条正常

老熟。叶面喷肥主要采用0.3%磷酸二氢钾和2%过磷酸钙溶液，也可喷施3%草木灰溶液（清液）。

为了提早设施葡萄促成栽培的成熟期，提早上市时期，可在葡萄进入始熟期以后，即有色品种上色10%～15%时，无色品种果粒变软时，在果穗上喷布一次40%乙烯利400～500毫克/升溶液，这样可以促进葡萄早上色、早成熟约一周，但要注意，乙烯利虽有催熟的作用，但对品质有一定的影响，而且对一些易产生落粒的品种如巨峰、夏黑、京早晶等更要慎用。近年来试验表明，当葡萄上色10%～15%时，用100～200毫克/升的脱落酸（ABA）或100毫克/升的脱落酸（ABA）加100毫克/升的乙烯利处理，促进上色和提高果实质量的效果更为明显。必须强调的是，为了保证葡萄的质量安全，生长调节剂的应用一定要科学、合理，绝不能盲目追求“早熟”滥用调节剂进行催熟。

三、葡萄成熟期树体管理和病虫害防治

1. 葡萄成熟期树体管理 葡萄成熟期树体管理主要工作有两项，一是要及时疏去架面上过密的副梢，改善架面通风透光状况，增强叶片光合强度。二是要适当摘除110天以上叶龄的老叶，尤其是果穗周围的老叶，以增强果实的受光，促进上色成熟。在促成栽培中，对一些在设施内弱光条件下不易形成花芽的品种，果实采收后要及时进行揭膜晒条和进行清理修剪，促发新枝和形成新的结果母枝。

2. 果实生长后期追施钾、硼、钙肥 近来研究表明，果实生长后期增施钾肥、硼肥和钙肥，能保护果肉细胞膜的完整性，抑制细胞呼吸，显著提高葡萄的品质和耐藏性，尤其是钙肥的施用水平与品质改善及耐贮运性关系更为密切。设施葡萄生产上多采用1%～1.5%的硝酸钙或氨基酸钙水溶液在幼果膨大期和上色期进行喷布，这样不但可提高果实的抗病能力，而且可使果肉硬度增加，果刷拉力增强，有利于提高品质和延长葡萄挂树时间。

3. 病虫害防治 葡萄果实成熟期主要是防治炭疽病（晚腐

病)、灰霉病和食果害虫金龟子、马蜂等。炭疽病的防治应在着色前进行预防，常用的药剂有苯嘧甲环唑（世高）、咪鲜胺锰盐，防治灰霉病常用嘧霉胺、咯菌腈等。在设施内，良好的果实套袋能显著减轻病虫的危害。必须强调，在果实采收前除可使用安全性能较好的药剂如特克多（噻菌灵）防治灰霉病和贮藏期病害外，一般不能使用其他任何农药，而且在采收前30天开始，要杜绝使用任何残效期长的农药。

四、设施葡萄采收

设施葡萄尤其是促成栽培在达到充分成熟后要及时采收，在保证质量的前提下尽量提早采收上市。设施葡萄采收时要注意两点：一是要保证质量适时采收，绝对不能盲目追求早熟过早采收，而且要注意细心采收，防止机械伤害，以免影响葡萄商品质量；而对延迟栽培的则应尽量延迟到市场销售效益最好时（元旦、春节前）再采收。二是采收后要及时包装销售，尤其是促成栽培的早熟品种一般耐贮藏性、耐运输性均较差，采收时外界温度已经较高，必须随时采收及时运销。而延迟栽培的多为耐贮运性较好的晚熟品种，应根据市场需要及时采收。对采收后一时不能运销的葡萄产品均要注意低温保鲜贮藏。

五、设施葡萄采后管理

设施促成葡萄采后要及时揭膜，使植株处于露天阳光直射之下，让枝条继续老熟，花芽进一步分化。由于设施葡萄植株长期处于设施之中，这时转换为露天生长，葡萄植株有一个转换适应阶段，另外这时正置室外5月下旬至6月上旬，也正是露地葡萄病虫害开始发生的时期，因此及时防治病虫，促进植株健壮生长、保证枝条正常老熟就是这一阶段的主要工作。而设施延迟栽培采后正置外界冬季低温时期，要注意在温室中继续维持一个阶段，待设施内修剪和埋土防寒结束后再考虑是否揭膜。

（1）防治病虫害。设施葡萄采收后6 ～ 7月间正是露地葡萄生长旺盛、病虫盛发时期，各种病虫都能对已揭棚膜的设施葡萄形成危害，因此，一定要加强病虫防治，尤其是要重点防治霜霉病和白腐病，以免造成叶片早期脱落，甚至逼发冬芽，这在降雨较多的地区更是一个突出的问题。设施葡萄一直到落叶以前，都要随时注意病虫害的防治。

（2）叶面喷施“月子肥”、早施基肥。设施葡萄采收后，叶片还有一个新的光合高峰期，采收后1 ~ 2天，要及时喷施“月子肥”，以恢复树势，增强树体的光合机能，提高树体越冬时的抗逆能力，常用的“月子肥”为0.3%磷酸二氢钾和0.5%尿素混合喷施，每7 ~ 10天喷施一次，喷2 ~ 3次即可，同时，根外追肥可结合喷药防治病虫害一同进行。

设施葡萄成熟采收较早，施基肥应适当调整到8月下旬至9月中下旬，但施基肥也不能太早，以免促发大量副梢。

（3）设施延迟栽培的葡萄采收都在12月至翌年1月，采收后正置寒冷季节，因此，除采后适时进行修剪、施肥、灌水外，一定要注意进行相应的树体防寒。

（4）设施促成葡萄采后到扣棚（11月上中旬）和萌芽前这一阶段，可在设施内葡萄行间抢种豆类、蔬菜等几茬间作物，提高土壤利用效率，增加设施的经济收益。

第九章 设施葡萄采收、保鲜与包装

第一节　葡萄的成熟和采收

设施葡萄属于反季节高档果品，只有严格细致采收、保鲜和包装，才能真正实现产品的高质量和高效益。因此高标准的采收、保鲜及包装是设施栽培中一个不可忽视的重要技术环节。

一、葡萄成熟期的划分与成熟期的判定

设施葡萄必须在果实完全成熟时才可进行采收，正确判断葡萄的成熟与否十分重要。从葡萄果实发育过程来分析，葡萄的成熟期可分为开始成熟期、完全成熟期及过熟期。

1. 开始成熟期　有色品种开始成熟以果实开始上色为标志，无色（绿色、黄色）品种以果实开始变软、呈现有弹性、色泽由绿色开始转为稍透明状时为标志。应强调的是，开始上色和开始成熟期并不是食用采收期，此时果实内含糖量不高，而含酸量较高，不宜食用，不能进行采收和销售。

2. 完全成熟期　有色品种果实完全呈现出该品种特有的色泽、风味和芳香时，即达到了完全成熟期；无色品种果实变软，近乎半透明，品种的特征充分表现，种子外皮变得坚硬，并全部呈现棕褐色，这时就达到了完全成熟期。达到完全成熟期时，果实内糖分的积累就停止了，果实内糖分和芳香物质含量达到最高点。

完全成熟的判断除了观察果实颜色、质地、风味、芳香和种子特征外，还可依靠定期（用测糖仪每2天测定1次）对含糖量的测定来判断，当果实含糖量不再增加的时候，即是完全成熟期。完全成熟期才是设施葡萄的最佳采收时期。

3. 过熟期 完熟期若不及时采收，要么果粒因过熟而脱落，要么由于水分通过果皮的散失，浆果开始萎缩，果实品质开始变差（倒糖），这时称为过熟期。尤其是设施促成栽培不能过迟采收，否则就失去促成栽培的意义。

当前在设施促成栽培中，一些地区盲目追求早采收，果实刚开始上色就进行采收，甚至滥用激素进行催熟，以致严重影响葡萄的品质，这种现象应予纠正，必须坚持在葡萄完全成熟时方可采收、上市，自觉维护设施栽培的市场声誉。而对于延迟栽培的要根据市场状况和品种本身的耐挂树程度，合理确定采收时间。

二、正确确定葡萄采收时间

葡萄品种完全成熟、品种固有特征呈现以后（色泽、果香、风味）即可进行采收。对于鲜食早熟品种，为了提早供应市场，往往在保证充分成熟的前提下适当早收。但在延迟栽培中，往往选择那些成熟后浆果仍不萎缩、仍能保持新鲜状态的品种，让其果实一直保留在树上，直到元旦和春节前采收。

三、设施葡萄采收方法

1. 采收准备 设施葡萄采收前除正确决定采收时期外，还应根据市场销售需求做好采收计划，并及时准备好采收所需要的人力与设备。由于设施栽培多以每个温室和大棚为单位，所以采收工作的安排也是以每个温室或大棚内具体栽培品种的成熟期、产量状况进行安排与准备。

值得强调的是，由于设施内光照、温度等的不均匀分布，设施内葡萄成熟期不如露地栽培那样整齐和一致，因此设施葡萄的采收应该根据葡萄成熟的具体情况分期分批进行采收。

2. 采收工具 葡萄采收工具主要是采收剪和果筐。为防止戳伤果粒，葡萄采收时应用专门的前端圆钝的采收剪。果筐可用柳条筐或专用的塑料筐。为了防止挤压果穗，筐不宜太深，要单层摆放，每筐容量也不宜过大，一般以5～10千克为宜。若用竹筐采收，内壁一定要用软布垫好，防止刺伤果皮。一些地区近来采用专用的塑料采收箱，塑料采收箱不但容易搬运，而且容易堆放，互不挤压，有条件的地方可以推广采用。在观光设施葡萄园，也可采后就直接装入包装箱内现场销售。

3. 采收方法 葡萄果实生长有晚上增大、白天缩小的特点，因此，设施葡萄采收应在上午设施内无露水时进行，有露水或烈日暴晒的中午和下午不宜进行采收，以免影响果穗质量。采收时葡萄的果穗梗一般剪留3～4厘米，以便于提取和放置，但果穗梗不宜留得过长，防止刺伤其他果穗。采收时要轻拿、轻放，对于破碎受伤或受病虫危害的果粒应在采收时随时去除。对于运往外地销售的葡萄，为了防止落粒和保持穗梗的新鲜状态，可在采收前12～15天在果穗上喷一次60～100毫克/升浓度的青鲜素（MH）溶液，采收后要及时进行分级包装。

四、设施葡萄产品分级

设施葡萄是高档果品，必须重视质量分级，即按果穗、果粒大小、色泽、整齐度、内含物（糖、酸）等进行分级，目前国内对设施葡萄的商品分级尚无统一的标准，参照国内外有关标准，并结合当前我国设施葡萄生产实际，我们拟定一个设施葡萄不同品种的等级标准（表9-1）供各地参考。

表9-1　设施葡萄果实分级标准（参考值）

品种	等级	果穗重（克）	穗粒形整齐度	上色整齐度（%）	果粒			果梗	种子（个）
					重量（克）	含糖量（%）	含酸量（%）		
巨峰系品种	一级	470～550	整齐一致	着色度>98%	12～15	≥17	≤0.6	新鲜翠绿	1～2
	二级	420～470			10～12	≥16	≤0.7		2
	三级	<420或>750	较整齐一致	着色度>95%	<10	≥15	>0.8	新鲜	2～3
欧亚种品种	一级	450～500	整齐一致	着色度>98%	≥8	≥18	≤0.5	新鲜翠绿	1～2
	二级	350～450			≥6	≥17	≤0.6		1～2
	三级	<350或>750	较整齐一致	着色度>95%	≥4.5	≥16	≤0.7	新鲜	2～3
无核品种	一级	400～450	整齐一致	着色度>98%	≥4.5	≥18	0.4～0.5	新鲜翠绿	0
	二级	350～400			≥3	≥17	0.5～0.7		0
	三级	<350	较整齐一致	着色度>95%	≥2.5	≥16	≤0.7	新鲜	0

注：部分新品种、特殊品种可根据实际情况进行调整。

第二节　设施葡萄保鲜与包装、贮藏

设施促成栽培的葡萄主要以鲜销为主，随收随即上市销售，一般不需要特殊的保鲜处理，但对要外销或因各种原因短期内暂不进行销售的葡萄产品，也应进行简易的保鲜处理和保鲜贮藏。而对延迟栽培在晚秋和初冬采收的应根据当时市场销售情况决定是否进行保鲜贮藏。

设施促成栽培和避雨栽培的葡萄果实成熟期正值初夏时节，外界温度逐日升高，同时促成栽培的品种多为早熟品种，其本身耐贮藏性就较差，因此一般不宜进行长期贮藏。

一、设施葡萄保鲜贮藏

设施葡萄短期保鲜贮藏的原理和正常葡萄一样，关键是降低果实呼吸消耗和防止微生物侵染，其主要方法仍是降温、保湿、灭菌和调节气体成分，其主要技术措施也是采用低温贮藏（库）、保鲜药剂和保鲜塑料袋相结合的保鲜方法。

设施葡萄保鲜贮藏的方法是：对需要贮藏的葡萄在采收前15天左右用1.5%硝酸钙溶液喷浸果穗，增强其耐贮藏的能力。葡萄采收时细致进行采收，尤其要注意尽量减少伤口，并尽量保持果面上果粉的完整。然后用0.04毫米厚的聚乙烯（PE）薄膜制成的塑料袋，装入葡萄，并按每千克葡萄加4 ～ 6片S-M或SMP保鲜剂片、保鲜纸一同装入塑料袋内，放入包装箱内。最后将包装箱放在1 ～ 3℃的低温仓库、地下室或微型低温保鲜库内，在贮藏过程中，低温降低了葡萄果实的呼吸强度，而箱内的保鲜剂或保鲜纸缓慢释放出二氧化硫气体，抑制微生物活动，二者共同起到保鲜防腐的作用。

除了用专用的葡萄保鲜剂外，在农村也可采用硫黄熏蒸的办法进行保鲜。方法是葡萄采后装箱并在冷凉的地方整齐垛起，然后用厚实的塑料薄膜将其盖严，并按每立方米体积用3克硫黄的用量，将硫黄分成几份放在膜帐内不同位置的铁盒上燃烧，使其生成二氧化硫，熏蒸半小时后及时通风，随后将葡萄用塑料袋包装，置于温度为1 ～ 3℃的条件下进行贮藏。采用硫黄熏蒸的办法时必须严格控制硫黄的用量和熏蒸时间，用量过大、时间过长会造成果皮色泽漂白和果实二氧化硫残留超标。

值得强调的是，要获得良好的保鲜效果，贮藏的葡萄必须是适合贮藏的品种，葡萄果实含糖量要高，无病虫危害，无机械创伤，而且采收前未经雨淋、未用催熟剂处理的优质葡萄。而一些地区把卖后剩下的、质量差的葡萄进行贮藏，这些葡萄不但不耐贮藏，而且在贮藏中很快落粒或腐烂变质，这一点必须引起足够的重视。

二、设施葡萄商品包装

设施葡萄商品价值高，一定要重视商品的包装，通过包装增加商品外观，提高市场销售效益。美观而实用的包装容器能防止葡萄在贮运中受损伤，并便于提拿，从而提高果品的商品价值。对设施条件下生产的高档葡萄，必须注意包装容器的质量和外观。当前国内外鲜食葡萄多是用硬质泡沫塑料或硬质瓦楞纸制作的果筐、果箱进行包装，这种包装自重轻、耐压、耐撞，箱内装有防腐剂，设施葡萄生产中应推广采用。为适宜观光旅游的需要，应尽量采用盒式小包装，小包装盒分为1、2、4千克装几种，包装盒有提手，内衬无毒塑料薄膜袋，葡萄装入袋内，扣好盒盖，也可将小包装盒放入各种大的包装箱内封盖外运销售（表9-2、表9-3）。

浙江设施精品葡萄单穗包装

云南建水夏黑葡萄单穗包装

表9-2　常用鲜食葡萄盒（箱）规格　　单位：毫米

型号	长	宽	深	备注
1	380	260	90 ~ 110	尺寸为内径，可有10毫米的伸缩。容量4千克
2	420	270	90 ~ 110	
3	455	265	110 ~ 130	
4	460	280	90 ~ 110	

表9-3　高档商品葡萄用小包装规格　　单位：毫米

容量（千克）	长	宽	深	备注
1	265 ～ 270	165 ～ 170	110 ～ 115	上盖延伸140毫米，并有提手
2	330 ～ 335	215 ～ 220	140 ～ 145	上盖延伸170毫米，并有提手

为了防腐保鲜，在包装箱内应装入保鲜药片或保鲜药剂、保鲜纸。包装材料可以采用木条箱、硬纸箱、塑料箱、泡沫塑料、塑料袋等多种形式。小包装材料一般多用无毒的硬塑料或硬纸制成的盒或盘，以便于携带。为了提高了商品价值，还可以采用保鲜膜等透明材料进行包装，使消费者一目了然。为了便于携带、家庭贮藏和食用方便，包装盒内葡萄重量一般以不超过2千克为宜。

随着观光旅游事业的发展，各地可根据本地的特点，利用柳条、荆条等材料制作有地方特色的小包装、小果筐、果篮等，并配以适当的装饰。其容量也以1 ～ 2千克或单穗包装为宜，不要太大。无论采用那种材料制作包装用品，关键要注意：①容量不宜太大，要美观、实用，容易装取和提拿，以增加产品对消费者的吸引力。②包装中要减少葡萄果穗相互挤压和碰撞。③包装材料一定要安全无毒，符合国家关于食品包装质量和安全标准有关规定。④包装上要有产品标牌，标牌上要注明品牌、品种、产地、食品安全标志（无公害、绿色、有机）及质量可追溯条码等。总之设施葡萄的包装要力求美观、大方、实用、安全。

第十章
葡萄设施栽培病虫害防治

第一节　设施栽培病虫害发生规律与防治特点

设施栽培是在人为控制及相对密闭的生态环境下进行的，它与露地栽培的生态环境截然不同。正因如此，设施中病虫害发生的种类和规律与露地栽培有明显的不同。另外，设施栽培是高效农业，它对葡萄产品品质和安全性要求更为严格，所以在设施葡萄病虫害防治方法上也有更加严格的规定。葡萄设施栽培的病虫害防治基本原则是：①根据设施栽培的特点，重点抓好病虫害预防；②尽量少用农药，坚决不用剧毒和高残留的农药；③采用农业综合防治的方法，将设施中葡萄病虫发生和危害减少到最低程度。

一、设施葡萄病虫害发生的特点和规律

与一般露地栽培相比，设施葡萄栽培中病虫害发生的突出特点是：

（1）病虫害的类别构成及发生规律明显变化。在设施栽培条件下，设施内是一个相对与外界隔离的生态小区域，因此病虫害的类群和发生种类就由天然的风雨传播类型转变为以水传、土传和人为传播为主的病虫害类型。露地栽培中常发病如霜霉病等在设施中就相对较少，而高温易发病如白粉病及高湿度易发病灰霉病等相对增多（表10-1）。同时由于设施葡萄受间作物的影响，也常常出现许多以往葡萄上尚未报道的新的病虫害种类。

表10-1　设施栽培条件下葡萄病虫害结构变化

设施栽培		露地栽培	
主要病害	主要虫害	主要病害	主要虫害
白粉病	瘿螨	霜霉病	绿盲蝽
灰霉病	盔蚧、粉蚧	黑痘病	斑衣蜡蝉
穗轴褐枯病	蓟马	炭疽病	透翅蛾
锈病	叶蝉	白腐病	虎天牛
生理病害	金龟子	褐斑病	马蜂
		酸腐病	（鸟害）

（2）由于设施内温度、湿度明显高于露地，植株生长相对密集和较为幼嫩，所以设施中葡萄的病害发生往往比较早、比较突然，而且造成的危害也较大，加之设施内生态环境的变化受人为控制，因此病虫害发生状况常与人为的管理措施等有密切的相关。

（3）设施的特殊环境常常诱发一些特殊的生理病害，如气灼、缩果、有毒气体中毒症等，甚至还经常出现一些多种病害的复合侵染，常给病害的鉴定和防治带来一定的困难。

正因如此，不同地区在进行设施栽培时、必须要注意当地设施栽培的特点和设施内葡萄病虫害发生的具体种类和发生规律，从而制定可行的防治方案。尤其在设施内间作蔬菜、花卉、中药材等作物时，还要考虑到可能发生的新的病虫害种类和相应的防治措施。

二、设施内葡萄病虫害防治的要求

葡萄是浆果类果树，病虫害带给葡萄浆果的危害常常要比其他果树要严重的多，因此葡萄生产在病虫害防治上更应严格贯彻以预防为主、综合防治的原则，以调控栽培环境、培养健壮的树势、增强树体的自然抗性为核心，尽量少用或不用农药，尤其严禁使用剧毒农药和高残留农药。在设施栽培条件下，由于设施内环境相对较为密闭，温、湿度又高，病虫害发生往往和不良的环境调控有关，因此对病虫害综合防治要求更为严格。为了保证设施葡萄的质量安全，在农药选择上更要注意选用那些不易对葡萄安全生产有负作用的农药种类，而且对农药的使用浓度和方法都有更严格的要求。

设施环境较为密闭，烟雾法和喷粉法是设施内病虫防治的有效措施，值得各地推广。

另外，由于设施空间密闭，加之生长季又在冬末春初，因此自然状态下的天敌较少，这也是设施栽培中一个突出弱点，设施内如何利用生物防治是一个新的研究方向，探索新的生物防治途径是必须重视的问题。

设施葡萄栽培管理的严格性和生产的高效益性使设施栽培中病虫防治工作必须贯彻以预防为主、综合防治的原则，同时，设施与外界环境的相对隔离也为达到以防为主的防治目的创造了一个良好的条件。正因如此，在设施葡萄生产管理中，在病虫害防治上应严格实行以预防为主、综合防治、培养葡萄健壮树势为基础的农业综合防治方法，从品种选择、加强检疫、苗木消毒、病虫预测、合理用药、水肥配套及科学调控设施内生态条件等多方面进行病虫害综合防治工作。

设施内的病虫综合防治要着重于防早、防好、防彻底，防患于未然，使设施内病虫防治工作切实有效、事半功倍。

近年来栽培实践中发现，设施中常发生一些由于管理不善而诱发的各种各样的设施栽培中特有的生理病害，如氨气、亚硝酸中毒、高温灼烧叶片、气灼、微量元素缺乏症等。对此要认真分析原因，具体处理，而不可盲目判断、乱用农药，以至加重危害程度。

第二节　葡萄设施栽培中病害防治

设施中温度高、湿度大、通风透光条件较差，所以设施葡萄栽培中最常见的病害是一些在高温，高湿条件下容易发生的病害，如灰霉病、白粉病、炭疽病、锈病和穗轴褐枯病等。除此之外，随着栽培地区环境条件的不同以及品种的不同、间作物的不同，设施中还可能出现其他一些特殊的病害和生理病害。

1. 葡萄白粉病 白粉病是设施内经常发生的一种主要病害，白粉病在露地栽培中主要发生于高温干旱季节，而由于设施内特有的密闭闷热环境，而使白粉病成为我国各地葡萄设施栽培中主要的常发病，而且发病时期明显提前，对设施葡萄生产影响很大。

白粉病主要危害葡萄叶片和幼果，病菌在枝蔓或芽鳞内越冬，葡萄萌芽后病菌产生分生孢子。白粉病菌在气温高、闷热及通风不良的情况下常常迅速发生，发病初期在叶面上形成灰褐色病斑，上有白色粉状物，严重时整个叶片受害，致使叶片枯萎。果实发病时果面出现灰白色粉状物，并有黑色煤灰状小粉粒，穗梗感病后变脆，果粒感病后停止生长，常常造成裂果，果穗畸形、枯萎、果肉质地变硬、变酸或诱发酸腐病。植株叶片、新梢及果穗穗轴均可感病。

白粉病（叶面）

设施中日趋严重的白粉病

白粉病（果实）

防治方法：

（1）彻底清园，每年冬季修剪时将剪下的病枝、残叶烧毁。

（2）重视预防，发芽前植株上全面喷布或涂抹5波美度石硫合剂，铲除越冬病源；保持设施内良好的通风透光环境；二、三叶期和幼果期对幼叶、幼果喷布25%嘧菌酯1 500倍液或60%吡唑醚菌酯2 000 ～ 2 500倍液等，均有良好的防治效果。

（3）加强检查，在发病初期及时喷布硫黄胶悬剂400倍液、70%甲基硫菌灵800倍液或15%粉锈宁（三唑酮）可湿性粉剂1 500倍液或60%吡唑醚菌酯1 000 ～ 1 500倍液、32.5%阿米妙收1 000倍液等药剂，并在半月后再喷一次，均有良好的防治效果。

（4）白粉病发生后常继发裂果和酸腐病，应注意采用相应的防治措施。

2. 葡萄灰霉病 灰霉病是葡萄设施栽培上常常发生的一种主要病害，病菌可以侵染多种植物，灰霉病的病菌以分生孢子和菌核在病枝、冬芽上越冬，翌年春季在气候适宜时产生新的分生孢子，病菌主要通过伤口和皮孔侵染，有明显的潜伏侵染特征。

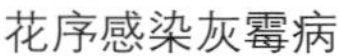
花序感染灰霉病

果实感染灰霉病

在设施中灰霉病有两个明显的发病期。①开花前至谢花后，这时设施内高湿的环境为病菌的繁殖和发病创造了条件。植株感病后会造成葡萄花穗大量腐烂，成为设施葡萄生长前期的一种毁灭性病害。②葡萄成熟期，从开始着色直至充分成熟均能侵染发病。受灰霉病感染的葡萄果实正常生理代谢受到破坏，芳香物质和单宁的含量减少，品质变劣。发病后期，果实上常常出现厚厚一层明显的鼠灰色霉状物，严重影响葡萄的外观。葡萄叶片感染灰霉病后，常先叶面形成不规则的淡褐色病斑，叶背有灰色霉层，严重时引起叶片早落，落地后病斑形成黑色块状菌核。

防治方法：

（1）加强设施内栽培管理，合理调控水肥和温度及湿度状况，防止枝梢徒长，并注意及时摘心、定枝，改善设施内通风透光条件。

（2）开花前、谢花后和套袋前及时喷药能有效防止灰霉病的发生，常用药剂有40%施佳乐（嘧霉胺）悬浮剂800倍液、50%速克灵（腐霉利）2 000倍液和50%扑海因可湿性粉剂1 000倍液、烟酰胺水分散粒剂1 000 ～ 1 500倍液、2.5%咯菌睛悬浮剂1 000 ～ 1 500倍液、50%啶酰菌胺水分散粒剂1 500倍液等。开花期前后和套袋前的这三次喷药十分重要，同时要注意轮换用药，防止病菌产生抗药性。

（3）花期前后用生长调节剂处理花序和幼穗时，可在调节剂中加入40%施佳乐（嘧霉胺）1 000倍液或2.5%咯菌腈1 500倍液一并处理，能同时起到防治灰霉病、穗轴褐枯病的作用。

（4）合理控制设施内土壤水分和空气湿度，防止湿度过高形成病害诱发条件。

（5）葡萄灰霉病也是葡萄贮藏期的一种常发病，对可能用于贮藏的葡萄果穗，在果实采收前在果穗上喷一次60%特克多（噻菌灵）800倍液，晾干后再采摘，包装时再用经过SO_2处理或用含碘化钾的包装纸包装，能有效控制贮藏期灰霉病的发生。

（6）灰霉病是一种多寄主传染病害，许多植物，尤其是蔬菜、草莓等十分容易感染灰霉病，因此除慎重选择间作物外，一定要同时对设施内间作物进行防治。

3. 葡萄黑痘病 黑痘病主要侵害葡萄幼嫩的绿色组织。黑痘

黑痘病危害状

病病菌侵染要求的温度低，在10℃时就能侵染发病，因此在设施中是发病最早的病害，当设施中葡萄萌芽后15 ～ 20天，温、湿度适宜时即可感染发病，黑痘病是设施中欧亚种葡萄品种中经常发生的早期病害。

幼叶嫩梢上发病时，先形成黄褐色病斑，以后病斑边缘呈深褐色，叶脉上的病斑呈菱形或梭形，常沿叶脉连续发生，患病部分停止生长，造成叶片皱缩畸形。成龄叶片受害时，叶片上形成疏密不等的黄色圆斑，边缘暗褐色，中央浅褐色或灰白色，到后期病斑干枯形成穿孔。嫩梢、叶柄、果柄和卷须被害时常发生圆形或长椭圆形紫褐色病斑，后期病斑干枯凹陷、受害部位枯死。幼果受害时，果面发生浅褐色近圆形的小病斑，随受害程度的加深，斑点中间逐渐变成白色、凹陷，边缘呈现红褐色，似“鸟眼”状，后期病斑变成黑色，硬化龟裂，幼果龟裂严重时可露出果核，失去食用价值。

防治方法：

（1）认真清园，黑痘病的病原菌主要以菌丝体在病枝、病果及病叶中越冬，一遇到合适的温、湿度立即萌发侵染。所以冬剪以后要及时将剪掉的染病枝蔓和落叶彻底清除、烧毁，减少来年的侵染源。对发病严重的品种，修剪后还要除掉老蔓上的翘皮，用3 ～ 5波美度石硫合剂充分喷布或刷涂全部枝蔓，力求均匀周到，彻底消灭越冬病源。

（2）化学防治，葡萄萌芽后二三叶期、幼果期，喷布70%多菌灵800倍液，或78%科博可湿性粉剂600倍液或铜高尚200倍液、80%必备300 ～ 400倍液等，以后每隔15天喷一次200倍石灰半量式波尔多液，则可有效预防黑痘病的发生。如发现葡萄幼嫩组织已初感病，可及时喷布5%霉能灵可湿性粉剂600倍液或40%福星乳油剂8 000倍液，防治效果均较好。

（3）加强设施内栽培管理，增施磷、钾肥和钙肥，及时进行新梢修剪绑蔓，改善设施内通风透光条件，降低田间湿度，促进枝梢生长健壮。

（4）注意苗木消毒，黑痘病最初在设施内的传播主要靠苗木和插条，因此对新建的设施葡萄园和设施内育苗所用的苗木和插条必须进行消毒杀菌。方法是用10%硫酸亚铁溶液加1%粗硫酸，或用5波美度石硫合剂浸蘸苗木、插条1 ~ 2秒钟，或充分喷淋，然后晾干即可进行栽植或扦插。

4. 葡萄霜霉病 霜霉病是葡萄露地栽培中最主要的流行性病害，在低温高湿的环境条件最易发病。在设施栽培中，由于薄膜对雨水的阻挡，一般很少发生，但在薄膜覆盖不好的部分和采收揭膜后，霜霉病仍有发生，而且发病很快。一年中霜霉病侵染期相对较长，尤其在设施葡萄采收结束、揭棚后放松管理的情况下，往往严重发生，甚至造成叶片过早全部脱落，这对第二年生长结果影响很大，霜霉病是设施葡萄中必须重视防治的病害，在设施中霜霉病还常常侵染花序和幼果，造成很大的损失。

葡萄霜霉病

幼果感染霜霉病

霜霉病的病原菌在葡萄架下的土壤里越冬，靠风和设施塑料棚面的结露和滴水传播，危害植株的所有绿色部分，以叶片和花序、幼穗受害最为明显。叶片受害后，叶片上表面初生褐色小点，以后逐渐扩展为黄褐色不规则多角形病斑，初期呈水渍状，后期颜色逐渐加深，多块病斑愈合成一块大病斑，并在叶背面生成与上表面病斑同等大小的白色霜霉层，危害严重时，病斑很快布满叶片，造成叶片干枯脱落。致使葡萄枝蔓和果实不能正常成熟，并严重影响花芽分化和下一年的生长与结果。甚至造成枝蔓大量干枯，整个植株死亡。花序、幼穗感病后形成明显的霜霉层，严重时造成花序幼穗枯干，影响产量。

防治方法：

（1）葡萄落叶修剪前后，及时清除、彻底烧毁所有病枝落叶，减少越冬病源，葡萄发芽前用5波美度石硫合剂喷布或涂抹葡萄枝蔓，杀灭越冬的病原菌。

（2）设施中霜霉病防治要以预防为主，铜制剂对霜霉病有良好的防治效果，在设施中未覆膜前和揭膜后，每隔10 ～ 12天喷一次200倍半量式波尔多液或78%科博600倍液，即有良好的预防效果。

（3）霜霉病是一种流行性病害，扩展很快。在刚发生时，有明显的发病中心，要抓紧时机，对发病中心的植株进行彻底治疗，这对控制霜霉病发生有很重要的作用，尤其对刚发病的病叶应立即剪除、彻底烧毁，并及时喷布69%烯酰吗啉2 000倍液或72%克露（霜脲氰）600倍液、58%瑞毒锰锌（金雷多米尔）1 000倍液等，以后每半月喷布一次，即有良好的控制和防治效果。生产上也可以用40%的乙膦铝可湿性粉剂300倍液加高锰酸钾600倍液混合喷用，可同时预防其他病害。防治时要注意在叶片的下表面均匀喷布药液。设施中防治霜霉病还可在发病前采用25%瑞毒霉250倍液灌根，每株用药液200毫升，有显著的防病效果。嘧菌酯（阿米西达）是一种对霜霉病等多种葡萄病害有良好铲除、预防、治疗作用的药剂，在设施中应用50%嘧菌酯2 000倍液在二三叶期和花前花后进行喷药预防，防病效果十分明显。

除此以外，喹啉铜（2 000倍液）、铜高尚（300倍液）、大生M45（600倍液）、绿得保（300倍液）等对防治霜霉病也有良好的效果，而且可以兼治其他病害，可根据各地实际情况进行选用。只要防治及时，霜霉病在设施中一般不会造成严重危害。

5. 葡萄炭疽病 炭疽病也称晚腐病，是在葡萄转色、开始成熟时在果实上常发的一种病害，巨峰系品种较易感染炭疽病。设施中炭疽病发生比露地要早。炭疽病也侵染花序和花梗，使花序呈黑褐色腐烂，但最突出的是侵染果粒，果粒上发病时，先出现水渍状褐色斑点，后扩展凹陷，病斑出现同心轮纹状的小黑点，在潮湿的情况下产生锈红色分生孢子团，十分容易识别。果实感病后丧失食用价值。设施中巨峰等品种及一些含糖量较高的品种容易感染炭疽病。

葡萄炭疽病

防治方法：

（1）认真清园。炭疽病病菌在上一年的结果母枝上越冬，因此彻底清除病枝、残枝和萌芽前仔细在结果母枝上喷洒铲除剂对防止病害发生有十分重要的作用。

（2）炭疽病病菌有潜伏侵染的特性，因此在前一年发生过炭疽病的设施中，除使用铲除剂外，在葡萄二三叶期时要全面仔细喷布一次78%的科博600倍液或50%炭疽福美500倍液，防止病菌初侵染。

（3）果实上色前或初发病时迅速喷布50%咪酰胺锰盐乳油1 000倍液或20%世高2 000倍液等，也能有效控制炭疽病的发生，但要注意溴菌腈在幼果期要慎用。

（4）设施内实行果穗药剂处理和及时套袋是预防炭疽病等果实病害的有效措施。

6. 葡萄锈病 葡萄锈病以往只发生在我国南方高温、高湿地

葡萄锈病

区，而在华北、西北地区葡萄露地栽培很少发生，但近年来在葡萄设施栽培中，尤其是南方设施栽培中，锈病却是生长后期常发的病害。锈病主要危害叶片，使叶片枯黄落叶，严重时造成叶片同化作用减退，使果粒着色推迟，品质下降并严重影响花芽分化和来年的产量。

症状：叶片感病后，叶背出现锈黄色斑点，并形成粉状夏孢子堆，通常布满大部分叶片，发病后期病斑变为黑褐色，并在夏孢子堆附近出现黑褐色冬孢子堆。锈病主要发生在成熟叶片上，一般先从下部叶片开始发病，这是锈病和其他病害的明显不同之处。

锈病主要发生在热带、亚热带及设施栽培中，低光照、高湿度是锈病夏孢子萌发的必要条件。一般欧亚种品种较抗此病，而欧美杂交种品种如巨峰等容易感染锈病。

防治方法：

（1）搞好清园和越冬期防治，萌芽前认真喷一次3 ～ 5波美度石硫合剂。

（2）加强管理，施足底肥，保持良好生长势，发病时及时彻底清除病叶。

（3）药剂防治，刚发病时立即喷药，注意重点喷到植株下部的叶片和叶背面。主要药剂为0.2 ～ 0.3波美度石硫合剂，或用15%粉锈宁（三唑酮）可湿性粉剂1 500倍液喷雾，多硫胶悬剂（多菌灵与胶体硫的混合剂）300 ～ 500倍液，隔15 ～ 20天喷布一次，均能有效防治锈病的发生。

7. 葡萄穗轴褐枯病　葡萄穗轴褐枯病是设施栽培中葡萄的一

种主要病害，巨峰系品种尤为严重。

症状：葡萄穗轴褐枯病主要发生在开花前后葡萄花序、幼穗的穗轴上，果粒上发生较少，穗轴老化后一般不易发病。发病初期，幼果穗的穗轴分枝上产生褐色的水渍状小斑点，并迅速向四周扩展，使整个分枝穗轴变褐枯死，不久失水干枯，变为黑褐色，有时在病部表面产生黑色霉状物，果穗随之萎缩脱落，发病后期干枯的分枝穗轴往往容易从分枝处被风吹断。幼果发病时，形成圆形的深褐色至黑色小斑点，直径约2毫米，病变仅限于果粒表面，随果粒长大，病斑变成疮痂状。

病原及发生规律：本病仅发生于葡萄开花期前后，与灰霉病发生时间相同，但症状差异很大。当果粒达到黄豆粒大小时，病害则停止发病蔓延。开花期低温、高湿、穗轴幼嫩时，病菌容易侵染。葡萄品种间发病程度差异明显，巨峰系品种发病最重，而玫瑰香几乎不发病。管理不善及老弱树发病重，管理精细及幼树发病较轻。

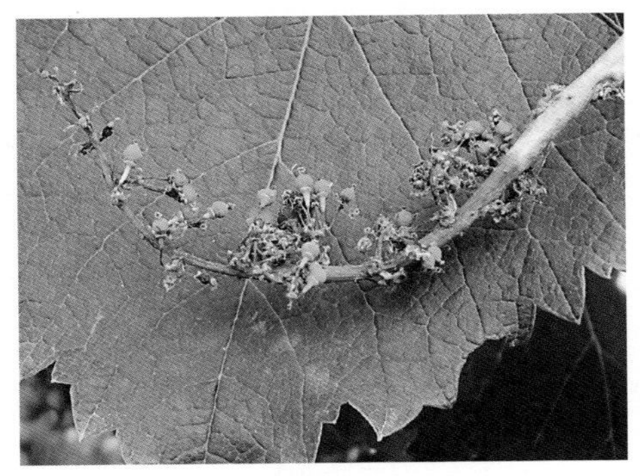
穗轴褐枯病

防治方法：

（1）改善设施内通风透光环境，开花前后设施内保持相对较为干燥的环境对减少花期病害的发生有重要的作用。

（2）葡萄开花前后是防治穗轴褐枯病的关键时期，一般在花序分离期和开花后1周各喷一次50%多菌灵可湿性粉剂600倍液或50%扑海因可湿性粉剂1 000倍液、50%甲基硫菌灵800倍液，均有良好的防治效果，并可兼防灰霉病。

（3）在葡萄花期进行生长调节剂处理时，药剂中加入40%嘧霉胺悬浮剂1 000倍液或2.5%咯菌腈1 500倍液可以同时防治穗轴褐枯病和灰霉病。

第三节　设施葡萄生理病害

葡萄生理病害是由于各种内外不良因素造成生理障碍而形成的生长、结果异常表现。它不同于因病虫害形成的危害和表现，但它常常和各种病虫害混合发生，甚至常会成为某些病虫害发生的诱因。生理病害形成的原因十分复杂，常常是许多综合因素所引起，其中最主要的是人为地对葡萄正常生命活动的干扰和破坏。目前防治生理病害已成为葡萄生产上一个十分突出和亟待解决的重要问题。

设施栽培是在人为设置的相对密闭小空间内进行的生产活动，低光照、高湿度、多变的气体成分和相对闭塞的土壤环境本来就影响着葡萄的自然生长和结果，加之人们主观的管理不善，就使设施栽培中的生理病害更为复杂。因此，预防设施葡萄生理病害的关键是科学合理的设施环境管理、土肥水管理和树体管理。设施葡萄生理病害表现很多，当前在各地最为突出的是花序退化症、气灼病、缩果症、溢糖性霉斑症等。

1. 花序退化症　花序退化症主要表现是花序变小、出现带卷须的花序或带小花序的卷须、开花不整齐、落花落果、大小粒等。形成花序退化的原因较复杂，涉及上一年度花芽分化期到当年开花期的一系列管理，尤其是萌芽期到开花期的环境管理，春季设施内升温过快、过

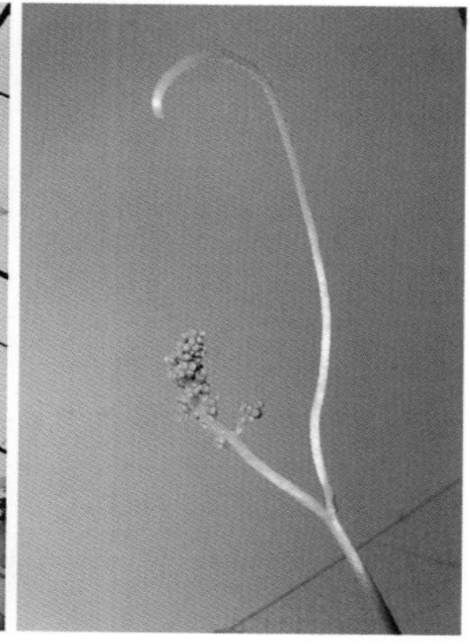

花序退化为卷须

高，水分和氮肥过多，枝叶徒长常常导致和加重花序退化症的发生。因此，加强设施环境温度调控和全年度的科学管理是预防花序退化症的根本性措施。

退化性花序

花序形成不良造成落花落果

2. 气灼病 设施葡萄气灼病和露地葡萄日烧病不同，露地葡萄日烧病多是强光照射高温灼伤果实所形成，而设施葡萄果实气灼是设施内闷热高温（气温≥35℃）、通风不良、土壤水分不匀、钙素营养缺乏等原因所造成。其果实上的灼伤斑并不一定在向光面，可以发生在果穗和果粒的任何部位。实际上，日烧和气灼是同一类原因、同一种伤害的不同表现。要预防气灼，关键要改善设施内的通风环境、加强温度、湿度和土壤水分的调控，重视钙肥的应用，适时进行果穗套袋（易发生气灼的品种宜采用伞袋）等。

气灼病

3. 缩果症 缩果症多发生在设施葡萄果实成熟之前，果实萎缩但果梗果蒂及枝叶无任何异常，这是生理性缩果和病理性缩果的主要区别。一般促成栽培生理性缩果较为普遍，而延迟栽培发生较少。形成生理性缩果的主要原因是设施内温度过高，土壤水分供给不良，尤其是土壤黏重、缺钙、土壤含氧量低（＜9%）时缩果症更易发生。预防缩果症的根本措施是改良设施土壤结构，增加土壤有机质（≥3%），适时供给土壤水分和幼果生长期增施钾肥和钙肥。

生理性缩果

4. 溢糖性霉斑症 溢糖性霉斑症是近年来南方地区出现的一种新的生理病害，在设施避雨栽培中发生很普遍。其症状是葡萄成熟时，果皮、果蒂、果梗上有不规则白色霉斑，时间稍长，霉斑变成灰色，严重影响果面外观，经过膨大剂、催熟剂处理的巨峰系品种最为严重。以往曾被认为是白粉病或灰霉病、霜霉病，但用药防治无效，后经初步鉴定是霉菌（具体菌种名待定）。经过几年调查表明，溢糖性霉斑症产生的主要原因是葡萄果实经膨大剂处理后果皮、果蒂上的皮孔也明显变大，甚至在果皮上形成裂纹，而且经调节剂处理的果粒中水分含量增加，在这样的状况下，果实内的糖分就从扩大的皮孔和裂纹中渗出到果皮上，而在湿热的环境下，就造成霉菌的滋生，形成霉斑。要防治溢糖性霉斑的发生，最关键的措施是严格控制生长调节剂的应用（当前滥用生长调节剂已成为葡萄生产上一个突出问题）。其次，及时进行果穗套袋、及时采收也有明显的防治作用。若一旦发现有霉斑形成应尽早喷布特克多（噻菌灵）、抑霉唑（戴唑霉）等药剂，或尽快喷布高锰酸钾600倍液，控制霉斑的发展。

溢糖性霉斑症

第四节　设施中葡萄虫害防治

设施栽培中葡萄虫害一般并不严重。近年来，一些地区设施中葡萄白粉虱、红蜘蛛、蓟马和斑叶蝉等有日益加重的趋势，因此，在葡萄设施栽培中不但要重视葡萄传统虫害的防治，尤其要重视因间作其他作物而带来的新的病虫害。

1. 白粉虱　白粉虱原来主要危害蔬菜，食性极杂，近年来由于设施中常常间作蔬菜，所以白粉虱已成为危害设施葡萄的一种重要害虫。

白粉虱

形态特征：白粉虱成虫虫体很小，常群居在葡萄叶背面，摇动叶片后成群飞舞。在温室中，白粉虱每年发生十余代，世代重叠现象严重，白粉虱冬季在露地不能生存，但能在温室内能继续存活。春季葡萄萌芽后，白粉虱开始危害葡萄，并在叶片上产卵，初孵化的若虫伏在叶背不动，吸食叶片液汁，使叶片褪色变黄，生长衰弱。虫口密度大时，中下部叶片会布满若虫。若虫、成虫分泌大量黏液，污染葡萄叶片和果实，分泌液常常诱发烟煤状污染，影响叶片的光合作用和果实外观。

发生规律：白粉虱各种虫态在葡萄植株上呈塔状分布，最上部的嫩叶成虫群居并产下大量粉沫状淡黄色或白色的卵，逐级向下，叶片上卵变成黑色，中部叶片多是初龄若虫，向下为老龄若虫，最下部叶片为蛹和蛹壳，这是白粉虱危害的显著特点。

防治方法：

（1）消灭、杜绝虫源。白粉虱以成虫在设施内间作物瓜菜上或枯枝落叶上越冬。抓住这个关键时期，萌芽前认真清除温室内间作物的枯枝落叶，集中销毁，彻底消灭越冬虫源。

（2）注意设施内间作物种类的选择。尽量选择白粉虱不易危害的种类，如韭菜、芹菜、油菜等，同时间作蔬菜时应采用在无虫温室中培育的“无虫菜苗”。

（3）敌敌畏熏蒸。选晴天上午，先喷20%吡虫啉1 000倍液或25%阿克泰、24.7%阿立卡微囊悬浮剂1 500倍液，消灭卵和小若虫，然后按每亩设施用80%敌敌畏75克、水7千克、锯末10千克拌匀，均匀撒在植株行间或树冠下，将温室、大棚密闭，5 ~ 7天熏一次，经过4 ~ 5次可基本杀死相继孵化的若虫。

利用黄板粘杀白粉虱

（4）喷洒农药。在葡萄生长季节喷洒2.5%溴氰菊酯2 000倍液、20%吡虫啉1 000倍液等杀虫农药，连续喷洒4 ~ 5次，直至完全消灭若虫和成虫。

（5）用300 ~ 500倍洗衣粉液天晴时连续喷洒2 ~ 3次可起到一定的防治作用。

（6）在设施葡萄架面上10厘米处，挂设20厘米×30厘米双面黄色胶板，上涂机油等黏着剂，可有效诱杀白粉虱、绿盲蝽、叶蝉、蚜虫等害虫。

2. 东方盔蚧 东方盔蚧是葡萄上常见的虫害，设施栽培中的盔蚧主要随苗木和插条带入。

形态特征：雌成虫体长3.6 ~ 6.0毫米，红褐色，椭圆形。卵长圆形，腹部微微内陷，淡黄白色，长径0.5 ~ 0.6毫米，短径

东方盔蚧

0.25毫米，孵化前呈粉红色，头部呈现黑色眼点，越冬前后的二龄若虫虫体赭褐色，眼点黑色，椭圆形，上下较扁平，体外有一层极薄的蜡层，触角、足均有活动能力。

发生规律：东方盔蚧以孤雌卵生繁殖后代。单雌产卵一般在1 400 ～ 1 700粒，以二龄若虫在枝蔓的裂缝、老皮下及叶痕处越冬，第二年发芽前后开始活动，爬到枝条上适宜的场所进行危害，10月初迁回到树体老皮下越冬。

常见的天敌有黑缘红瓢虫、小二红点瓢虫和寄生蜂。

防治方法：

（1）定植的苗木和插条用石硫合剂严格进行消毒，杜绝外部虫源带入设施内。

（2）萌芽前，刮掉树干上遗留的老树皮并彻底烧毁，喷布5波美度石硫合剂，消灭越冬若虫。

（3）生长期抓住虫体膨大期和卵孵化期两个关键时期，喷布50%敌敌畏1 500倍液或40%乐果乳油1 000倍液、50%杀螟松乳油1 000倍液、3%啶虫脒乳油剂2 000倍液等消灭卵和若虫。

（4）生长期在设施中引进天敌对控制盔蚧发生有良好效果。

3. 粉蚧 粉蚧是设施葡萄上常发的主要虫害，据报道，危害我国葡萄的粉蚧类害虫主要有4种，即康氏粉蚧、粉蚧、暗色粉蚧、长尾粉蚧。粉蚧除危害葡萄外，还可危害枣、桑、槐及多种蔬菜作物。设施葡萄上的粉蚧主要由苗木和插条引进带入。

形态特征：

成虫：雌成虫体长约3.5毫米，椭圆形，粉红色，表面有白色蜡质物，体缘有多条白色蜡丝。

卵：椭圆形，常数十粒集中成块，外被白色蜡粉囊块。

发生规律：粉蚧一年发生多代，雌虫或若虫在老树皮下、裂缝中或根颈部刺吸树体汁液并越冬，枝蔓被害处形成大小不等的丘状突起。葡萄萌芽后，越冬粉蚧即开始向上部新梢转移，且多集中在新梢基部刺吸危害。受害新枝枯缩甚至枯死，受害的果蒂变大、粗糙、畸形，虫体在刺吸危害果穗、果粒、新梢时分泌出白色絮状蜡质物和黏液，招致果面和枝叶污染，并在表皮上形成黑色“煤污病”，严重影响葡萄果品质量。

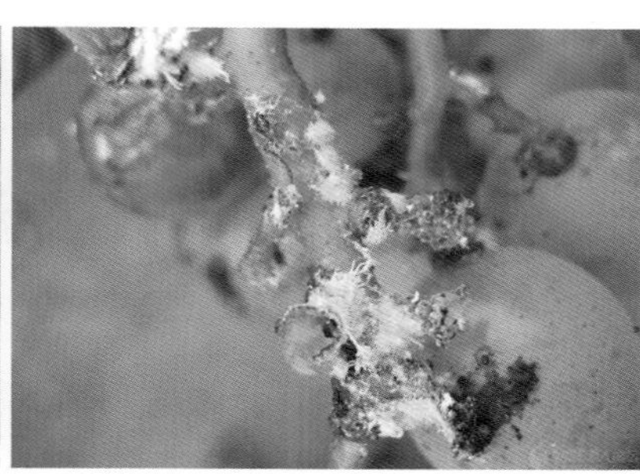

葡萄粉蚧

防治方法：

(1) 加强检疫和苗木消毒，严禁粉蚧传入新建的设施葡萄园中。

(2) 秋季在树干上束草诱集越冬粉蚧，冬季修剪时认真刮除老皮，连同束草彻底烧毁，消灭越冬粉蚧。萌芽前仔细喷涂石硫合剂。

(3) 在设施葡萄新梢生长、第一代若虫转移和白色蜡壳形成前，及时喷涂3%啶虫脒乳油1 500倍液或10%吡虫啉可湿性粉剂1 500倍液、24%螺虫乙酯悬浮剂3 000倍液等。

(4) 保护天敌，自然界粉蚧天敌较多，如黑寄生蜂、跳小蜂等，设施中用药时要慎重选择，防止伤害各种天敌。

4. 葡萄透翅蛾　葡萄透翅蛾是各地葡萄常见的害虫，若栽植前注意苗木检疫和消毒，则很少有透翅蛾发生，设施中发现透翅蛾多为葡萄采收后揭棚和盖膜前外部成虫飞入产卵所致。

透翅蛾幼虫蛀食葡萄枝蔓髓部，被害部明显肿大，并使上部叶片发黄，果实脱落，被蛀食的茎蔓易折断枯死，容易辨别。

形态特征：

成虫：体长18 ~ 20毫米，翅展约34毫米，体蓝黑色，头顶颈部、后胸两侧黄色，腹部有3条黄色横带，前翅红褐色，前缘外线及翅脉黑色，后翅半透明，外形略像马蜂。

葡萄透翅蛾

卵：长约1.1毫米，椭圆形，略扁平，紫褐色。

幼虫：老熟幼虫体长约38毫米，头红褐色，颈部乳黄色，老熟时背面显紫色，前胸背板有“八”字形纹，胸足3对，淡褐色，腹足5对。

蛹：长18毫米左右，红褐色，裸蛹，腹部2 ~ 6节背面各有小刺两行，第七、第八节背面各有刺一行，末节腹面有刺一列。

发生规律：一年发生1代，以老熟幼虫在葡萄蔓内越冬，翌年嫩梢生长期化蛹，蛹期约一个月。羽化后成虫产卵于当年生枝条的叶腋、嫩茎、叶柄及叶脉等处，卵期约10天。初孵幼虫自新梢叶柄基部的茎节处蛀入嫩茎内，幼虫在髓部向下蛀食，将虫粪排出并堆于蛀孔附近，嫩枝被害处显著膨大，上部叶片枯黄，当嫩茎食空后，幼虫又转至粗枝中危害，一般可转移1 ~ 2次，多在夜间转移，亦从叶节部蛀入，并常在蛀孔下先蛀食一环形虫道，然后向下蛀食，受害枝上部极易折断。幼虫危害至9、10月老熟，并用木屑将蛀道底约4 ~ 9厘米以上处堵塞，在其中越冬。入冬后幼虫在距蛀道底约2.5厘米处蛀一羽化孔，并吐丝封闭孔口，在其中化蛹，成虫羽化时常常将蛹壳带出一半露在孔外，这是一个重要的鉴别特征。

成虫夜间活动，飞翔力强，有趋光性。静止时两翅展开，形似黄蜂，成虫寿命6 ～ 7天，每雌虫产卵40 ～ 50粒。

防治方法：

（1）结合冬季修剪彻底剪除被害枝蔓并烧毁，这项工作必须在发芽以前处理完毕。

（2）发生严重的设施内，可进行药剂防治，于成虫期和幼虫孵化期喷布50%杀螟松乳剂1 000倍液，或50%亚胺硫磷乳油1 000倍液均有良好防治效果，并可用黑光灯诱杀成虫，同时可预测其成虫盛发时期。

（3）设施通风口设置防虫尼龙网窗，防止外界昆虫和鸟飞入。在设施内经常检查枝蔓，发现有枝条肿胀和有虫粪的被害症状及时剪除烧毁，对受害株蔓和大枝可采用铁丝刺杀或用50%敌敌畏乳剂1 000倍液或杀螟松1 000倍液由蛀孔灌入，并用黄泥将蛀孔封闭，熏杀幼虫。

5. 葡萄瘿螨　葡萄瘿螨也称葡萄毛毡病、葡萄潜叶壁虱、葡萄锈壁虱。在露地栽培中发生极为普遍，设施中主要靠苗木带入，葡萄发芽展叶后成、若虫即在叶背面刺吸汁液，初期被害处呈现不规则的失绿斑块，虫斑处叶表面隆起，在叶背面产生灰白色茸毛，后期斑块逐渐变为褐色，被害叶皱缩变硬、枯焦。严重时也能危害嫩枝嫩果、卷须和花梗等，使枝蔓生长衰弱，产量降低。

形态特征：

成虫：成虫小，肉眼不易发现，体长0.1 ～ 0.3毫米，体近圆锥形，白色，头胸部有两对足，腹部具多数细环纹，腹末有一对细长的刚毛，雌虫比雄虫略小。卵：长约30微米，椭圆形，淡黄色。若虫与成虫相似。

葡萄瘿螨（毛毡病）

发生规律：瘿螨以成虫潜藏在枝条芽鳞内越冬，春季随芽鳞的开放，成螨爬出侵入新芽危害，并不断繁殖扩散，危害新展的幼叶。远距离传播主要随苗木和接穗的调运而传播。

防治方法：

（1）葡萄发芽前、芽膨大时喷布3～5波美度石硫合剂，并加入0.3%的洗衣粉，杀灭潜伏在芽鳞内的越冬成虫，即可基本控制危害，严重时发芽后还可喷一次50%乐果乳剂2 000倍液或15%达螨灵乳油2 500倍液。

（2）葡萄生长初期发现被害叶片应立即摘除烧毁，以免继续蔓延。

（3）对新引进的苗木、插条等在栽植或扦插前可采用温汤浸条杀虫消毒，方法是把插条或苗木地上部分先用30～40℃热水浸泡5～7分钟，然后再移入50℃热水中浸泡3～5分钟，即可杀死潜伏的成螨。

6. 金龟子　金龟子无论在露地栽培还是在设施中都是危害葡萄的主要害虫，其幼虫为蛴螬，危害葡萄苗木幼根，是重要的地下害虫。据观察，在北方地区设施内，危害葡萄的金龟子种类约有7种，即苹毛金龟子、东方金龟子、铜绿金龟子、大黑金龟子、白星金龟子、四纹丽金龟子和豆蓝金龟子，但不同地区危害葡萄的主要金龟子种类可能有所不同。

金龟子

形态特征：金龟子种类繁多，不同种类的金龟子成虫个体大小互不一致，其主要形态特征是：

苹毛金龟子：体长10毫米，卵圆形，头胸背面紫铜色，鞘翅茶褐色，有光泽。

东方金龟子（天

鹅绒金龟子）：体长6～8毫米，近卵圆形，黑色或黑褐色，体上布满极短密的绒毛。

铜绿金龟子：体长19毫米，椭圆形，头胸背及翅鞘铜绿色，有光泽。

大黑金龟子（朝鲜金龟子）：成虫体长18～20毫米，整体黑褐色，有光泽。

白星金龟子：体长约22毫米，头胸背及鞘翅灰黑色，前翅上有十余个白斑。

四纹丽金龟子：成虫10～12毫米，鞘翅淡紫铜色，外缘黑绿色。

豆蓝金龟子：成虫体长12毫米，椭圆形，全体深蓝色，有闪光。

危害习性及受害状：金龟子种类不同，生活习性有所差别，但在华北均为一年只发生一代，只是越冬虫态有所不同。有的以成虫越冬，成虫有伪死性，葡萄一萌芽就开始危害；有的以幼虫越冬，开始危害时期相互不一。在设施中最早出现成虫的是苹毛金龟子、东方金龟子和大黑金龟子，危害幼芽、嫩叶和花序。出现较晚的是铜绿金龟子和白星金龟子，直接钻食果粒，对果实商品品质影响很大。

防治方法：

（1）彻底消灭越冬虫源。每年冬季要认真进行深耕和冬灌；设施内施用的有机肥一定要充分腐熟，对上一年金龟子发生较多的温室或大棚，地表喷洒5%辛硫磷颗粒剂，每亩用量3千克，翻入土中，彻底消灭金龟子越冬虫源。设施内养鸡能有效控制金龟子的发生，但养鸡只适合于棚架栽培条件下，而且要控制杀虫剂的应用，以保证家禽的安全。

（2）利用金龟子伪死特性，在成虫活动期进行人工捕杀或在设施内设置黑光灯诱杀。

（3）药剂防治。金龟子对药剂极为敏感，在成虫危害期喷布90%敌百虫800倍液或50%敌敌畏乳油1 000倍液、25%水胺硫磷

1 000倍液都有良好的杀虫效果。

7. 绿盲蝽 绿盲蝽是一种危害多种植物的昆虫，除危害葡萄外还危害枣、蔬菜、棉花等多种作物。在葡萄设施栽培中，绿盲蝽是萌芽后幼叶生长期发生较早的主要害虫种类。

形态特征：绿盲蝽虫体较小，体长约5毫米，绿色；卵黄绿色，若虫绿色，不注意观察时在植株上很难发现。在设施中绿盲蝽每年可发生4 ～ 5代，以卵在杂草、杂树的老枝及树皮下越冬，气温达20℃、相对湿度大于60%时，卵孵化为若虫。当设施内葡萄萌芽、幼叶抽生后，若虫即开始危害。

绿盲蝽危害状

危害特征：绿盲蝽若虫危害葡萄幼芽、幼叶，幼叶受害后，被害处先出现点状褐色坏死斑点，以后随着叶片的长大，逐渐形成以坏死点为中心的不规则形的孔洞。花梗和花蕾受害后则干枯脱落，危害一直可延续到揭棚以后，红地球、无核鸡心等品种最易受害。

防治方法：

（1）设施内外经常清除杂草，入冬前将设施内杂草彻底清除烧毁，消灭越冬虫源。

（2）葡萄萌芽展芽后，立即喷药保护幼芽幼叶，常用50%敌敌畏乳油1 500倍液或20%吡虫啉2 000 ～ 3 000倍液等。

8. 蓟马 蓟马是近年来葡萄栽培上发生日益严重的一种新虫害，危害设施葡萄的蓟马主要是烟蓟马、葱蓟马。蓟马是杂食性害虫，由于设施内常常间作蔬菜，所以蓟马现已成为设施葡萄上一种常见的害虫。在进行一年二次结果的设施栽培中，二次果最

易遭受蓟马危害。

形态特征：蓟马个体较小，体长约1毫米，呈淡黄色或褐色，虫体细长，卵为肾脏形，乳黄色，若虫淡黄色，形状与成虫相似。由于蓟马个体较小，不仔细观察一般不易发现。

危害状况：蓟马在温室中一年可发生5 ~ 6代，以成虫在葱、蒜及葡萄植株上越冬，当葡萄萌芽后即开始危害。蓟马成虫、若虫刺吸葡萄嫩梢、叶片和幼果，受害叶片呈现水渍状黄色小斑点，随着叶片生长出现不规则孔洞或造成叶片扭曲、畸形，幼果受害后，果面上易形成木栓化褐色锈斑，甚至造成裂果。

蓟马危害状

防治方法：

（1）秋冬季节做好温室内的清理工作，铲除销毁一切杂草和间作物的残枝落叶，消灭越冬虫源。

（2）药剂防治：葡萄萌芽抽枝和幼果期，蓟马开始危害时立即喷布20%吡虫啉1 000 ~ 1 500倍液、50%杀螟松乳油1 000倍液或40%乐果乳油1 000倍液、10%阿克泰水分散粒剂2 000倍液，均有良好的防治效果。

（3）进行一年二次结果的地区，在二次果开花前和幼果期应及时喷布20%吡虫啉1 000 ~ 1 500倍液或25%阿克泰水分散粒剂2 000倍液，及早进行防治。

（4）保护天敌：蓟马天敌有小花蝽和姬猎蝽，设施内要注意引进和保护。

9. 葡萄红蜘蛛　设施内红蜘蛛包括葡萄红蜘蛛、棉红蜘蛛等几种，设施葡萄架下间作豆类、三叶草、西葫芦、草莓时红蜘蛛发生更为普遍。由于设施内升温快、温度高，红蜘蛛繁衍速度很快，防治红蜘蛛已成为设施葡萄病虫害防治的一项重要工作。

形态特征：葡萄红蜘蛛成螨个体小，体长仅0.32毫米，红褐色。卵0.04毫米，鲜红色，卵圆形有光泽。幼螨和若螨均为淡红色。

危害特征：在设施内，红蜘蛛一年可发生5 ~ 8代，以成螨在葡萄枝条老皮下或芽鳞内越冬，葡萄萌芽展叶时即开始出蜇危害，芽、叶、嫩枝、花、果几乎全可受到红蜘蛛的危害。叶片受害后，叶面呈现黑褐色斑点甚至焦枯；果穗受害，果梗变黑变脆，果粒受害果皮变粗糙并易形成裂口，且影响果实着色。设施内较热的环境有利于红蜘蛛的发生，进入3、4月以后随着设施内温度的增高和间作物豆类、草莓等的生长，葡萄植株上虫口密度迅速增加，甚至造成严重危害。

防治方法：

（1）做好设施内清园工作，入冬前剥除老蔓上的粗皮，彻底清除豆叶、豆蔓及残苗和间作物的残枝落叶，并集中彻底销毁，消灭越冬的红蜘蛛成虫。

（2）萌芽前结合防治其他病虫喷一次3 ~ 5波美度石硫合剂。

（3）葡萄展叶后立即喷一次20%螨死净2 000倍液或5%霸螨灵（杀螨王）1 500倍液。以后根据红蜘蛛发生情况喷布杀螨特乳油1 000倍液或2.5%功夫（氟氯氰菊酯）乳油2 000倍液。

（4）喷药时注意对葡萄架下间作物也要同时进行防治。

第五节　设施葡萄病虫害综合防治

葡萄设施栽培病虫害综合防治是指以选用适应设施环境的抗病性强的优良品种，加强设施内环境、水肥及树体管理，采用物理、生物、农业防治技术，合理施用农药等先进的农业综合技术，培育葡萄树体具有健壮的树势，从而有效抵抗或减少病虫害发生的一种系统综合的病虫害防治措施。

一、设施葡萄病虫害综合防治主要工作内容

（1）加强植物检疫和种苗消毒、土壤消毒，严格防止各种病

虫害随苗木、肥料、土壤进入设施之中。

（2）设施栽培中通过合理施肥，重视有机肥，增施钙、钾肥和微量元素肥料，调控水分，培养健壮树势，提高增强树体本身抵抗病虫能力。

（3）改善设施内通风透光条件，合理调控温室内的光照和温、湿度。采用合理的树形和修剪方法，改善温室内的通风透光状况，把温室内的温、湿度控制在不利于滋生病虫害而有利于葡萄生长、结果的最适范围之内，用调节光照、温度、湿度的方法促进葡萄健壮生长，控制设施内病虫害的发生。

（4）采用设施内设置频振式诱虫灯，挂设黄色、蓝色诱虫色板、糖醋液诱杀、套袋等物理措施及利用性诱剂、释放天敌等生物技术，协同控制、防止虫害的发生和危害。

设施内利用色板诱杀害虫

设施内利用糖醋液诱杀金龟子

（5）科学合理使用农药，设施内要贯彻预防为主、综合防治的病虫害防治原则，科学合理使用农药，实行以病虫害关键防治点为主体的病虫害防治工作，尽量减少用药次数和用药量，全面实施无公害、绿色食品生产管理规程和标准。

（6）实行葡萄套袋栽培，葡萄套袋能有效防止病虫发生和蔓延，防止农药对葡萄果实的危害和污染，使果穗和果粒更加艳丽、优质安全，在设施栽培中应提倡葡萄套袋，并根据不同设施环境、不同品种、不同栽培目的，因地制宜地选用纸袋（桶袋、伞袋、色纸袋）、膜袋、无纺布袋等。

二、设施葡萄病虫害关键防治点

设施葡萄病虫害关键防治点是我们在长期实际工作中，根据设施内葡萄病虫害的发生规律和多年防治经验，总结出的一套规范化病虫害防治方法。以预防病虫害发生为主体，根据设施葡萄病虫害的发生规律，将一年中葡萄病虫害的防治时间明确规定为7个关键防治点，经过多年的实践表明，只要能认真抓好这7次关键性防治，再配合其他综合性防治措施，基本上可以有效地控制全年葡萄病虫害的发生（表10-2）。

葡萄病虫害关键防治点：

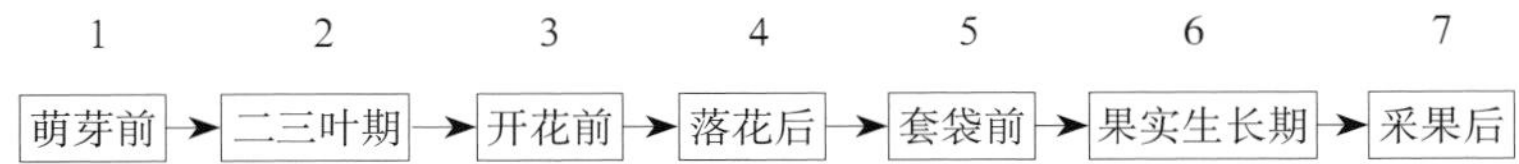

表10-2　葡萄病虫害关键防治点及用药方案（供参考）

关键防治点	时　期	主要防治对象	常用药剂
1	萌芽前	各种越冬病虫	铲除剂5波美度石硫合剂
2	二三叶期	各种病害，黑痘病 毛毡病、绿盲蝽	波尔多液、阿米西达、科博、喹啉铜、吡虫啉
3	开花前	穗轴褐枯病、灰霉病、 黄化病、落花落果	多菌灵、百菌清、扑海因、 硫酸亚铁、硼肥
4	开花后	穗轴褐枯病、灰霉病、白腐病、大小粒	甲基硫菌灵、福美双、硫酸锌钙制剂
5	套袋前	灰霉病、白腐病、炭疽病、日烧病	苯咪甲环唑加嘧霉胺、咯菌腈、钙制剂、杀虫剂
6	转色期	白腐病、霜霉病、灰霉病、白粉病、酸腐病、 金龟子、叶蝉 水罐子病	铜制剂、硫制剂 必备加歼灭 敌百虫、烟碱类 调节水肥
7	采收后	霜霉病 一切残存病虫	波尔多液、科博， 彻底清园

（各地可根据当地实际情况调整用药，果实采收前20天停用一切农药）

葡萄病虫害关键防治点和传统的病虫害防治方法相比，有3个明显的特点：一是以预防为重点，防治时间明确，群众容易掌握。二是以多种葡萄病虫害发生规律为基础，在病虫害入侵前和发生前进行防治，效果十分显著。三是将以往生产中一年用10余次或20余次的农药防治，降低为7次左右，大大节约了防治成本，增加葡萄产品的安全性，也有效地保护了设施内的生态环境。

三、葡萄病虫害关键防治点具体要求

葡萄病虫害关键防治点是在多年试验观察的基础上，将一年之中葡萄病虫害的防治节点明确规定在：萌芽前、二三叶期、开花前、落花后、套袋前、幼果生长期和果实采收后这7个关键时期。由于这个7个时期正是葡萄各种病虫害侵入危害和发生的前期，在这关键的时期进行防治，能有效地防止抵御病虫害的侵染和扩展，起到事半功倍的作用。更具体地讲，这7个关键防治点的主要预防功能是：萌芽前以彻底铲除各种越冬病虫为主；二三叶期以保护幼嫩枝叶防治叶、枝病虫为主；开花前后以防治花、果病虫害为主；套袋前防治以预防果实病害为主；幼果生长期以防治各种枝、叶、果病虫为主；而采收后主要以预防叶部病害和灭除减轻越冬病虫害为主。各个关键防治点具体用药可按无公害、绿色食品用药规范和各地病虫害发生具体情况而定。多年多地的实践表明，认真坚持实行葡萄病虫害关键防治点防治法，能有效地减轻各种越冬病虫害的残存量和菌势，防止和减轻设施葡萄病虫害的发生，显著降低设施内病虫害防治的费用和成本。

第十一章 设施葡萄无公害、绿色食品生产

第一节 无公害、绿色食品生产的概念与意义

无公害食品、绿色食品生产是当前我国农产品生产中一项重要的战略性任务，随着我国经济发展和人民生活水平的提高，人们对环境保护和食品安全的认识越来越深入，现在，我国已加入世界贸易组织（WTO）多年，我国葡萄产品也已进入国际贸易的轨道之中，国内和国际市场要求我国的葡萄生产（包括设施葡萄在内），必须实行优质、无公害、绿色食品化，以实现葡萄产品的优质安全，以保护人类的生活和生产环境，实现生产的健康可持续发展。这既是国内外市场准入的基本要求，也是我国葡萄生产发展的必然趋势。

从2006年11月1日起，我国已全面实施“中华人民共和国农产品质量安全法”，从2015年8月1日起，与国际完全接轨的我国“食品中农药最大残留量”国家标准（GB 2763—2015）全面实施，农产品的质量和安全已成为当前农业生产中头等重要的大事，葡萄栽培和设施栽培应坚定不移地走优质、安全生产的路，以保证我国葡萄的质量安全，促进我国葡萄产业的健康和可持续发展。

在我国农产品质量安全认证中无公害食品、绿色食品和有机食品同属无污染安全食品，它们是我国安全、无污染食品生产的3个不同层次。

1. 无公害食品 是我国最基本的安全食品，它从产地选择、生产过程和产后处理等方面全程监控，从而保证着食品从生产到消费全过程的基本安全。当前，无公害食品生产在我国属于政府行为，一切农产品的生产和加工、运销，都必须达到无公害生产的要求，否则将不得在市场上销售与流通。

2. 绿色食品 是在无公害生产的基础上进一步对产地环境、生产过程和产品质量安全进行严格的规定，实行从产地到餐桌生产全过程的安全监控。当前，我国绿色食品分为A级和AA级，AA级绿色食品已接近或达到国际有机食品的规定和要求。国家对绿色食品的生产、申报、审批和产品认证设有专门的部门进行管理，在目前条件下，我国绿色食品仍属非强制性申报，由地方或企业自由申报，由国家专门部门进行管理。

3. 有机食品 对产地环境的选择和保护以及生产过程的监控有着更严格的要求，在生产过程中严格禁止使用任何人工合成的化学农药、肥料和生长调节剂及转基因产品，实行从产品生产到消费的全程严格监控，确保生态环境、生产过程和产品的安全和无污染，全面实现农业生产的可持续发展。近年来国家有关部门对有机产品的申报、监测和认证也已制定相应的严格规定。有机产品生产在我国尚处于开始发展阶段，今后将有很大的发展空间。

从我国葡萄生产当前实际情况来看，目前葡萄生产的主要任务是全面实现葡萄无公害生产，逐步扩大绿色食品的生产，并为进一步发展有机葡萄生产奠定基础。

值得指出的是，设施栽培是在人为控制环境下进行的生产活动，因此，只要严格按照无公害、绿色、有机食品生产的规程进行，是最有条件达到产品的无污染、安全优质的目标。也就是说，设施栽培为进行无公害、绿色食品和有机食品生产创造了极为良好的条件。但各地在生产实际中具体实施哪一类安全葡萄产品的生产，这就要根据当地的实际情况（生态环境、科技基础、经济状况、市场需求等）来确定，切不可脱离实际盲目追攀。

4. 设施葡萄安全生产与标准化和规范化生产 如上所述，设施葡萄是在人为控制的设施环境下进行生产活动，相对来讲受环境影响较小，生产无污染、无公害的绿色食品最具条件。为了实现我国葡萄设施栽培无公害、绿色食品化，必须首先实行设施葡萄生产标准化和规范化，每一个葡萄生产地区和单位、每一个生产者，必须了解和重视国家对生产无公害、绿色食品的各项要求，从产地选择、栽培管理技术、病虫害防治到产后处理加工等各个生产环节都严格执行国家对无公害、绿色食品生产制定的各种质量、安全标准和生产技术规范。葡萄无公害、绿色食品生产基地的建设和管理，必须依靠严格的监控和先进的科学技术，以环境监测、技术规范、产品定期质量检验为保证，形成从产地到消费者一整套可靠的技术和质量安全保证、可追溯体系，确保设施葡萄生产的质量与安全。可以说，标准化和规范化生产是实现设施葡萄质量安全的基础和保证。

第二节　无公害、绿色食品生产对环境与产品质量的要求

一、葡萄无公害、绿色食品生产对环境的要求

产地是生产的源头，产地环境（大气、灌溉用水、土壤状况等）对葡萄产品的质量和安全有着基础性的影响。绿色、无公害食品生产对生产环境有严格要求，设施葡萄生产基地一定要重视产地环境的选择，使生产区范围内无任何污染源和污染排放，如造纸厂、化工厂、冶炼厂、水泥厂、垃圾处理厂等，为开展无公害、绿色食品生产奠定最基本的保证。

设施葡萄生产基地的大气、土壤、水质状况必须符合国家有关规定和检测标准，大气环境符合《NY 5013—2006 无公害食品林果类产品产地环境条件标准》，大气中二氧化硫、氮氧化合物、总悬浮微粒、氟的含量等都必须符合国家标准的要求（表11-1）。农田灌溉用水应符合NY/T 5013—2006的各项要求。重点是水的pH（酸碱度）和总汞、镉、砷、铅、铬、氯化物、氟化物、氰化物含量必须符合国家规定标准的要求；土壤质量标准、表土层重

金属污染物（汞、镉、铅、砷、铬）含量不得超过相应标准。土壤中各种有毒、有害物质含量必须严格控制在限定量标准以下；尤其是农药DDT和六六六含量不得超过0.1毫克/千克。农产品生产环境状况对产品质量有先天性的影响，在开展设施葡萄生产时，必须高度重视对产地环境的选择和进行必要的检测（表11-2）。

2006年新颁布的《NY 5013—2006无公害食品 林果类产品产地环境条件标准》对全国所有林果产地环境标准作出更明确的规定，这同样适合于设施葡萄无公害生产（表11-3）。

表11-1 无公害林果生产环境空气质量要求（NY/T 5013—2006）

项　目	浓度限值	
	日平均	1小时平均
总悬浮颗粒物（标准状态）（毫克/米^3）≤	0.30	
二氧化硫（标准状态）（毫克/米^3）≤	0.15	0.50
二氧化氮（标准状态）（毫克/米^3）≤	0.12	0.24
氟化物（标准状态）（微克/米^3）≤	7	20

表11-2 无公害林果生产产地灌溉水质量要求（NY/T 5013—2006）

项目	总镉	总汞	总砷	总铅	pH	氟化物	氰化物	石油类
浓度限值（毫克/克）	≤0.005	≤0.001	≤0.1	≤0.1	6.0～8.0	≤3.0	≤0.5	≤10

注：原标准将灌溉水pH规定为5.5～8.5，范围过宽，在葡萄生产上应订正为6.0～8.0，供各地参考。

表11-3 无公害林果生产产地土壤环境质量要求（NY/T 5013—2006）

项　目	含量限值		
	pH<6.5	pH6.5～7.5	pH>7.5
镉（毫克/千克）≤	0.30	0.30	0.60
汞（毫克/千克）≤	0.30	0.50	1.00
砷（毫克/千克）≤	40	30	25
铅（毫克/千克）≤	250	300	350
铬（毫克/千克）≤	150	200	250

二、葡萄无公害、绿色食品生产对产品安全与质量的要求

从1990年以来，国家和省（自治区、直辖市）已先后颁布了几十项与葡萄生产有关的绿色，无公害食品生产标准和技术规范，其中和设施葡萄生产有关的国家或部颁标准有《NY/T 5088—2002 无公害食品　鲜食葡萄生产技术规程》《NY/T 428—2000绿色食品 葡萄》《NY/T 469—2001葡萄苗木》《NY/T 470—2001鲜食葡萄》《NY/T 5086—2005无公害食品 落叶浆果类果品》等。2010年国家重新颁布《NY/T 844—2010 绿色食品　温带果树最新标准》，各地在开展设施葡萄生产时应遵循这一系列的标准和规定（表11-4，表11-5）。

表11-4　绿色食品　葡萄感官要求（NY/T 844 —2010）

项　目	指　标
果实外观	果实完整，新鲜清洁，整齐度好，具有本品种固有的形状和特征，果形良好，无不正常外来水分，无机械损伤、无霉烂、无裂果、无冻伤、无病虫果、无刺伤、无果肉褐变，具有本品种成熟时应有的特征色泽
病虫害	无病虫害
气味和滋味	具有本品种正常气味，无异味
成熟度	发育充分、正常，具有适于市场或贮存要求的成熟度

表11-5　无公害食品　葡萄卫生指标（NY/T 5086—2005）

	项　目	指标（毫克/千克）
1	无机砷（以As计）	≤0.05
2	铅（以Pb计）	≤0.1
3	镉（以Cd计）	≤0.03
4	总汞（以Hg计）	≤0.01
5	氟（以F计）	≤0.5

（续）

	项　目	指标（毫克/千克）
6	铬（以Cr计）	≤0.5
7	六六六	≤0.05
8	滴滴涕	≤0.05
9	敌敌畏	≤0.2
10	氧乐果	不得检出（≤0.02）
11	乐果	≤0.5
12	对硫磷	不得检出（≤0.02）
13	马拉硫磷	不得检出（≤0.03）
14	甲拌磷	不得检出（≤0.02）
15	倍硫磷	≤0.02
16	杀螟硫磷	≤0.2
17	溴氰菊酯	≤0.1
18	氰戊菊酯	≤0.2
19	敌百虫	≤0.1
20	三唑酮	≤0.2
21	多菌灵	≤0.5
22	百菌清	≤1
23	仲丁胺	不得检出（≤0.7）
24	二氧化硫	≤50

注：其他有毒、有害物质的残留指标应符合国家最新颁布的“GB2763—2015食品中农药最大残留限量”强制性标准的规定。

三、设施无公害、绿色食品葡萄生产对生产过程的要求

无公害、绿色食品生产对葡萄生产过程的各个技术环节都有严格的要求，在整个生产过程中必须严格控制农药和化学肥料施用量，严禁使用剧毒、高残留农药；葡萄产品质量分级要按标准进行，包装、运输、保鲜、销售过程中要防止二次污染，产品质量和安全要达到国家颁布的无公害和绿色食品标准。

在实际生产中，应建立认真的生产过程记录和管理档案，随时备查。

当前，国家关于设施葡萄无公害、绿色食品生产还未颁布专门的标准，因此在设施无公害、绿色食品葡萄产品生产中，除遵循国家有关葡萄安全生产的标准外，还必须特别注意以下几点技术要求：

（1）品种选择　选择适于设施栽培的优质、抗病、抗虫品种。

（2）苗木处理　严格进行检疫，尽量选用无病毒、无病虫苗木。定植前用5波美度石硫合剂进行苗木消毒，严防将各种病虫带入设施之中。

（3）设施管理　掌握适期定植，科学管理，合理调控设施内的光照、温度、湿度，防止和减低各种病虫害的发生。尤其要重视薄膜、水暖器材和设施中使用的生产资料的质量安全，防止由此而产生的各种污染和影响。

（4）肥水管理　设施内施基肥以充分腐熟的有机肥为主，同时要重视各种肥料的合理搭配和微量元素肥料的应用。实行科学灌溉，设施内采用膜下滴灌，按不同生长阶段对环境的要求进行土、肥、水一体化管理，保护好设施内生态环境，培养健壮的树势。

（5）病虫害防治　以预防为主，综合防治病虫害，开展病虫害农业综合防治，科学合理使用农药，确保设施葡萄产品的质量安全。

第三节　设施葡萄安全生产对肥料的要求

土壤和肥料是葡萄生长必需营养的主要供给来源，但若不按严格的管理要求和安全标准使用不合格的肥料也会给葡萄的质量和安全带来很大的不良影响，设施葡萄安全生产对所用的肥料有严格的要求。

一、设施葡萄无公害、绿色食品生产允许使用的基肥

（1）充分发酵、腐熟的各种有机肥，包括堆肥、沤肥、厩肥。绝不能使用未腐熟处理的畜禽粪便和人粪尿，这是当前设施葡萄生产中必须重视的一项重要工作。

（2）绿肥和作物秸秆肥。

（3）按照国家标准生产并经过检验合格的正式商品有机肥。

（4）腐殖酸、氨基酸、海藻酸类肥料。

（5）微生物肥料。也称“菌肥”，是添加特定的微生物菌种群生产的活性微生物制剂（EM）的肥料，无毒无害，不污染环境，目前微生物肥料分为五类：

微生物复合肥：它以互不拮抗，能提高土壤营养供应水平的固氮类细菌、活化钾细菌、活化磷细菌三类有益细菌共生体系为主，与有机肥相配合制作的复合型肥料，是设施葡萄生产中的理想肥源。

固氮菌肥：能在土壤和作物根际固定氮素，为作物提供氮素营养。

根瘤菌肥：能增加土壤中的氮素营养。

磷细菌肥：能把土壤中难溶性磷转化为作物可利用的有效磷，改善磷素营养。

磷酸盐菌肥：能把土壤中云母、长石等含钾的磷酸盐及磷灰石进行分解，释放出可供葡萄吸收利用的钾肥。

（6）有机无机复合肥。有机和无机物质按一定比例混合或化

合制成的有机无机复合肥。

（7）沼肥。沼液和沼渣肥是经过在沼气池中充分发酵分解形成的优质有机肥。沼液可作为追肥，沼渣肥作为底肥。

二、设施葡萄生产允许使用的化肥和成品肥料

在设施葡萄无公害绿色食品生产中允许使用以下各种无机（矿质）肥料和成品肥料。

（1）矿物钾肥和硫酸钾。矿物磷肥（磷矿粉），煅烧磷酸盐（钙镁磷肥、脱氟磷肥），粉状硫肥（仅限在碱性土壤时使用），石灰石（仅限在酸性土壤使用）。

（2）允许使用按国家标准生产，并达到国家制定的相应质量标准的化学肥料和葡萄专用肥料，其中不得含有化学合成的生长调节剂，这一点必须注意。

允许使用的叶面肥有微量元素肥料，以Cu、Fe、Mn、Zn、B、Mo等微量元素及有益元素配制的肥料；植物生长辅助物质肥料，如用天然有机物提取液或接种有益菌类的发酵液以及腐殖酸、海藻酸、氨基酸（也称生物刺激素）等配制的肥料。

（3）允许使用的其他肥料。不含合成添加剂的食品、纺织工业品的有机副产品；不含防腐剂的鱼渣，牛羊毛废料、骨粉、氨基酸残渣、骨胶废渣、家畜加工废料等有机物经过合格处理制成的肥料。

设施葡萄无公害、绿色食品生产中应用所有商品肥料必须是按照国家法规规定及国家标准生产的并受国家专门部门管理、经过检验并审批合格的肥料种类。

第四节　无公害、绿色食品生产中农药的应用

农药是造成葡萄产品质量安全和环境污染的主要来源，葡萄

设施栽培中必须严格执行国家关于农药使用的有关规定，如GB/T 8321农药合理使用准则（包括1 ～ 8、2000—2007共8个部分）。另外，绿色食品生产还要符合《NY/T 844—2010绿色食品 温带水果标准》中农药使用的规定，对此不能有任何疏忽和大意！这也是生产无公害、绿色食品的关键所在。

一、设施葡萄无公害、绿色食品生产中必须严格禁止使用的农药

设施栽培是在相对密闭的小空间内进行的农业生产，生产空间内农药浓度、密度远远高于一般大田生产，作物对农药的吸收也远高于一般大田生产，因此设施栽培对农药的使用要求更为严格。

在设施葡萄生产中，一定要严格遵守国家规定，严禁使用剧毒、高毒、高残留或致癌、致畸、致突变的农药，包括：

无机砷杀虫剂、无机砷杀菌剂，有机汞杀菌剂、有机氯杀虫剂，如DDT、六六六、林丹、狄氏剂等。

有机氯杀螨剂如三氯杀螨醇。

有机磷杀虫剂如甲拌磷、乙拌磷、对硫磷、氧化乐果、磷胺等。

取代磷类杀虫杀菌剂如五氯硝基苯。

有机合成的植物生长调节剂。

化学除草剂，如除草醚、草枯醚、百草枯、乙草胺等各类化学除草剂。

目前我国规定严禁使用基因工程品种（产品）及制剂。

二、设施葡萄无公害、绿色食品生产中可以使用的化学农药

在当前条件下，根据国家GB/T 8321 农药合理使用准则规定，生产无公害、绿色食品时可以使用部分安全性能较好的化学农药，但对农药的种类、使用浓度和使用方法和在一个生长季中可以使用的次数有严格的规定和限制（表11-6）。

表11-6 葡萄安全食品生产化学农药限定使用规定

农药名称	最后一次用药距采收间隔时间（天）	常用药量［克/（次·亩）或毫升/次、倍数］	一年最多喷药次数
敌敌畏	>10	50%乳油150～200克 80%乳油100～200克	1
乐果	>15	40%乳油100～125克	1
辛硫磷	>10	50%乳油500～2 000倍液	1
敌百虫	>10	90%固体100克（500～1 000倍液）	1
抗蚜威	>10	50%可湿性粉剂10～30克	1
氯氰菊酯	>7	50%乳油20～30毫升	1
溴氰菊酯	>7	2.5%乳油20～40毫升	1
氰戊菊酯	>10	20%乳油15～40毫升	1
百菌清	>30	75%可湿性粉剂100～200克	1
甲霜灵（瑞毒霉）	>15	50%可湿性粉剂75～120克	1
多菌灵	>10	25%可湿性粉剂500～1 000倍液	1
腐霉利（二甲菌核利）	>5	50%可湿性粉剂40～50克	1
扑海因（异菌脲）	>10	50%可湿性粉剂1 000～1 500倍液	1
粉锈宁	>10	20%可湿性粉剂500～1 000倍液	1

三、设施葡萄无公害、绿色食品生产对采后处理中药剂、材料的使用和要求

设施葡萄应在适合的采收期进行采收，不应过早和过晚，以免影响产品质量。产品采后按标准进行分级。对要进行保鲜贮藏的应按规定采用符合食品安全标准的保鲜膜、保鲜剂等进行处理，并在经过安全消毒的保鲜库中进行低温贮藏，销售前进行包装。

贮藏期间和包装中要按相关的规定进行处理和选择符合安全标准要求的包装材料和处理材料，在葡萄产后处理的各个环节都应注意防止葡萄产品二次污染，最大限度保持产品的新鲜和安全，提高商品安全性。葡萄采收及采后处理按下列程序进行：

适时采收→按标准分级→预冷→包装→贮藏保鲜→检测→封袋包装→上市销售。

第五节　设施葡萄无公害、绿色食品的认证

无公害、绿色食品的认证和命名由国家专门的机构进行管理、审批和认证。凡已具备相关条件的设施葡萄产区和单位，应通过正常的程序进行相应申报，由政府主管部门进行审核认定。而不能自己随意命名为无公害、绿色食品等。

对于无公害、绿色食品的认证，国家有严格的规定和程序，国家和各省、自治区、直辖市均设有专门负责无公害、绿色食品申报、审批和认证的机构，各生产单位应与其联系进行申请，在经过专门的环境监测单位进行检测审核，并对其葡萄生产过程和葡萄产品质量进行专门的检查和审定后，经由有关部门进行终审，并由农业部农产品质量安全中心和中国绿色食品发展中心予以正式认证，并颁发专门的无公害或绿色食品标志使用证书，同时向全国发布通告予以确认，即成为正式的国家无公害、绿色食品。

无公害、绿色食品认证的有效期一般为3年，经过3年以后，应继续向有关单位进行申报。

无公害食品

绿色食品

有机食品

第十二章
设施葡萄栽培配套技术

第一节 葡萄设施栽培中化学调控措施的应用

在葡萄栽培中，利用对人类、环境和葡萄无污染、无残留、无毒害作用的化学物质调控葡萄生长和结果，以达到人们要求的栽培目的，这种技术叫做化学调控，简称化控。随着科学技术的不断发展，化控技术已普遍应用于农业生产和葡萄生产之中。应用在设施葡萄栽培上的化控措施有很多种，如药剂打破休眠、利用植物生长调节剂调控开花坐果和果实发育、控制枝梢生长、光呼吸抑制等，随着科学技术的创新和发展，化学调控技术已越来越多地应用在葡萄设施栽培生产上。

一、葡萄需寒量和人为打破休眠

需寒量是指葡萄在完成正常休眠时所必须的≤7.2℃温度的总时间量，常以小时数来表示。葡萄属于落叶果树，在温带的自然条件下形成了需要低温休眠的特性。一般认为，枝条上冬芽形成后，即进入休眠状态，一直到第二年春季萌芽前，这一休眠阶段又可分为自然休眠和被迫休眠两个阶段，而自然休眠又分为休眠导入期（葡萄新梢木质化即开始进入导入期）、休眠最深期（10月上旬至11月中旬）和觉醒期（12月上旬以后）三个阶段。通过这三个阶段后，葡萄植株还需有800 ～ 1 400小时的需寒量，方可全部完成正常休眠。如果低温不足，葡萄正常休眠就不能顺利通过，就会形成葡萄发芽不整齐、花器发育不完全、开花结果不正常，进而直接影响葡萄的产量和质量。

我国北方地区，低于7.2℃以下的平均温度一般自11月上旬开始至翌年3月中下旬为止，持续时间150天左右，自然状况下低于7.2℃的总时间，远远超过葡萄通过自然休眠所需低温时数。因此，在北方地区露地栽培葡萄根本不存在低温需寒量不足的问题。但在南方葡萄栽培中和葡萄设施栽培中，随着扣膜、加盖防寒被和加温，低于7.2℃的时间就常常不能满足。这种情况在南方露地栽培或设施避雨栽培中更为突出，经常发生因需寒量不足导致萌芽不正常、不整齐甚至花序发育不良的情况，在这种情况下就必须采用物理或化学方法打破休眠，以弥补低温和需寒量的不足，以保证设施葡萄的正常生长和开花结果。

（一）物理办法打破葡萄休眠

物理的方法是采用连续的高温，即采用>30℃处理，经过高温处理，休眠芽即可开始萌动，但在设施葡萄生产上应用高温处理，一是要消耗大量能源，二是温度不易掌握，而且加温后促生的枝条过分细弱，因此在生产实际中很少应用物理方法来打破休眠。

（二）化学药剂打破休眠

当前设施栽培上打破葡萄休眠的化学药剂有多种，但最安全有效的方法是用石灰氮或者单氰胺涂抹冬芽。石灰氮和单氰胺处理不仅可以弥补低温需寒量的不足，而且可以使冬芽萌芽整齐一致，花序发育良好。

1. 石灰氮　化学名称为氰氨基化钙（$CaCN_2$），在常温下呈灰色粉末状，有异味。石灰氮可以促进抑制葡萄发芽物质的降解，从而打破芽体休眠，促进发芽，生产上常用20%的石灰氮（1千克石灰氮加4千克水）进行涂芽或全株喷布处理，在设施中用石灰氮涂芽以后30天左右葡萄即可开始萌动，因此，一个地区采用石灰氮处理的时间可按所要求的萌芽时间进行推算。另外，用石灰氮处理时，枝条顶端的1 ～ 2个芽不进行涂芽处理，而只对枝条中、下部的芽眼进行涂芽，以预防顶芽涂药后萌发、生长过旺，对下部芽形成抑制和影响。

未用石灰氮处理仅枝条先端发芽

用石灰氮处理发芽整齐

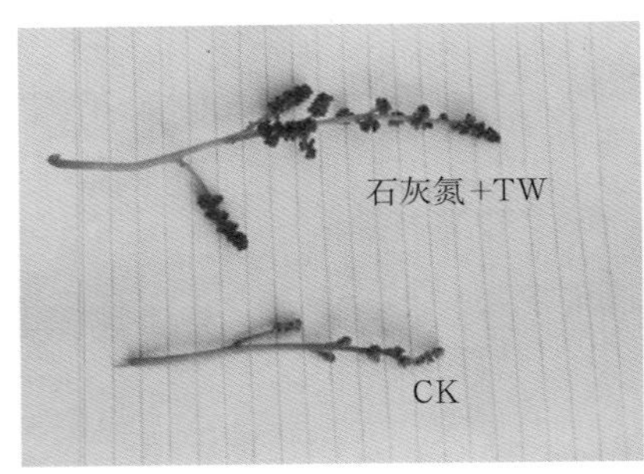

石灰氮处理对花序发育的影响

2. 单氰胺 化学名称叫氨基氰（H_2CN_2），商品名称朵美滋、荣芽、芽荣等。是一种液体破眠剂，实际上石灰氮的水溶液中主要成分就是单氰胺，它打破休眠的机理和石灰氮完全相同，但单氰胺使用方法比石灰氮更方便，它不需要用水溶解，也不需要再进行pH调节，只要按要求浓度稀释后就可以直接应用。一般单氰胺商品药液的有效含量是50%或25%，在应用时可稀释为1.5%～2.0%的浓度，加入0.1%的吐温80等表面活性剂效果更为理想，同时还可在药液中加入0.1%的胭脂红等染色剂，显示冬芽是否经过处理，以防止漏涂或重复涂药。

用石灰氮和单氰胺处理枝条最适宜的时间是休眠末期（萌芽前30～35天），这时冬芽对药剂最为敏感。同时涂芽后一定要及时施用壮芽肥和进行灌溉，以保证芽体组织迅速发育和萌芽整齐一致。

3. 石灰氮和单氰胺的安全应用 石灰氮和单氰胺有一定的毒性，但不是剧毒物质，在用其对葡萄冬芽进行处理时，它可被植物体内分解转化为尿素类物质，不会有任何残毒，但即使如此，在使用这些药物时也要注意安全，不要将药液吸入人体内，尤其是在使用药物处理的前后，操作人员绝不要饮酒。

二、控制葡萄新梢生长

设施栽培中良好的温热条件使设施内葡萄营养生长普遍旺于露地栽培的葡萄，这在萌芽后至开花期和幼果生长期这两个阶段表现得尤为明显，枝梢迅速生长，副梢大量抽生，造成树体混乱，树冠密闭，营养生长和生殖生长之间争夺营养，造成营养分配不均衡等生理障碍，并引起大量落花落果或果实发育不良，这在巨峰系品种上表现最为突出。因此，控制新梢生长、改善通风透光条件、提高葡萄坐果率和葡萄果品质量是设施栽培中的一项重要任务。葡萄控梢可用人工进行疏枝、摘心、扭梢、副梢处理等，但耗费人工，增加管理成本。近年来，利用植物生长调节剂控制枝叶生长已取得很大的进展，生产上常用的植物生长抑制剂有矮壮素（CCC）、缩节胺（MC）、调节膦（FA）和青鲜素（MH）等。一般在开花前10天喷布500 ～ 1 000毫克/升的矮壮素（CCC）溶液在枝叶和花穗上，可以抑制新梢生长和提高坐果率；采用200毫克/升多效唑（PP333），在花序刚露出时喷洒枝叶和花序效果也很好，但多效唑也常引起葡萄果粒变小、果穗变紧，而且残效期较长。当前生产上主要采用矮壮素500 ～ 1 000毫克/升或缩节胺500 ～ 600毫克/升控制葡萄新梢的生长，其主要应用时间在开花前和果实套袋后、二次副梢抽发时期使用。但要注意，开花期和幼果生长期未套袋时不宜喷布，而且不同品种对化学抑制剂的敏感性不同，应用前应该事先进行试验后决定合适的使用浓度和使用方法。

近年来，用乙烯利控制葡萄枝梢的生长在各地应用也较普遍，方法是在新梢展叶达6～8片时，在新梢上喷布0.025%的乙烯利溶液，也能明显抑制新梢和副梢的生长，促进坐果率的提高，这对巨峰品种更为有效，但一定要注意合适的处理浓度。

三、增大果粒和诱导形成无籽果实

为适应市场消费者的需要，目前很多葡萄产区都在开展应用植物生长调节剂来增大果粒和进行无核化处理，相继出现了消籽灵、增大剂等一系列处理制剂。在这些药剂中，其主要成分仍然是赤霉素（GA_3）、吡效隆（CPPU）和噻苯隆（TDZ）等。

1. 增大葡萄果粒 一般设施内的有核品种在葡萄花后10～12天，当幼果长到豆粒大小时，用25～50毫克/升赤霉素或者25毫克/升赤霉素加2～3毫克/升吡效隆药液处理果穗，可使果粒增大。

无核品种要增大果粒一般采用赤霉素处理两次，这样才能得到满意的效果，第一次在盛花末期，先用10～25毫克/升的赤霉素浸蘸一次未开花的花序，然后在第一次处理后12～15天，再用25～50毫克/升的赤霉素浸蘸一次葡萄幼嫩的果粒，经过两次处理一般即能获得良好的增大果粒的效果。

不同品种、不同地区和不同管理条件下，增大葡萄果粒最适宜的调节剂浓度互不一致，在具体使用以前一定要先进行试验。

2. 无核化处理 鲜食品种无核化是当前国际国内鲜食葡萄发展的新趋势。实现无核化主要有两种途径，一是采用无核品种，二是对有核品种进行无核化处理。

对有核品种进行无核化处理时，必需进行两次处理，第一次在盛花末期，用12.5～25毫克/升赤霉素处理一次，诱导形成无核果。第二次在第一次处理后10～12天，再用50毫克/升赤霉素或用25毫克/升赤霉素加2～3毫克/升吡效隆处理，以促进果实膨大。

无核化处理时不但要注意生长调节剂的搭配和浓度，而且一定要注意花期的一致和花序修剪和幼穗修整以及处理后的配套管理，这样才能获得理想的效果。

仍然要强调的是，在设施中促进形成无籽果和促进果实膨大时，不同品种、不同生长情况、不同环境条件下对赤霉素、吡效隆等处理的敏感程度均不一样，生产上大量应用以前一定要事先进行试验，找出适合的浓度和处理时间及相应的配套技术，尤其是葡萄品种不同，对调节剂处理反应不同，不适当的处理常常发生严重的落花落果、裂果、果梗变硬、成熟期变迟、含糖量降低、果实产生异味等副作用，因此，万万不可盲目滥用调节剂，以免给生产上带来不应有的影响。

最近，我国绿色食品生产中已对植物生长调节剂的应用作出相应的规定，另外，延迟栽培中利用赤霉素、乙烯利等处理常会影响果实的成熟期、耐贮性和产品质量，这些均应该引起各地生产者的高度重视。

四、光呼吸抑制剂在设施葡萄中的应用

葡萄属于有较高光呼吸强度的C_3型植物，光呼吸是C_3型植物在进行光合作用的同时，在日光下同时进行呼吸消耗的一种代谢异路，由于光呼吸消耗对光合产物糖的积累产生一定的影响，尤其在设施温度较高的条件下，光呼吸强度就更高，从而影响果实含糖量的提高。为了提高设施葡萄果实的含糖量，就需要对光呼吸进行一定的抑制。设施栽培中抑制光呼吸的方法是采用光呼吸抑制剂，它是以亚硫酸氢钠为主体的复合制剂，应用的方法是在开花前后和幼果生长期，每隔7 ～ 10天，在叶片上喷布一次300毫克/升光呼吸抑制剂，连喷2 ～ 3次，即可明显降低光呼吸消耗，促进坐果、果实生长和改善品质。光呼吸抑制剂也可与除石硫合剂、波尔多液等强碱性农药以外的其他农药、叶面肥一同使用。

光呼吸抑制是提高设施葡萄产品质量的一项有效技术措施，应积极推广应用。

五、化学催熟剂促进葡萄浆果上色和成熟

利用化学催熟剂促进葡萄上色成熟不仅可以提早葡萄采收时

间，同时还可将葡萄采收时节相互错开，从而防止因集中成熟给采收和销售带来的困难和不便。

设施栽培中葡萄最常用的化学催熟剂是乙烯利和吲熟酯（丰果乐）。乙烯利能促进叶绿素的分解和色素的形成，试验表明，巨峰系及玫瑰香、绯红等品种的果实在开始上色时喷布300 ～ 500毫克/升的乙烯利，能提早成熟5 ～ 7天。但在设施中使用乙烯利催熟时特别要注意以下几点：

（1）处理浓度要合适　浓度过低时效果不明显，浓度过高时在温室中容易引起严重的落叶和落果。不同地区、不同品种处理的最佳浓度和处理方法都有所差异，必须预先进行试验后再扩大使用。

（2）处理时间　一定要在果实开始成熟时，即有色品种果粒上色15%左右、无色品种果实颜色开始转黄时进行处理，过早、过晚处理效果明显降低。

（3）施药方法以果穗浸蘸或局部喷雾法效果较好。

（4）乙烯利不能与碱性农药混用。同时在使用乙烯利时，设施内温度不能低于20℃，以免影响处理效果。

多年实践表明，乙烯利有明显的催熟和促进上色的作用，但对品质改良却无明显的影响，而且乙烯利对葡萄叶片有促进衰老变黄的作用，甚至会有降低果实质量的副作用，因此在使用乙烯利催熟时，一定要注意和其他农业技术的配合，并注意不要将乙烯利喷到叶片上，防止造成叶片老化和脱落。

吲熟酯（丰果乐）是一种内吸性催熟剂，也常用以葡萄的催熟，其使用方法和乙烯利基本相同，有效处理浓度为50 ～ 100毫克/升。用吲熟酯处理催熟葡萄果实，对品质影响不大，但浓度过大时易引起落果，在巨峰系品种上应用时一定要事先进行试验后再应用。

近年来，脱落酸（ABA）促进葡萄上色在各地设施葡萄上应用反映很好，它不仅能促进早上色，上色整齐，同时能增进果实品质的改良。其使用时间是在葡萄果穗有10%～ 15%上色时，在果穗上喷施100 ～ 200毫克/升的脱落酸溶液（或100毫克/升的脱落酸

+100毫克/升的乙烯利ETA溶液），5 ～ 7天后果实即可正常着色。

必须强调的是，利用生长调节剂促进上色必须和良好的管理技术相配合，尤其要严格限制产量，若产量过高（亩产超过1 500千克），任何处理都不会产生明显的促进上色和成熟的效果及作用。

六、生长延迟剂在设施栽培中的应用

延迟栽培是近来被生产者所重视的一种新的设施栽培技术。为了延迟葡萄的成熟采收时期，除采用相应的栽培技术外，还可以利用延迟生长剂延缓葡萄的果实发育和成熟。在设施延迟栽培中，最常用的延迟成熟剂是BTOA（2苯并唑氧基乙酸），在幼果生长期到开始成熟前这一阶段，用10 ～ 15毫克/升的药液仔细喷布果粒，能明显延缓葡萄的生长和成熟期，而且浓度愈大延迟的效果愈显著。但应注意，葡萄叶片对此药剂十分敏感，一般在20毫克/升时即可对叶片形成药害，使用时必须注意药液不能喷到叶片上。除此之外，萘乙酸（NAA）和低浓度的赤霉素（GA）也有一定的延缓成熟作用。要强调的是，生长延迟剂也属于生长调节剂类药剂，一个地区、一个品种到底如何应用，一定要先进行试验。

第二节　设施栽培二次结果技术

在一个年度生长季节内，既有春季冬芽萌发、开花结果，同时又有副梢或二次梢夏季开花结果，从而形成在一年内两次开花结果的现象叫葡萄二次结果。在我国南方地区年平均气温＞18℃，后半年无灾害性天气（台风、连阴雨等）的地方，通过设施避雨栽培均可试验或进行一年两次结果。

在北方地区虽然自然条件下也可形成二次结果，但因积温不足，露地栽培中二次果经济价值不高。由于设施有增温效应，因此在北方一些地区通过采用设施温室或大棚栽培，葡萄二次果也能完全充分成熟，这些地区就可以进行一年两次结果，既增加了葡萄栽培的经济收入，同时也充分利用了设施的资源。

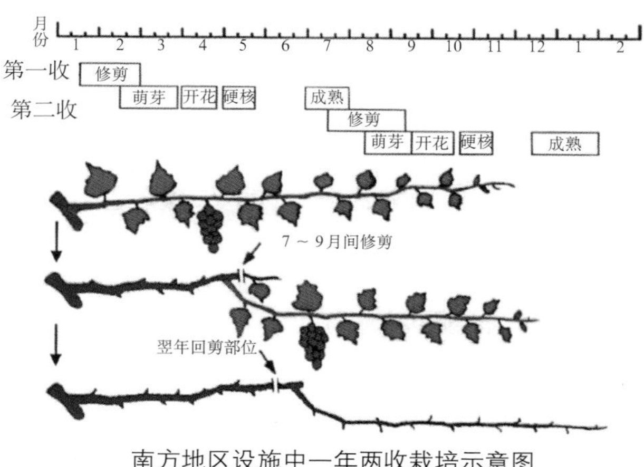

南方地区设施中一年两收栽培示意图

一、促进葡萄二次结果的主要方法

广西桂林魏克葡萄一年两次结果

葡萄二次结果主要分为利用夏芽副梢进行二次结果和利用冬芽副梢二次结果两种途径。由于冬芽副梢中花芽分化较好，花序较大，结果也较整齐，因此设施中常采用冬芽副梢二次结果，但有些品种如玫瑰香、巨峰等，夏芽副梢在管理良好的情况下，也能形成良好的产量，所以具体采用哪一种方式进行二次结果，可根据品种的特性和当地实际情况灵活决定。

1. 适合采用葡萄二次结果技术的地区 温度条件是决定能否进行二次结果的决定因素。一般在年平均气温大于18℃的南方地区，秋季降温较慢、10月外界自然温度还不太冷的地区，配合良好的设施防雨防寒，即可进行葡萄二次结果。这样投资不高，而且效果也比较显著。但在华北、西北晚秋气温下降较快、温度较低的地区，一次果成熟时期本来就较晚，若再进行二次结果，积温就明显不足，这些地区露地栽培时就不宜盲目进行二次结果，但若在设施中，就可根据具体情况试验或进行二次结果。

2. 设施葡萄二次结果时应注意的技术问题 设施栽培中由于人为的覆盖，积温和生长期都明显增加和延长，因此在良好的设施中可以进行二次结果，但二次结果必须和良好的管理技术相结合，才能获得良好的效果，其关键技术是：

（1）品种选择 二次结果要选择副梢容易形成花芽的早熟和特早熟品种及部分中熟品种，如红旗特早玫瑰、87-1、巨峰、春光、玫瑰香、夏黑等。

（2）利用夏芽副梢二次结果时，要对结果枝及时摘心，并对副梢上出现的花序进行选留和适当整理，如除副穗、掐穗尖等，使二次花序花期集中，果实发育整齐一致。在利用冬芽副梢进行二次结果时，在一次果生长期间应及早进行结果枝和副梢摘心，促进新梢叶腋中冬芽花芽分化，并适时修剪，逼发二次枝上冬芽萌发。

（3）二次结果时树体营养消耗相对较大，只能在生长健壮和管理良好的地方才能进行二次结果。而负载量过大和过弱的植株，不宜进行二次结果。对二次结果的植株，一定要加强水肥管理和病虫害防治，以保证当年二次果的质量和第二年正常生长结果。

（4）在华中和华北地区，二次果生长后期，外界自然温度明显降低，设施中要及早盖膜保温，保证果实和枝蔓的正常生长和成熟，在二次果生长期间，设施内白天应维持26 ～ 28℃，夜晚要保持在15 ～ 18℃，二次果成熟时夜间温度可略降到15℃左右，但不能太低，以利于充分上色和果实糖分积累。

（5）二次果实采收后，设施中要维持一段适温时期，使枝条充分成熟，并及时进行施肥和灌水，促进树体尽快恢复。

二、发展设施葡萄二次结果应注意的问题

利用避雨设施开展葡萄一年二次结果是近年来我国广西葡萄科技工作者经过多年努力研究取得的一项重大科技成果，目前已在南方各地和北方部分设施中推广应用，并获得明显的经济效益和社会效益，为了促进葡萄一年二次结果在我国葡萄产区健康发展，在今后的推广和发展中应注意以下几个问题：

1. 一年二次结果技术的推广要结合当地的自然条件。一个地区能否开展葡萄一年二次结果，关键是当地的气候和热量状况。当前一般认为，在年平均温度大于18℃的地方基本上可以开展一年二次结果。但在实际生产中，不但要考虑热量状况，还要注意其他影响因素，如浙江、福建沿海地区，虽热量丰富，但每年的台风往往造成第二次果的绝收。类似的影响因素还有部分地区连绵的秋雨、晚秋的急剧降温等。因此，在发展一年二次结果时必须周密全面考虑当地的气候环境条件。

2. 一年二次结果技术研究仍待进一步深化。葡萄一年二次结果在我国历史已经很长，但真正系统研究和应用在生产上时间还不太长。近年来，广西葡萄科技工作者针对一年二次结果开展了许多研究，取得了显著的进展。但在一年二次结果的理论上和技术上仍有许多问题需要深入研讨，如一次果、二次果产量、品质形成机理与气候因子及管理的关系、葡萄二次结果气候区划和品种区域化、不同地区、不同设施葡萄一年二次结果规范化栽培技术等。各地应紧密结合当地实际，研发推广适合当地实际气候、实际条件、实际市场需求的葡萄一年二次结果新技术。

3. 以效益为目的，稳步发展葡萄一年二次结果。当前我国葡萄生产已进入一个转型升级、提质增效的发展新阶段。葡萄一年二次结果是提高葡萄生产效益的一个新的途径，但一个地区能否采用这一技术，如何进一步提高二次果的质量和效益，仍需深入研究，各地一定要结合当地实际，充分调查，认真研究，仔细核算投入和收入的比值，科学引导，讲求实际效益，科学地发展葡萄一年二次结果。

第三节　设施内灌溉技术

一、设施内沟灌和畦灌

目前，大部分设施葡萄栽培中浇水仍然采用传统的沟灌或畦灌方式，这种灌溉方法在日光温室和大棚里使用有许多不足之处：

（1）用水量大，浪费水资源。传统灌溉方式中多采用的是明沟输水，地面灌溉。地面灌溉系统中，水沿着沟、畦流动时一部分蒸发，一部分就渗入土壤，而供葡萄直接利用的水还不足水源供水量的50%（平均仅为47%）。

（2）降低地温，对作物生长不利。设施栽培中冬、春季葡萄生长最大的障碍是地温低。采用地面灌溉方式时，灌水量大，常造成地温下降。如果天气晴好，一般灌水后5 ～ 7天才能基本恢复正常地温，这就减缓了葡萄的正常生长，延长了生长时期。如果遇到连阴天，后果就更为严重。

（3）加大了空气湿度，导致病虫害发生。设施在初春季节时，由于外界气候寒冷，通风的机会很少。而浇水过多时，地面水分的蒸发又不可避免，这样就加大了设施内的空气湿度，尤其在室外低温不能正常放风时，设施内长期的高湿条件必然诱发诸如灰霉病、炭疽病等多种葡萄病害发生。

（4）加重了土壤板结和紧实度。采用沟、畦灌水，会使土壤发生板结，增加了土壤紧实度，降低了土壤含氧量和通透性，这对喜欢疏松土壤的葡萄根系生长十分不利。

（5）为某些病害的传播提供了条件。由细菌侵染发生的病害如根癌病等，在设施里就是靠灌溉水传播引起再次侵染。

二、设施滴灌

滴灌是一种节水灌溉方法，它是通过滴头点滴的方式，缓慢地把水分送到作物根区的一种灌水方法。过去滴灌多是用微管式滴头，滴头的一端固定在输水管道的支管上，一端放到作物的根区附近，由于这种微管滴管滴头很细，很容易发生堵塞，特别是在我国北方水质比较硬，水中含有大量的泥沙和钙、镁离子，这就更容易发生堵塞；而且滴头的出水均匀性也变差。所以，近几年开始使用塑料薄膜带状软管，在其软管上直接打孔出水，出水比较均匀，不易堵塞，而且安装方便，造价低。

1. 设施内采用滴灌的优点

（1）省水、省电（油）。滴灌比地面沟灌节约用水30%～40%，并节省了抽水、引水时电（油）等能源消耗。

（2）滴灌基本不影响地温。滴管灌溉水量少，而且不是短时间一次性大量灌入，所以对地温的直接影响较小，据测定，采用滴灌的设施内地温一般比传统地面灌溉的要高。

（3）对土壤结构的破坏显著减轻。

（4）降低了空气湿度。由于滴灌时地面蒸发大大减少，而且配合采用膜下滴灌，设施内空气相对湿度比地面灌溉要降低10%左右，从而减轻了病害的发生和蔓延，并减少了某些靠灌溉水传播病害的再侵染机会。

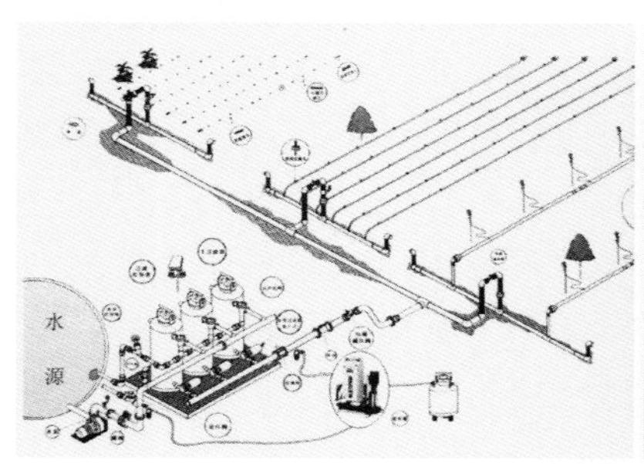

葡萄设施内滴灌与水肥一体化

（5）滴灌可结合追肥、施药，实现水肥药一体化。在滴灌系统上附设施肥装置，将肥料随着灌溉水一起送到根区附近，不仅节约肥料，而且提高了肥效，节省了施肥用工。一些内吸性药剂和土壤消毒剂及可从根部施入的农药，也可以通过滴灌施入土壤。

（6）灌溉省工省力。滴灌是一种半自动化的机械灌溉方式，安装好的滴灌设备，使用时只要打开阀门，调至适当的压力，即可自行灌溉，大大减少人工管理费用。

2. 设施内滴灌设备 设施内滴灌系统主要由供水装置、输水管道（干、支管）和滴水软带三部分组成。

（1）供水装置 指水源、水泵、流量和压力调节器、肥料混合箱、肥料注入器。进入滴灌管道的水必须具有一定的压力才能保证灌溉水的输送和滴出，要获得具有一定压力的水可以采取以下方法：

A.利用现有水塔。利用现有水塔时，需要计算水塔与灌溉管道的相对高程差，一般要求送水的压力达到0.1 ～ 0.2兆帕，相当于水塔与灌溉区的相对高度差达到10米以上。

B.在机井旁设置压力罐。压力罐容量2 ～ 8米^3，机井水抽入以后加压至0.2 ～ 0.5兆帕，压力罐应安置有自动补水装置，以保证不间断地均匀供水。

C.土造贮水罐。在设施旁设置土造的贮水罐，如铁桶、塑料罐、水泥池等，一般容量要达到5米^{3}以上，贮水罐的高度要距地面1.5米以上，使用时用微型水泵不断地把水注入贮水罐中。

D.微型水泵直接供水，有条件时也可采用微型水泵将水加压直接泵入输水管道，而省去各种贮水设备。

（2）输水管道 是把供水装置的水引向设施内各个滴灌区的通道。对于温室来说，一般是二级式，即干管和支管。滴灌管带直接安装在支管上，滴灌管一般由专业厂家提供的高压聚乙烯或聚氯乙烯管，管的内径有25 ～ 75毫米不同的规格。温室外的输水干管和设施内的支管用钢管或硬质塑料管，室外的管道要埋入土中并在冻土层以下。不同内径的干、支管用二通、三通、四通、旁通等相互连接。输水管道上引至设施内出水管的内径可选取37.5 ～ 50毫米，输水管道上需要安装过滤器，以防铁锈或泥沙堵塞。最简单的过滤器是用80 ～ 100目的纱网进行过滤，同时要安装压力表阀门和肥料混合箱。肥料混合箱容积一般为0.5 ～ 1米^3。进入设施后的管道一般设置于设施内一端通道靠近葡萄行一边的地面上。

(3) 滴水部分　目前多用聚乙烯塑料薄膜滴管带。厚度一般为0. 8 ～ 1.2毫米，直径有16、20、25、32、40、50毫米等多种规格。管壁为黑色，以防止管内滋生绿苔堵塞管道。日光温室中可以选用直径小的软管。滴管带软管的左右两侧各打有一排直径0.5 ～ 0.7毫米的滴水孔，每侧孔距25厘米，两侧滴孔交错排列。当水压达到0.03 ～ 0.05兆帕时，软带便起到输水作用，并将软带中的水从滴孔滴入葡萄植株根际土壤中，每米软带每小时的出水量13.5 ～ 27升，滴水量的多少可以按具体需要进行调节。

3. 设施内滴水管安置　设施内滴水管和滴水软带的布置和安装要根据葡萄栽植的行向安排，一般情况下，输水支管布置在设施南北两侧，滴水软带依葡萄的株行（畦）距布置。滴水软带与支管连接有两种方法：①用异径三通连接，内径为40毫米和25毫米，其中25毫米的一端套上滴水软带后用绳或铁丝扎紧，滴水软带的另一端也要扎紧。然后用内径40毫米的黑色半软塑料管按一定距离将异径三通的两端连接，设施另一头的连接管用塑料堵头塞紧。用异径三通连接滴水软带的输水量大，流速快，特别适于长度超过50米的温室和大棚。如果设施过长，可从设施中部分成东西2组，安装2个阀门，分别将水输向两边，实行分组灌溉。②将输水支管按软带的布设位置打孔，在孔上安装旁通，将滴水软带接在旁通的出水口上并扎紧，旁通价格便宜，安装简便。日光温室软带的输送水距离较小，一般都采取这种连接方法。

如果进到温室的出水口是内径50毫米的管，可以先用1个50毫米的黑色塑料变径接头把它与支管联结协调起来，

滴灌设备

如果进水管的口径与连结软带的管径一致，就不须变换口径了。

4. 设施内滴灌装置的使用 设施内滴灌设备装置好以后，再仔细检查一遍就可以使用，其启动程序是：

（1）输水压力调整 把水压调至0.03 ~ 0.05兆帕，压力过大易造成软管破裂。在没有压力表时，可从滴水软管的表现上加以判断：如果软管呈近圆形，水声不大时，可认为压力合适。如果软带绷得很紧，水声很大，说明水的压力太大，应予调整降低水压。

（2）供水量调控 灌溉水量依据葡萄不同生育时期以及天气情况来确定。一般每亩每次灌水10米^{3}即可，掌握在开花期要少，生长旺盛期及幼果膨大期要多；高温干旱时灌水要多，成熟前要少的原则。没有流量计显示的时候，可通过软管供水的时间进行计算，或根据土壤的湿润程度来判断。虽然每次灌水的时间要受到输水压力、软带直径大小、软带条数、滴孔大小和密度以及流水量等因素的影响，但一般每次灌水时间多为2 ~ 3个小时。葡萄成熟期要停止灌水，以防影响果实品质和造成裂果。

滴灌水管设置

5. 滴灌与施肥相结合 利用滴灌系统施肥时，可以购置专用的滴灌施肥装置。有条件时也可以自己制作，具体方法是用1个旧的油桶，充分洗净，放在高于地面50厘米的地方，下部出液管与安装滴管软管的支管连接，上部用自来水管不间断地加水，以保持压力，并将溶解好的肥料按规定浓度不断地加入其中，依靠自流，即可完成施肥；另一种方式是将化肥溶液用微型泵或喷雾器加压压入支管当中。施肥时要注意：施肥应在开始灌溉（清水）半小时后进行，而在结束灌溉前半小时停止施肥，对导入肥料的孔在不使用时应严密关闭。

6. 设施内使用滴灌时应该注意的事项

（1）防止滴孔堵塞　滴灌系统中过滤装置不可缺少，而且要定期清理。追肥时，肥料一定要采用溶解性能好的水溶性肥料或冲施肥，要溶解充分，无沉淀，并及时清除溶液中的杂质。

（2）输水压力要适中，避免软带破裂。

（3）使用滴灌时，必须重视基肥，要在基肥中施足有机肥和复合肥，以免在只能通过滴灌追施溶解性较好的化学肥料时，出现个别营养元素脱肥和营养比例失调的问题。

（4）结合滴灌铺设覆盖地膜。温室中湿度过高对葡萄生长不利，因此应尽量采用滴灌带上覆盖地膜，实行膜下滴灌，尽量降低设施中的空气湿度。

（5）注意保管好软带和塑料管材。葡萄采收后和冬季不用时，应将布置在地面部分的管材和软带收集起来，放到避光和温度较低的地方妥善保存，来年再使用时要检查是否有破裂漏水或堵塞的地方，并维修后再重新布设。

（6）每年秋季揭棚以后，结合冬灌进行一次充足的畦灌，淋洗地表盐分，以防止土壤表层盐分积累造成土壤次生盐渍化。

第四节　烟雾剂农药施用新技术

一、设施中采用烟雾剂防治病虫的优点

烟雾一般是指大小为0.1 ～ 10微米的微粒在空气中漂浮形成的的分散体系。当悬浮微粒是固体时称为烟，是液体时称为雾。烟的微粒可小到0.001微米，而雾粒可大到20微米左右。在许多情况下，固体和液体的微粒常常同时存在，因为液体微滴的溶剂蒸发后常留下固态农药的微粒而成为烟，所以并称为烟雾。由于烟雾粒度很小，在空气中悬浮的时间很长，所以在设施空间中烟雾态农药

的沉积分布很均匀，对病、虫的杀伤力和控制效果都显著优于一般喷雾法和喷粉法。尤其是温室和大棚是一个相对密闭的空间，烟雾在设施内容易形成和飘浮，又不易散失，所以防治效果更为明显。更值得提出的是，采用烟雾剂防治病虫不用任何液体和水，因此不会增加设施内的空气湿度，从而使病虫防治效果更为突出。

同时，使用烟雾剂的工作效率远高于一般传统的喷雾施药，传统的喷雾法，每10亩设施葡萄喷药需用2 ～ 3个工作日，而用烟雾剂时一个人在1 ～ 2个小时内即可完成。可见无论是防治效果还是防治成本和防治效率，烟雾剂都是今后设施内病虫防治的首选防治途径。

二、设施中烟雾剂颗粒分布特点

烟雾剂颗粒很细，在空间呈弥散状分布，弥散中的烟雾沉积有两个十分重要的特性：一个是烟雾在雾粒沉积的同时具有多方向沉积性，因而使葡萄植株的各个部分的表面，包括叶片正面、背面、枝条、果粒表面的各部分都能沉积烟雾剂；另一个是烟雾沉积中具有拒热体现象，如在日光照射下，葡萄果实或叶片等部位表面温度一般都高于邻近的空气温度，这时空气中的烟雾微粒就难于沉积到植株表面，从而影响烟雾的剂防治效果。为避免这一现象的发生，施用烟雾剂最好在早晨日出之前或傍晚日落之后进行。为了便于管理，最好是晚上放苫放帘之后施放烟雾剂。为防止烟雾被气流干扰和飘逸，烟雾剂点燃时由里向外逐个点燃，并随即密闭温室或大棚过夜，让烟雾在设施内充分弥散，第二天早晨再打开温室和大棚，进行正常的管理工作。

三、设施中烟雾剂农药的应用

设施中形成农药烟雾的途径有两个：一种是直接把农药气化分散成烟雾颗粒，如近年来推广的热力雾化烟雾机，是通过机械热力将药剂在瞬间高温分解成悬浮烟雾；另一种是通过农药气化后冷凝形成烟雾，农药气化的方法包括物理加热法和化学发热法。

在温室和大棚病、虫防治中，常采用土法产生烟雾，如用锯末、干草粉和烟粉等与农药混合，放在瓦片、花盆或铁片上，用暗火或炉火点燃即可发生烟雾。目前温室中病、虫防治所使用的烟雾剂多是农药厂生产出的定型产品，如百菌清烟雾剂、速克灵烟雾剂、灭蚜烟雾剂等，都是把烟雾剂装在一个很小的圆桶形盒里，上盖的中央有一个能插入引火捻的薄纸封口，由引火捻引燃烟雾剂。还有的制成片状，用火柴一点就能发烟。这类烟雾剂属化学加热发生烟雾，如处理不当可能发生自燃，或点不着，或出现药害。使用化学发热烟雾剂时，除严格科学选用发热剂外，为确保安全，烟雾剂与引火捻应分别存放，使用时将引火捻纸片捻成内径1 ~ 1.5毫米，外径2 ~ 3毫米的引火捻，从烟雾剂纸盒的上盖孔插入，并留3毫米左右的余头，以便于点燃。

雾化烟雾机

烟雾剂

四、正确掌握烟雾剂使用剂量

烟雾剂的施放量，按温室的面积计算较为经济准确，生产中常用烟雾弥漫的容积来决定用量。如用硫黄粉烟雾剂防治温室葡萄病害，每55米^{3}容积需锯末0.25千克混拌硫黄粉0.13千克即可。

温室和大棚高度都差不多，所以实际生产中也常按面积计算用药量。如用45%百菌清烟雾剂，每亩用药量250克（5盒），7～10天施放一次，整个生长季使用4～6次，即可有效地预防霜霉病、白粉病、炭疽病、灰霉病等。用20%速克灵烟雾剂或40%特克多烟雾剂防治灰霉病时，每亩使用250～300克，效果也十分理想。用适量锯末吸附80%敌敌畏乳油0.3～0.4千克，放置在瓦片上或花盆中点燃，防治设施内各种害虫效果很好；如用22%敌敌畏复合烟雾剂，每亩用量500克，还可熏杀红蜘蛛和白粉虱等害虫。

五、设施中使用烟雾剂应注意的事项

（1）使用烟雾剂时要求相对稳定的气流或密闭空间。温室和塑料大棚等小空间应用烟雾剂，因用量小，必须保持严格密闭，防止烟雾从破缝中漏散，降低药效，棚膜破损严重时，施用烟雾剂前要认真修补所有裂缝和漏洞。

（2）由于烟雾剂有明显的拒热体现象，因此应在傍晚日落后进行喷布或燃放，并在设施内由里向外施放，并严密封闭设施，直到第二天上午再进行通风。

（3）防火防潮。烟雾剂是易燃物品，而且外面多是纸盒包装，贮藏时应防火、防潮，受潮的烟雾剂千万不能用火烤或暴晒，应置于阴凉通风处慢慢风干。

（4）所有混配和定型的烟雾剂只适用于发生烟雾，不可稀释或当作别的剂型药品使用。烟雾剂所生成的烟雾对人的眼、鼻及呼吸系统有伤害或刺激作用，点燃后工作人员要马上离开现场，不可停留。

第五节　粉尘法施药技术

粉尘法施药是根据设施生产特点发展起来的一种优于喷雾法和烟雾法的最新防治病、虫施药技术。此法克服了人工喷雾强度高、工效低、药剂流失严重、环境湿度骤增和应用烟雾剂受药剂本身性

状限制、药剂品种少、成本高、要求棚室密闭严格及点燃发烟时药剂分解损失等缺点，是当前设施葡萄病虫防治上一项新技术。

粉尘法是让具有一定规格的固体农药粉粒在气流的作用下分散飘浮，结合药粉本身不规则布朗运动在设施棚室内形成持久性飘尘，在其相对稳定的空间内悬浮相当长的时间，以便在设施内向作物间扩散飘移，多向沉积，最后形成非常均匀的药粒沉积分布，从而达到防治病虫害的效果。

一、粉尘法施药的优点

经过多年研究和大面积示范应用，证明粉尘法在设施内病虫害防治上具有良好的应用效果，其主要优点是：

(1) 工效高　处理1亩温室只需5 ~ 10分钟，比常规喷雾法提高工效20倍以上。

(2) 省农药　与常规喷雾法和烟雾法相比可节省农药用量50%以上。

(3) 不用水　粉尘法施药不用水，克服了常规喷雾增加棚室内空气湿度和阴雨天气不能施药的弊端，最适于设施内病虫防治。

(4) 药粒分布均匀　药剂粉粒在植株间长时间飘浮，并向隐蔽处扩散，在植株的各个部位都能均匀沉积。

(5) 省劳力　粉尘法操作简单、轻便容易、劳动强度低，一般劳力都可进行喷粉作业。

(6) 对棚膜要求不严格　温室棚膜有一般性破损时粉尘不会逸失，不影响防治效果，适合各种类型设施和保护地采用。

二、粉尘法的施药技术要点

粉尘法是采用专门的粉尘剂类农药及专用手摇喷粉器进行施药，目前广泛应用的喷粉器有丰收-5型和丰收-10型等，操作技术如下。

(1) 喷粉器的调整　喷药粉时排粉量调节在每分钟喷粉200克左右。喷粉器手柄的摇转速度为：丰收-5型，每分钟不少于30转，丰收-10型，每分钟不少于50转，目的在于喷粉口能产生足够强的风力，喷口外10厘米处的风速不小于10米/秒。

（2）棚室的准备　喷药前把大棚、温室的风口闭合，一端的门关闭，棚膜若有一点破损对喷粉无重大影响。

（3）装药　按照各种粉尘剂的标准用量，把粉尘剂装入喷粉器的药箱中，目前大多数粉尘剂用量均为每亩1千克左右。必须注意，喷粉器的药箱内绝对不可潮湿或有水存在。

（4）喷粉的适宜时间　在晴天气温较高时应避免在中午喷施，可在早晨或傍晚喷施。一般以在傍晚用药效果较好，这样药粉在葡萄上的沉积效率较高。喷粉结束后，经过2小时左右即可打开棚膜，如果晚上喷粉，可以等到第二天早晨再揭膜。

三、大棚和温室采用粉尘法喷药方法的不同

在葡萄设施栽培中由于温室和大棚结构不一样，因此喷粉时操作方法有所差异。

（1）大棚内喷粉　从棚的一端开始，操作人员站在棚内中间走道上摆动喷粉管向左右两侧喷撒，并可根据植株高度适当上下摆动喷管，一边喷，一边沿中央走道向后退行，直到退出另一端的门旁，把门关闭，检查药箱，如还有剩余药粉，可从大棚外面两侧、把棚膜稍微揭开，把喷粉管伸进去喷撒，直到把余粉喷完。如余粉太多，可分别在不同部位处采取这种方式从棚外补喷。一般使用几次以后即能很好地掌握喷粉量和退行速度，退到门口时粉尘已基本喷完。

（2）温室内喷粉　从温室的一端开始，操作人员站在北墙的走道上，面向南进行喷粉，根据作物高度可适当上下摆动喷管，一边喷撒，一边向另一端退行，直到退出门外，把门关闭。如药箱内有余粉，可从温室外揭起一点棚膜，把喷管伸入喷撒。

有些温室东西向栽种，在植株不太高时，仍可采取上法喷撒。如植株太高，生长茂密，枝叶重叠，则可在温室内向东或向西顺行喷撒，使药粉顺行间喷出飘浮扩散。

四、采用粉尘法施药技术时应注意的问题

(1) 粉尘剂必须用专门的粉尘药剂和专用喷粉器喷施，切不可采用布袋抖动的方法施药，更不可用徒手扬撒的办法施药，这样施药容易发生粉粒絮结，使药粉分散不开，严重影响粉尘剂的使用效果。喷粉时要求非针对性对空喷撒，不要特意对准植株喷，这样反而喷撒不均匀，影响防治效果。

(2) 各种粉尘剂只可喷粉，不可加水喷雾，非粉尘剂粉状农药不可当作粉尘剂使用。

(3) 各种粉尘剂均必须保存在干燥处，防止潮湿、雨淋，已经浸湿的粉尘剂不可再作喷粉使用。

(4) 喷粉器必须保持干燥，应存放在干燥处，摇柄轴应定期补加黄油以保证运转灵活轻便。

(5) 喷粉结束后，采用干刷子刷净喷粉器各部分残剩的药粉。

(6) 喷粉后3天内不可喷雾，以免把葡萄枝叶表面的药粉冲掉，降低粉尘剂的效果。

(7) 若温室中同时需要喷雾（如施根外追肥、生长调节剂等）和喷粉时，应先喷雾，并隔1 ～ 2天后再喷粉。

五、目前市面上出售的粉尘剂种类

粉尘剂的种类较多，目前市面上出售的品种有百菌清粉尘剂、灭蚜粉尘剂、加瑞农粉尘剂等。其中正式产品5%百菌清粉尘剂可预防霜霉病、炭疽病、白粉病，中试产品5%加瑞农粉尘剂可防治霜霉病、炭疽病、白粉病，农利灵、灭克粉尘剂可防治灰霉病、炭疽病等，灭蚜粉尘剂可防治蚜虫、温室白粉虱等。

近年来多方面试验应用结果都表明，粉尘法不仅防治病虫效果优于喷雾和烟雾法，施药也不受天气限制，还具有简便、省工、省药等优点，在各种类型设施中都可应用，其生产应用前景十分广阔，经济效益也十分显著。

第六节　塑料薄膜的粘接与修补

塑料薄膜的粘接和修补是设施栽培中经常遇到的问题，如在覆膜时，常常遇到需要将几幅塑料薄膜粘接在一起，在设施管理中经常要紧急处理或修补薄膜上的裂缝和破损等。农村中粘接和修补塑料薄膜的主要方法有三种，一是热粘合法，二是利用粘合剂进行粘接，三是利用胶带紧急粘接。

一、塑料薄膜的热粘合

最常用的热粘合法是采用电熨斗、电烙铁加热粘合塑料薄膜。

方法是：准备一根长3～4米、宽3～4厘米、高8～10厘米的平直光滑木条作为垫板，并将其固定在工作台桌或长板凳上。把要粘接的两幅薄膜的各一个边缘对合放在木条上，相互重叠3～4厘米，粘接时由3～4人同时操作，一人在木条的一端负责“对缝”，一人在木条的另一端负责把粘接好的薄膜拉向后方，第三人则在已对好缝的薄膜上面放一条宽6～8厘米，长约1米的牛皮纸或旧报纸条，盖在粘合处，然后由站在木条另一侧的第四个人把已预热的电熨斗顺木条一端用适当的压力慢慢地推向另一端，所用电熨斗的热度、向下的压力以及推进的速度都应以纸下的两幅薄膜受热后有一定程度的软化和黏化，并在电熨斗的压力下粘接在一起，然后，将纸条轻轻揭下，将粘好的一段薄膜拉向木条的另一端，再继续粘接下一段。在粘接薄膜时应注意：

（1）要掌握好电熨斗的温度，粘接聚乙烯薄膜的适温为110℃，聚氯乙烯为130℃，温度过低粘得不牢，以后易出现裂缝；温度过高，易使薄膜熔化，在接缝处会出现孔洞或薄膜变薄。

（2）所用压力和电熨斗的移动速度要与温度相配合好，这样才可以更好地保证粘接质量。

（3）在木条上钉上一层麻袋布或细的铁纱网，可以提高粘接的质量，并防止烙坏薄膜。

(4) 烙合旧的薄膜时，应将接合部的薄膜擦干净，而且应以上面覆盖的报纸轻度与薄膜粘连在一起为粘接适度的标准，否则粘接的牢固程度降低。

(5) 现在市面上已有成品塑料粘合机出售，可根据各单位情况购置使用。

二、采用粘合剂粘接薄膜

设施中除要进行薄膜拼幅粘合外，在日常生产管理中经常出现棚膜损伤或裂缝，对于这些破损的薄膜，有时可用热粘合的办法进行修补，但有些地方就不易进行热粘合处理操作，如已铺在设施上的棚膜等难以拆卸，这时可以采用粘合剂贴补的办法进行处理，即剪下一块与破洞或裂缝相同大小（或略大）的塑料薄膜，擦干净后涂上粘合剂进行修补。市面上有商品型薄膜粘合剂出售，目前粘合剂有两类，即供修补聚氯乙烯薄膜的过氯乙烯树脂和修补聚乙烯薄膜的聚氨酯粘合剂，可选购使用。

粘合剂也可以自己制备，原料是过氯乙烯树脂和溶剂，两者按一定比例混合置入容器后密封，待树脂完全溶解后即可使用，下面两个配方原料简单，成本低，粘合效果也很好。

配方一：过氯乙烯树脂2份，聚氯乙烯薄膜（干净的旧膜碎料也可）10份，环已酮70份，醋酸丁酯18份。

配方二：过氯乙烯树脂15份，丙酮28份，醋酸丁酯31份，甲苯26份。

但要注意的是：粘合剂属于易燃品，且挥发性较大，有微毒，所以使用时一定要注意安全，并要随用随配，注意密封，用后要及时洗手。

三、用透明胶带粘合塑料薄膜

生产中经常出现棚膜的突然裂缝和损伤，在一时找不到适合的处理方法时，可以用市售的宽幅透明胶带进行紧急处理，粘合裂缝或修补损伤。透明胶带使用方便，但在使用透明胶带时要注意两点：一是一定要对准裂缝或损伤处，一次完成修补工作，薄膜修补时不可二次揭开，否则揭取胶带时会造成塑料薄膜再次损伤。二是在进行粘接修补时，在破损塑料贴透明胶带的另一面（薄膜下方）要铺垫或设置一个光滑的木板或塑料板，然后再用透明胶带将破损处压平贴好，平展粘合，不要形成凸凹不平的薄膜面，以免影响设施内光照和降雨时形成凹陷积雨，造成不应有的损失。

第十三章 设施延迟栽培与设施防灾栽培

第一节　设施延迟栽培

葡萄设施延迟栽培与促成栽培恰恰相反，是以自然或人为推迟葡萄萌芽、开花和成熟为基础，配合后期覆盖防寒，推迟和延后葡萄果实生长期，尽量推迟葡萄的成熟和采收时期，从而达到在隆冬季节采收新鲜葡萄供应市场，用延迟采收代替保鲜贮藏，形成良好的经济效益和社会效益。在我国东北和西北，近年来采用设施延迟栽培可将葡萄采收时间延迟到元旦前后。一些地方还将延迟栽培和观光旅游相结合，形成露地冰天雪地，温室内叶绿果红的特有景色，社会效益、经济效益十分显著。

延迟栽培与促成早熟栽培不同，它以生长后期设施防寒为主，延后和推迟葡萄的生长、成熟和采收时期。当前延迟栽培主要采用大棚和日光温室两种栽培方式，生产上根据一个地区入冬以后气温降低状况和市场需求状况即可确定应该采用的设施类型。由于大棚保温御寒效果明显弱于温室，因此在初冬降温较慢、气温较高和要求延迟采收时间不太长的地方，多以大棚延迟栽培为主。而在海拔较高、年平均温度较低、后期降温较快和需要

延迟栽培温室葡萄观光

延迟采收时间较长的地方，多以日光温室延迟栽培为主。而在我国南方和华中地区，年平均温度较高，葡萄成熟较早，生产上一般不宜进行大面积设施延迟栽培，可以因地制宜开发一年二次结果，达到秋冬季也可采收葡萄的目的。

一、开展设施延迟栽培最适合的地区和气候条件

根据目前的研究结果来看，年平均温度4～8℃、冬春季日照充沛、年日照时数在2 600小时、年降水量小于300毫米、12月至翌年1月连续3天无降雪、土壤状况良好，而且有良好灌溉条件和经济条件的地区，均适合开展葡萄延迟栽培。在我国西部一些冬季日照充沛，年均温度4～6℃的高原地区，只要有可靠的水源和蓄水条件和经济条件以及市场需求，在加强设施防寒的条件下完全可以成功地进行葡萄设施延迟栽培。

二、设施延迟栽培中应注意的问题

（1）延迟栽培必须以晚熟和极晚熟品种为主，要选择综合性状优良、商品价值高的品种，尤其要注意选择果穗耐挂树、果粒耐拉力强、成熟后不落粒、不缩果的品种进行延迟栽培。

（2）延迟栽培采用的设施结构是温室，而半地下式温室更适合于延迟栽培，同时延迟栽培扣棚盖膜的时间要早于促成栽培，盖膜在当地秋季降温之前进行，一些秋后早霜降临较早的地方，更应适当提早扣棚盖膜，以防止突然性降温和晚秋低温对葡萄后期生长和结果造成不良的影响。

（3）延迟栽培管理的关键是后期保温，在葡萄延迟栽培中，棚膜选择以保温性能好、抗低温、防老化的聚氯乙烯无滴、多功能、长寿紫光膜或蓝光膜效果较好。为了增强保温效果，在外界气温降低时，晚间设施上必须加盖棉被或草帘进行保温，在果实挂树的阶段，温室或大棚内白天温度应不低于20℃，晚间不能低于5℃。

（4）幼果生长期要防止温度过高、果实发育过快，适时采用白天遮光、晚上通风等措施，减缓果实发育，并注意采用果实套

袋措施，防止果实上色过深。

（5）大棚延迟栽培的采收时间在11月上中旬，而温室延迟栽培采收时间在元旦前至春节前。延迟栽培采收结束后，温室、大棚内一定要保持15天左右相对较温暖的时间，促进养分回流和枝条老熟，然后再进行修剪和沟施基肥，若植株要进行埋土防寒，则可在修剪、施肥后再进行埋土，然后揭去覆盖的薄膜，并将薄膜清洁整理后放置在室内保存，以备第二年再用。在一些地区常采用冬季温室不揭膜，葡萄在设施中越冬，这时可在修剪后及早施肥和进行冬灌，然后在植株上只进行简单的薄膜覆盖和简易覆盖防寒。

三、延迟栽培的关键是延缓葡萄生长发育和推迟葡萄成熟采收

延迟栽培要采用各种方法延缓葡萄的生长和果实的成熟，如将葡萄植株栽种在海拔较高、温度较低的地方，使其延迟发芽、延迟开花或采用生长延缓剂延缓植株萌芽、开花和果实发育；夏季采用遮阳网降低日照强度和温度，秋后可采用灌水降温等措施延缓推迟葡萄的生长等。在一些地区地区还可采用葡萄二次果技术，以尽量延长果穗挂树时间。采用喷布生长延缓剂也能有效延迟葡萄果实成熟过程，达到推迟成熟的目的，较好的生长延缓剂是ATOA（2-苯并唑噻氧基乙酸），在幼果期至开始成熟时，在果穗上喷布1～2次10～15毫克/千克浓度的ATOA药液能明显延迟果实成熟，但应该注意的是药液浓度不能高于20毫克/千克，否则会产生药害，另外葡萄叶片对该药较为敏感，喷药时千万注意不要将药液喷布到叶片上。

近年来，采用萘乙酸（NAA）和低浓度赤霉素（GA）混合液处理葡萄果穗，也有明显推迟成熟的效果。

四、延迟栽培设施内温度调控

延迟栽培扣棚覆膜后，要注意调控大棚、温室内的温度和湿度，扣棚初期10月上中旬到下旬这一阶段，白天温度高时可适当放风，使温室内温度和湿度不要太高，而到11月，随着外界温度

降低，温室内一定要注意防寒保温，一般这一阶段白天温室大棚内温度应该保持在20 ～ 25℃，晚间应维持在10℃左右，空气相对湿度应保持在70%～ 80%。而到12月中下旬至翌年1月，更要注意加强防寒保温，白天温室内温度保持在20℃左右，晚间在8℃左右，最低不能低于5℃。

设置温室外防寒覆盖物（棉被、草帘等）和温室内挂置二道幕及树盘覆盖地膜等措施能有效保持温室内的气温和地温。

五、当前发展延迟栽培应注意的问题

（1）因地制宜合理发展延迟栽培。当前延迟栽培是备受各地（尤其是西北地区）重视的一个新的发展方向，但延迟栽培不是简单地将葡萄栽在设施里就能完成，简单的延迟采收不等于延迟栽培。延迟栽培需要相应的气候条件和配套的栽培技术，必须因地制宜选择最适宜进行延迟栽培的地区，并采用切实可行的延迟栽培技术，科学合理地发展葡萄延迟栽培。

（2）加强病虫防治。延迟栽培葡萄植株生长期相对延后，尤其是后期扣棚覆膜后设施内温湿度均较高，容易发生各种病虫害，病虫害和生理病害的防治仍是一个值得重视的问题。

（3）注意品种搭配。延迟栽培品种不能过分单一，现在全国延迟栽培基本是以红地球品种为主，为了适应市场的需要，在发展红地球品种的同时，应注意发展如意大利亚（黄色）、秋黑（黑色）、圣诞玫瑰（紫红色）、红宝石无核（紫红、无核）、克瑞森无核（红色、无核）、阳光玫瑰（黄色、浓香）等色彩、性状各异的新优品种，丰富延迟栽培的品种组成，以适应更广泛的消费层次，取得更好的社会和经济效益。

（4）延迟栽培采收时间不能过分推迟。在目前栽培条件下，大棚延迟栽培采收时间最迟以11月中下旬较为适合，温室延迟栽培以12月下旬到翌年1月上旬较为合适，过分推迟采收期不但增大了防寒保温成本，而且果穗挂树时间过长，对树体恢复和第二年生长结果都会有不良的影响。

第二节　设施避雨栽培

一、避雨栽培

葡萄避雨栽培是在夏秋季葡萄生长期雨水过多的地区，在葡萄架杆、枝蔓上部增设塑料薄膜防雨棚，使雨水不能落在枝、叶、花、果上，改变了植株生长期葡萄叶幕层周围的小气候，减少或避免雨水对葡萄生长的影响和病虫害的发生，从而保证葡萄健壮生长的一种特殊设施栽培方式。

从20世纪70年代开始，上海、江苏、浙江等地葡萄科技人员经过多年实践，探索出多种形式的葡萄避雨栽培新技术，在南方多雨地区成功地栽培出红地球、无核白鸡心、里扎马特等一批欧亚种品种，获得了显著的经济效益，为我国南方地区发展欧亚种葡萄生产和优质葡萄生产创出一条新路。目前福建、湖南、湖北、四川、重庆、广东、广西等地区葡萄避雨栽培也迅速发展起来。

在我国葡萄产区中，除新疆、甘肃、宁夏、内蒙古西部等地区外，全国大部分葡萄产区均处于东亚季风区控制范围内，每年葡萄成熟期（8 ～ 9月）正值降雨集中时期，雨热同季，连绵的阴雨成为导致葡萄病虫滋生和葡萄品质、产量降低的主要原因，避雨栽培的成功推广不仅对南方地区，而且也对华北、华中及东北南部、西北东部夏秋季节多雨的葡萄产区也有着重要的指导意义。因此，北方夏秋季多雨的地区也应该实行避雨栽培。

避雨栽培最初主要应用于欧亚种葡萄品种。欧美杂交种品种一般抗潮湿和抗病能力较强，大面积栽培上多以露地栽培为主。但近年来，我国各地在欧美杂交种品种上也开始采用避雨栽培，从而更进一步提高了葡萄的质量和效益。因此，各葡萄产区若经济条件允许，应尽量扩大葡萄避雨栽培的范围。

二、避雨栽培防雨覆盖架设置

避雨覆盖有多种形式。在篱架栽植时，一般常在葡萄杆顶端加长固定一个长1.2 ～ 1.5米的横杆，横杆可用木杆、竹竿或钢材（6厘米 ×6厘米角铁）制作，但以钢材作横杆牢固性最好。横杆中央部位即原篱架杆处向上再竖一高40 ～ 50厘米的立杆，并在横杆两端通过篱架杆顶端用竹片或6号钢筋盘连成一个拱形框架。整个拱形框架也可制作成一个整体并与篱架架杆固定在一起。相邻的拱架可用分布在拱形架框上的5条8 ～ 10号铁丝或钢丝相互连接，在整个拱架上形成一个拱形铁丝架框，上面铺设防雨塑料薄膜。同时，也可在制作水泥杆时将防雨架一同设计制作，这样更为方便。

葡萄避雨栽培遮雨架示意图

普通架杆增设避雨棚

近年来，我国南方一些省市研制的钢丝结构避雨棚，结构更为简单，铺设更为方便，可因地制宜推广应用。

棚架栽培时，可用相应大小的塑料大棚去除周围的围膜作为避雨棚，也可不去除围膜进行避雨促成栽培。大棚可以是单栋，也可以是连栋。采用连栋大棚时，一般以5栋大棚连为一体较为合适，不宜过多，以防连栋大棚内面积过大，通风透光不良，影响葡萄生长。

普通架杆增设避雨棚

屋脊形避雨棚

单行竹木结构避雨棚

双行竹木结构避雨棚

钢架连栋避雨棚

钢丝结构避雨棚

水泥立柱钢架避雨棚

三、避雨栽培棚膜选择

避雨覆盖主要在夏季高温时进行，因此覆盖用的薄膜应选用抗晒、抗裂、抗老化，厚度0.8 ~ 0.12毫米的抗高温、高强度、透光性良好的长寿、多功能PVC薄膜或PE膜，膜的厚度不宜过小，一般0.4毫米厚的薄膜可连续使用2年。

为了使葡萄枝梢充分伸展和防止膜下高温对枝叶的影响，防雨覆盖的薄膜与叶幕层之间最少应保持有50 ~ 60厘米的空间距离，在叶幕层上部形成通风道，防止夏季高温灼伤叶、果。覆盖薄膜的宽幅根据拱架面的宽度决定，最好采用非粘结的单幅薄膜进行覆盖。为了使防雨棚结实、牢固，防止风雨掀动薄膜，防雨膜覆盖后再在膜上用压膜线或尼龙绳压缚固定。

四、避雨棚覆膜时间

避雨棚覆膜时间根据气候状况而定，我国华中及南方地区葡萄花期常遇阴雨，因此常在开花前即应进行覆膜，而有些地区仅是葡萄生长中后期降雨较多，这些地区可在雨季前再进行覆膜。而对一些小面积或庭院栽培时，覆膜可在下雨前进行，而天晴后即可撤除薄膜。总之，覆膜时间要以能起到避雨的作用和便于管理为原则。

适时覆盖棚膜

葡萄采收后和当地雨季结束后，要及时揭膜，让枝叶在阳光直射下生长，这样有利于枝条老熟和花芽分化。

五、避雨栽培的技术特点

避雨栽培是设施栽培的一种新方式，它与设施促成或延迟栽培不同，只是防止降雨对葡萄生长和结果的影响，而且也只是植株顶端遮盖，四周照常通风，但由于避雨棚的遮盖，阻挡了天然降雨的影响，从而相对减少了根部土壤的水分含量和提高了叶幕层内的温度，形成特有的避雨小气候，因此避雨栽培也相应有自己的管理特点。

果穗避雨

（1）在避雨棚覆盖情况下，减少了葡萄根部土壤接收自然降水的数量，因而易发生土壤干旱，所以在旱情初发生时要及时灌水，尤其在幼果迅速生长阶段，一定要注意及时补充水分。有条件的地方可将避雨栽培与滴灌结合，这样效果更为理想。但在大雨和暴雨的情况下，一定要注意及时排水，严防栽植行内或栽植垄周围积水。

（2）覆盖情况下，叶幕层内小气候有所变化，病虫害发生与露地有所不同，因此必须加强病虫害防治。尤其是高温下易发生白粉病、灰霉病、葡萄叶蝉、葡萄红蜘蛛和缩果病等，一定要注意及早防治。

（3）夏季高温季节，当避雨棚下温度超过33℃时为防止果实日灼，要注意及时适当揭膜（卷膜）通风降温。也可采用对果穗套伞袋的方法。为防止土壤温度过高，可进行适时灌溉、地面覆草或种植绿肥等方法。

(4) 避雨栽培和果实套袋相结合不仅果穗外观更加艳丽，而且可以有效减轻各种果穗病虫害的发生，避雨栽培葡萄要普及推广果穗套袋技术。

(5) 东南沿海有台风侵袭的地区，在台风到来之前要及时揭去棚膜，待台风过后再重新覆膜，防止台风撕裂棚膜。

第三节 葡萄小拱棚覆盖栽培

小拱棚覆盖栽培是葡萄设施栽培中最简单的一种栽培方式，其投资少，不需要特殊固定的设施结构，而且也有一定的提早萌芽和提早成熟的效果，在一些经济条件较差和春季温度升温较晚的地区，可因地制宜采用这种方式进行防寒促成栽培。辽宁省朝阳市利用小拱棚早期覆盖，增加了当地的有效积温和生长天数，使原来当地不能露地栽培的晚熟品种红地球葡萄也能正常成熟。我国东北、西北和华北北部一些晚霜结束较晚的地区，可采用小拱棚的办法提早葡萄萌芽，延长植株生长期，扩大晚熟品种栽培面积。除此之外，小拱棚还可以用于葡萄育苗，提早育苗时间，延长苗木生长时间，促进形成壮苗。近年来，河北、辽宁等地在大棚中设置小拱棚，促进葡萄早萌芽，进一步促成了葡萄早熟上市。

一、葡萄小拱棚设置

小拱棚促成栽培

小拱棚的设置在葡萄埋土防寒即将结束时进行，方法是在正常出土上架前5～10天，提前撤除防寒覆土和覆盖物，理顺枝蔓，喷1次5波美度石硫合剂，并灌1次催芽水，然后横跨于葡萄植株两侧，搭设小拱棚骨架竹片，拱棚跨度

1.5米左右，拱棚中间高度80 ～ 90厘米，拱片间距60 ～ 80厘米，竹片两端插入地下20厘米，拱架间用竹条竖向拉紧固定，上面覆盖3米宽、厚度为0.06厘米的聚氯乙烯薄膜，薄膜两边用土压紧实，小拱棚上设置压膜线。晚间小拱棚上可覆盖草帘或防寒被进行防寒，中午拱棚内气温高时，可揭开两端薄膜进行通风降温。

在不埋土防寒地区，可在萌芽前1个月设置小拱棚，促进早萌芽，早成熟，方法与上相同。

二、葡萄小拱棚管理

1. 温度调控 小拱棚覆膜后在小棚内挂置温度计，定时进行观察记载，当小棚内气温超过30℃时，就要揭开拱棚两端或拱棚中段两侧的薄膜进行通风降温，使棚内气温白天控制在20 ～ 25℃，晚间保持在10 ～ 15℃；当芽萌动以后，白天小拱棚内温度控制在22 ～ 27℃，夜间维持在12 ～ 15℃。通过调控温度使冬芽提早萌发，新梢生长健壮，不旺长。

2. 揭棚炼苗 在当地晚霜过后，外界日平均温度稳定在10 ～ 15℃时可逐步揭开拱棚膜进行炼苗，使之适应外界气温条件，3 ～ 4天后即可全部揭除开始上架。

3. 植株上架 小拱棚植株上架时，枝条已抽生20 ～ 30厘米长，因此上架时必须严防碰断嫩枝。上架一般由3人完成，2人在树体两旁理出枝蔓，并防止互相碰撞，另外一人谨慎地进行上架和绑缚固定老蔓和新梢。

整个上架工作完成后，进行抹芽定蔓工作，按规定的留枝量选留枝蔓。上架定蔓以后的管理工作与露地栽培基本相同。

第四节　防雹网与防鸟网

冰雹是一种突发性自然灾害，我国各葡萄产区几乎每年都有冰雹发生，冰雹发生十分突然，往往在短时间内会给葡萄园造成巨大的经济损失。以往冰雹的预防主要靠用土火箭、高射炮等来轰击冰雹云以消除冰雹，但随着我国民航事业的发展，为了保证空中飞行的安全，很多地方已开始禁止使用火箭和高射炮。而架设防雹网是一种安全有效防御冰雹危害的技术措施。经过多年研究与实践，目前我国已形成较完善的防雹网技术规范，并在河北、内蒙古、宁夏、天津、北京等地葡萄产区建成颇有规模的葡萄防雹网，在预防雹灾上发挥了显著的作用。

一、葡萄防雹网架设

防雹网

首先设立架网支柱。架网支柱有两种：一是在原葡萄园支架上绑接60 ~ 80厘米高的木柱、角铁等；二是在制作葡萄架桩时，将水泥架桩长度增加到3.2 ~ 3.4米，并在水泥桩顶端纵横方向留两个直径1 ~ 1.5厘米的穿丝孔，或在架桩顶端予埋一个向外伸出长度为10 ~ 12厘米、粗度为1 ~ 1.2厘米的钢筋柱。然后进行架面钢丝或铁丝网格的设置，可用8 ~ 10号铅丝或钢丝、钢缆，先在葡萄园立柱上纵横拉成网格状，并在柱桩顶端予以固定，然后在网格上再每隔1.0 ~ 1.5米纵横增设多道铁丝网线，形成完整的防雹网支撑网架。最后铺设防雹网。防雹网有两种，一种是用经过防锈处理的铁丝制成的网眼规格为1.0 ~ 1.2厘米的铁丝网；二是用强化尼龙制成的网眼为1.0 ~ 1.2厘米的尼龙网。铁丝网造价高，一次性投资较大，但冬季不用取网，架设一次可用多年；尼龙网一次性投资较少，但每年冬季要取下收存，第二年仍要再行铺设。防雹网在架面铁丝网上铺好后，可每隔1 ~ 2米用一道铁丝或尼龙绳在防雹网上进行压网，并绑缚固定。

二、防鸟网与防雹网

近年来随着全社会对鸟类保护的重视和深入，鸟的种类和活动越来越来多，同时鸟对葡萄的危害也日益严重。预防鸟害已成为各地葡萄园中一项重要工作。预防鸟害的方法很多，但最有效、最实用的措施是架设防鸟网，即用塑料、尼龙网将葡萄植株封围起来，防止鸟禽飞入。

防鸟网可以与防雹网结合设置，方法是架设时在防雹网水平网面下边葡萄园四周，再增设垂向地面的尼龙网，以防止各种鸟类飞入葡萄行间。设置尼龙网时要注意，由于大部分鸟类对黑色和绿色反应迟钝，因此防鸟网一定要用白色的尼龙网。防鸟网垂向地面的部分，应该适当留少量可以开启的工作入口，其余部分则压埋固定在地下。对于无冰雹灾害地区设置防鸟网时，网眼宽度可增大，具体大小可根据当地危害葡萄鸟类的体长、体宽来决定。

在露地栽培中，防鸟害的主要办法是果实套尼龙网袋和设置防鸟网，而设施栽培中预防鸟害要比露地葡萄容易得多，只要在设施的门、通风孔和棚膜的间隙设置尼龙网或塑料网就能有效防止鸟的进入和危害。同时要注意网孔适当小一些，这样既可阻挡鸟类的进入，也可防止马蜂和其他昆虫飞入。

南京江心洲葡萄防鸟网

河北怀来葡萄防鸟、防雹网

第十四章 葡萄根域限制栽培

第一节　葡萄根域限制栽培的意义和特点

一、葡萄根域限制栽培的意义

根域限制栽培是葡萄设施栽培的一种新形式，通过采用塑料薄膜、无纺布等隔离物将葡萄根系生长封闭限定在一定的土壤容积之中，从控制根系吸收营养和水分的角度调控葡萄的生长和结果，达到地下部分与地上部分生长平衡和优质高效的生产目的。

传统的葡萄栽培以“树大根深，根深叶茂”为理论基础，但从现代的栽培理论来看，根系生长和树冠生长应保持一定的平衡，过大、过深的根系虽然增加了对营养和水分的吸收面积，但也随之增大了土肥水管理的投入，同时也常常造成地上部分的过分旺长，影响果实质量的提高，这在葡萄栽培上表现的更为突出。近年来，国外从中国的盆栽园艺中总结出适当控制根系、进行根域限制栽培的新理论，并成功地运用于葡萄、樱桃、柑橘、枇杷等多种果树的生产之中。20世纪90年代末期，我国上海、江苏等地率先开展葡萄根域限制栽培技术研究，并与设施避雨栽培和葡萄观光相结合，探讨多种根域限制栽培的模式，取得了十分良好的效果，现在根域限制栽培已在全国各葡萄产区进行示范和推广。

二、根域限制栽培的特点

根域限制栽培在生产上实际应用的时间还不太长，有些技术环节还有待深入研究，但从已获得的试验结果来看，在葡萄栽培上采用根域限制栽培的主要优点是：

(1) 节省了建园土壤改良的成本投入　传统的葡萄建园要对葡萄园进行全面的整地、施肥、深耕与灌溉，而根域限制栽培按照每平方米葡萄叶幕面积仅需0.05 ~ 0.06米^{3}根际土壤的原则，只对栽植沟（深50 ~ 60厘米，宽80 ~ 100厘米）内进行施肥和土壤改良，1亩葡萄仅需33 ~ 40米^{3}的根域土壤，从而显著减低了葡萄建园土壤改良工作量和投入。对于在沙荒地、盐碱地和地下水位过高及土壤瘠薄地区建立葡萄园更有显著降低建园成本的意义。

限根栽培

(2) 有效控制了植株无效生长　根域限制栽培通过对根域范围内水分、肥料成分和配比的调控，人为地控制葡萄的营养生长，防止枝蔓的旺长，达到生长与结果之间良好的平衡，促进了植株生长中庸健壮、结果早、果实品质优良，从而更显著地提高了葡萄栽培的经济效益。

(3) 节水、省肥，防止肥水流失　根域限制栽培和滴灌相配套，只在葡萄需要水肥时只对根域限制范围内的根域进行定量灌溉和施肥，甚至进行水肥的自动化、精确化、定量化供给，大大降低水和肥的用量。根据统计，每亩限根栽培的葡萄园，全年用水量仅为传统栽培用水量的1/5 ~ 1/4。同时由于栽植坑（沟）与外界用薄膜相隔离，也有效地防止了水分和肥料的外渗和流失，省水、省肥、省工是限根栽培的突出特点。

(4) 扩大了葡萄栽培的地域　由于根域限制栽培是人为创造一个有限的可调控的根系空间，所以在以往很难进行大规模土壤改良的荒滩、山坡、盐碱地、沙石地及庭院等都可采用这种方式进行葡萄栽培。近年来广东、广西、云南、贵州、甘肃、新疆等地在荒漠沙滩和贫瘠山地、海涂采用限根栽培有效地推动了对贫瘠非耕地的开发利用。更值得注意的是，上海、江苏、广西等地区，将限根栽培和观光葡萄园建设相结合，形成新的观光旅游葡萄景观，使限根栽培更进一步向前发展。

第二节　限根栽培的类型和栽培技术

一、葡萄根域限制栽培的类型和方式

葡萄根域限制的方法很多，当前葡萄根域限制栽培主要有堆垄式、箱筐式、沟穴式等几种形式：

1. 堆垄式　在地面上（或半地下）铺垫一层无纺布或有孔的塑料膜，上面堆放富含有机质的营养土，呈土堆状，垄面上栽植葡萄，这种方式适合于南方冬季温度较高或地下水位较高的地区。生产上若将地面堆垄铺膜改为半地下式铺膜效果会更好。

堆垄式限根栽培

2. 箱筐式　用水泥、砖或木板做成栽植槽、筐或用有孔的箱、桶中填入营养土，进行栽植葡萄，类似大型盆栽方式，箱筐还可移动。主要用于设施中或观赏栽植。

箱筐式限根栽培

3. 沟穴式　在地面挖沟或栽植穴，沟底、沟壁

沟穴式限根栽培

和穴底与周边铺一层微孔无纺布或塑料薄膜，膜底设有透水孔，填入营养土后栽植葡萄，这是当前生产中应用最多的一种根域限制栽培方式，由于沟穴中容积较大，根域周围水分、温度较为稳定，葡萄生长健壮，同时也便于操作和管理。

根域限制栽培的土、肥、水管理可以人为地定时、定量进行调控，是精准农业在葡萄栽培上的具体应用，其核心技术是人工调控根系水分与营养的供应，实现生长和结果的均衡。要达到根域限制栽培的目的，必须将根域限制与设施栽培、人工滴灌、科学施肥、水肥一体化等新技术相配合，而不是单纯地将栽植穴周围覆膜隔离而已。必须和相关的技术相配合，才是完整的根域限制栽培，才能达到根域限制栽培的真正目的。

二、葡萄根域限制栽培技术

1. 确定根系限制栽培中根域的容积 当前无论温室、大棚或避雨栽培，都可以和限根栽培相结合，实现“上管天，下控地”科学管理的目的。在具体工作中也可以先进行限根栽培，然后再建造各种设施，也可以设施栽培与限根栽培同时设计、同时进行，只要能相互配套即可。

在进行限根栽培中，栽植前一项关键工作是如何确定根域的容积大小。根据以往研究，每平方米葡萄叶幕面积需要的根域容积是0.05 ~ 0.06米^3，也就是说在正常状况下，每平方米树冠投影面积需要0.05 ~ 0.06米^{3}的根域土壤。生产实际中为了有效控制土壤水分，根域厚度以40 ~ 60厘米较为适宜，因此根域范围的水平面积以每平方米葡萄树冠投射面积的12% ~ 20%最为合适。在实际生产中，采用坑穴式限根栽培时，每个坑穴根域容积为（2×2×0.5）米^3，采用沟式的多为沟宽1.5米、深0.5米。

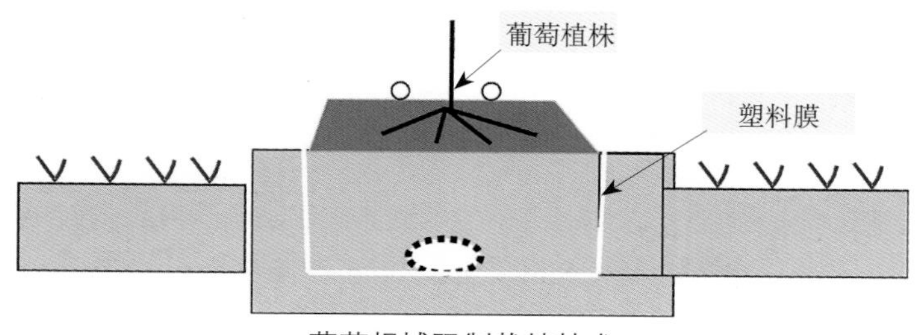

葡萄根域限制栽植技术

根域容积：按葡萄树冠投影面积计算，每平方米叶幕需要0.05 ～ 0.06米^{3}土壤，若土层厚度60厘米时，一般根域占地面15%～ 25%。
土壤配制：有机肥：土 = 1 ：（4 ～ 5）。

2. 根系隔离膜设置和配制营养土 隔离膜的主要作用是限制根系向外延伸，使根系分布在相对稳定的根域容积之中。隔离膜可采用无纺布或质量较好的塑料薄膜。

在南方地区铺设塑料薄膜时，沟底部分每隔1米要设置一个直径约5厘米的透水孔，以防突然气候变化形成根域内积水，同时注意薄膜要完全覆盖沟底和沟边，边膜一定要高于地面。

在北方地区可采用只覆边膜（即只将定植沟、穴边缘深60 ～ 80厘米处设置薄膜），而底部不覆膜或不完全覆膜的方法，这样可促进根系向土壤深层生长，增强抗旱、抗寒能力。

限根栽培时营养土是根域内葡萄营养的供给主体，因此必须重视营养土的配制，一般的配制方法是将充分腐熟的有机肥按每立方米加入4 ～ 5米^{3}农田表土，再加入1 ～ 2千克的过磷酸钙（南方酸性土壤地区用钙镁磷肥），充分混匀填入根域沟内，然后灌水，待稍沉沟后即可进行栽植。限根栽培当年生产量很大，一定要注意营养土的配制并加强树体管理，尤其是适时摘心和控制副梢以达到早成形、早结果、早丰产。

种植沟内覆塑料膜

沟内填土后种植葡萄

幼树健壮生长

第二年即进入结果期

3. 限根栽培中水分管理 水分管理是限根栽培技术的核心和关键，一要掌握葡萄不同生长阶段的水分需求规律，二要掌握根域土壤中水分实际含量。由于根域容积内土层较薄，葡萄抵抗干旱的能力相对较弱，因此必须随时了解根域范围内的水分状况，合理供给植株生长结果所需要的水分，这是限根栽培中必须高度重视的问题。

在先进的限根栽培葡萄园中，多采用在根域范围内设置水分张力计来掌握土壤水分的变化状况。水分张力计以pF值来表示土壤中的水分状况。根据研究，从萌芽到坐果这一阶段，当pF值达到2.2（−15.5千帕）时即应开始灌水。在幼果生长期要保持较充分的水分供应，当pF值达到1.5时（−3.1千帕）时就应开始灌水，而到开始成熟时，应控制水分，只有当pF值达到2.2（−15.5千帕）

时才要适度进行灌水。一般每次灌水量约为1米^{3}根系容积24 ～ 25升水即可。若无水分张力计等监测装置时，可根据土壤水分状况和不同生长阶段对水分的需求进行灌水（表14-1）。

表14-1　限根栽培葡萄灌水量（供参考）

生长阶段	每次灌水量（毫米）	灌水间隔时间（天）
施基肥后、休眠期	15	10 ～ 15
萌芽至花期	15 ～ 20	7 ～ 10
花后至成熟始期	25 ～ 35	7 ～ 10
成熟前	15 ～ 20	7 ～ 10
采后、基肥施用期	25 ～ 30	10 ～ 15

注：若遇降雨或干旱、高温天气，灌水量和间隔时间可适当调整。

4. 改良式根域限制　近年来我们在北方地区露地栽培和设施中采用改良式根域限制栽培取得了良好的效果。其方法是采用平地挖定植沟，沟宽1米、深0.8米，沟长根据具体地形而定，关键是在沟中铺设薄膜时采用只在沟两边吊放1米宽的薄膜，沟底不设薄膜，而填入15 ～ 20厘米厚草秸，上面用有机肥和表土混合填入，这种下不封底的方法促进了根系向下延伸，增强了植株抗旱、抗寒能力。

三、限根栽培中施肥管理

限根栽培中的施肥原则和设施栽培基本相同，但限根栽培只是在根域容积内施肥，由于根域面积相对较小，所以更要讲求合理的肥料配比和正确的施肥时间与施肥技术。

1. 基肥　基肥在秋季当地日平均气温达到20℃时即可进行。栽植后随着树冠的扩大，每年应在根域上加盖一层腐熟的有机肥并随即翻入栽植穴中，同时每年秋季施基肥时可挖出1/8 ～ 1/4的根域土壤，将新配制的营养土和适量的有机肥填入。换土时尽量不要伤断过多的根系，但可剪除残根和烂根，并注意用营养土将葡萄根系充分埋好。

2. 追肥 追肥在生长季进行，一般和灌溉结合同时进行追肥，葡萄生长前期以氮肥为主，结果后以磷钾钙肥为主，在采用滴灌时可将肥料溶入水中，一并进行。但要注意生长前期肥料浓度以60毫克/千克为宜，而到果实开始成熟前时即可降低到20毫克/千克。一般每100升根域容积每次含肥的滴灌量（施用量）为6 ~ 9千克即可。近年来我国上海市研制的葡萄限根栽培专用液体复合肥在上海地区使用效果十分优良，各地可参考并结合当地土壤肥力状况进行调整应用（表14-2）。

表14-2 葡萄限根栽培专用液体肥料成分

种类	成分	每100升加入量（克）
A液	硝酸钾	27.0
	磷酸铵	5.0
	硫酸镁	16.7
	EDTA-铁	1.5
	硫酸铜	0.005
	硫酸锌	0.022
	硼酸	0.3
	钼酸钠	0.002
B液	硝酸钙	31.7

注：A液和B液分开配制，使用时A、B液根据不同生长期的需要进行配合应用。

3. 叶面施肥 限根栽培若按规定施肥后一般不再使用其他肥料，但不同地区品种、气候、生长结果情况会有不同，在一些特殊情况下，若需要补充某种营养元素，也可选用适当的叶面肥进行叶面施肥。

第三节 限根栽培应注意的问题

根域限制栽培是一种全新的葡萄栽培方式，但从整体上看目前全国还处于开始发展阶段，各地在采用根域限制栽培时要因地制宜，密切结合当地实际情况，并进行改革与创新，使这一新的栽培方式更完善，更有效益。当前各地开展限根栽培时，要特别注意以下几点：

1. 根域容积大小的确定 我国地域辽阔，各地自然环境状况彼此差异很大，加上品种、砧木、栽培方式等不同，使葡萄在各地生长表现出明显的不同，一个地区最适合的根域容积大小是多少、采用哪种限根方式，这是一个要认真研究的问题，尤其在冻土层厚度超过40厘米以上的北方埋土防寒区和干旱和半干旱地区，合适的根域深度和宽度应进行具体研究和分析。

2. 根域限制栽培的水肥管理 根域限制栽培是一个新的栽培方式，但在大面积的露地栽培中和在缺乏良好灌溉设施的地区如何实施限根栽培，要实事求是地进行分析，尤其是根域限制如何与节水抗旱、与省工栽培相结合，不同品种、不同砧木在限根栽培中如何管理、水肥供给指标如何确定、根域限制与树体生长和产量、果实质量之间的关系等，这些也是需要要深入研究的问题。

3. 根域限制栽培的规范化和标准化 根域限制栽培是葡萄栽培制度上一个创造和革新，要使根域限制栽培尽快在生产上得到应用，就应该研究制定适合各地的根域限制规范化栽培技术，使广大群众掌握这一新的技术，对关键技术要标准化、规范化，尤其要重视在推广这一技术时群众最关心的一些技术环节，如根域限制隔离膜如何选择、地下部隔离膜损伤后如何修补替换、水肥管理具体指标以及常规栽培园如何转换为根域限制栽培等，对这些问题都要进行认真研究和解决，从而使根域限制栽培得到更广泛的应用。

第十五章 设施内间作与立体开发利用

第一节　设施内葡萄间作物选择

为提高设施的土地利用率，提高设施栽培的经济效益，在不影响葡萄生长、开花、结果的前提下，设施空间要实行立体开发，实行间作。在选择间作物种类和种植时间时，要注意以下几点。

1. 间作物的适应性　间作物是设施葡萄栽培的补充，主要是利用葡萄落叶以后和开花以前这一段空档的时间或葡萄采收后的一段时间进行生产，所以在种植种类上要充分考虑到间作物的适应性。如在葡萄发芽前（1月上旬）栽培时，就要尽量种植较耐低温的种类，例如芹菜、油菜、菠菜等，在葡萄采收后则应选择能在元旦、春节前采收的间作物种类。

2. 间作物的耐旱能力　设施葡萄对灌溉有一定的要求，要避免过多浇水，尤其在葡萄开花期和果实成熟前不再浇水，这一阶段土壤水分较为干燥，因此在种植间作物时，尽量避开这一生长阶段，或选用较耐干旱的种类和品种。

3. 防止间作物的病虫交叉传染　葡萄与其间作物的病虫害是否能交叉传染，这是选择间作物必须考虑的重要问题，如白粉虱、蓟马、灰霉病等，既危害蔬菜，也危害葡萄，生产上常常由于间作物选择不当，造成病虫害大发生或引进新的病虫害种类。因此，在选择设施间作物时，一定要注意选择抗病虫的品种和与葡萄没有交叉传染的种类和品种。

4. 间作物不能与葡萄争空间　设施空间有限，在种植间作物时，要尽量选择栽培茎秆低矮、不用上架的、生长高度在1米以下的间作物种类，以保证葡萄生长所需要的空间和设施内良好的通风透光状况。

5. 间作物不与葡萄争夺水肥和营养物质 葡萄根系没有绝对的休眠期，只要温度适宜，根系就能不断地生长活动，设施内的葡萄根系活动较早，为了保证葡萄根系的正常生长，在种植间作物时一定要留出宽1米以上的树盘带，作为葡萄根系活动的空间。同时，要选择不与葡萄争夺水肥的作物种类，同时要避免种植过多过密的间作物，防止产生与葡萄根系生长争夺养分和水分。

总之，种植间作物是在不影响葡萄生长和结果的前提下充分利用设施内的土地和空间。但无论种植哪种间作物，一定要以葡萄为主体，考虑到实际效果，使间作物生长和葡萄生长互不影响。

第二节 设施内间作蔬菜

一、设施内间作的蔬菜种类

葡萄架下种植蔬菜是最为普遍、最经常采用的间作方式。生产上一般多选择耐低温、弱光、矮生的种类和品种。最常选用的有韭菜、菠菜、芹菜、油菜、甘蓝、矮生菜豆和西葫芦。

1. 韭菜 韭菜为多年生宿根作物，喜冷凉气候，耐低温，在12 ～ 24℃的环境下生长最好。喜中度光照，在弱光情况下栽植，品质鲜嫩，深受消费者欢迎。一般多在设施葡萄采收后种植，元旦至春节前采收。

栽植方法：首先在葡萄架下树盘以外的行间准备宽1米，长5 ～ 6米的畦，亩施4 000千克充分腐熟的有机肥，然后深翻、耙平。9月中旬将育好的韭菜苗，剪留2 ～ 3厘米长的须根并带约5厘米长的叶片，按株行距10 ～ 20厘米进行穴栽，每穴栽10株左右。栽植深度以叶鞘埋入地中即可，栽后立即灌水。待苗长到15 ～ 20厘米时浇第二次水，并结合追肥施尿素和充分腐熟的有机肥，11月中下旬葡萄设施扣棚后，除去地上部的枯叶和杂草，加强肥水管理，当苗长到30厘米左右，叶龄20天以上时，进行第一次收获，此时正值元旦前后。第一次收获后，立即施肥浇水，加强管理，争取第二茬韭菜在春节前上市。

葡萄架下栽植韭菜要注意防止韭蛆，尤其是在移栽韭菜苗时一定要选用无蛆鳞茎，或用50%辛硫磷乳油1 000倍液认真浸根，预防韭蛆发生。

设施行间种植豌豆

葡萄架下进行盆栽

设施空间充分利用

设施内育苗

2. 菠菜　菠菜有较强的耐寒能力，能耐−10℃的低温，而且适应性强，栽培容易，适合在葡萄采收后种植，元旦、春节采收。

种植方式：菠菜植株无论大小都可食用。播种方式可用条播和畦播，播种前先将地面进行施肥、深翻、做畦、灌水，种子播种量每亩4千克左右，播种前将干种子用温水浸泡12小时，放在15 ~ 20℃温度下催芽，3 ~ 4天后种子露白时进行播种。播种方法可采用条播或撒播，播种不能太深，种子播下后，畦面撒一层细沙土将种子盖住。当幼苗长出3 ～ 4片真叶时，进行灌水并追施氮素化肥，每半月一次，当菠菜长到20厘米高时，就可陆续间苗采收上市。

3. 芹菜 芹菜属耐寒蔬菜，要求冷凉的气候环境。容易种植、产量高，设施栽培的芹菜，叶柄含粗纤维少，比露地芹菜更加鲜、嫩、脆，深受消费者欢迎。尤其是白粉虱对芹菜极为敏感，种植芹菜后葡萄白粉虱危害显著减轻，在条件允许下，应推广在葡萄架下种植芹菜。

栽培方法：用于冬季葡萄架下间作的芹菜，应在8月先开始育苗，育苗前应先将种子浸泡14小时，然后边用清水冲洗、边用手轻轻揉搓，搓开表皮后，摊开晾种，待种子表面略见干燥时，将种子和湿沙按1 ：1的比例拌均匀，在20 ～ 22℃下催芽，当有一半以上种子萌发时，在育苗畦内进行播种，播种前整好地，施入足够的有机肥，做畦，每亩芹菜需要200克种子育苗。育苗畦大约需要20米^2。播种后用塑料薄膜进行地面覆盖，创造冷凉湿润的环境条件，并掌握小水勤灌的原则，保持地面湿润，当苗出齐后，逐渐除掉覆盖物。当苗长到1 ～ 2片真叶时，进行间苗除草，间苗后立即浇一次小水，并在苗床盖一层薄沙土，10月中下旬，苗龄60天左右，苗高10厘米时进行起苗定植。

定植畦在葡萄行间，宽1.5米，每畦栽10行，株距15厘米左右，定植时选健壮一致的幼苗，去掉过长的叶柄，按行栽植，栽植深度以能埋住根基为宜，并注意将土按实，然后浇水。芹菜缓苗后要进行一段时间的蹲苗，在蹲苗以后的生长期，浇水的同时适当追施氮素肥料并结合施一些磷、钾肥。

芹菜生长100天以后，就可陆续进行采收，采收方法有两法：一种是整株采收；另一种是从外围劈叶柄采收，到葡萄展叶后，再进行整株采收，结束芹菜种植，使葡萄架下土壤转为清耕。

4. 油菜 油菜比较耐寒，适应性强，生产期短，条件适宜时40天左右就可采收上市，是冬季和初春设施葡萄架下适宜种植的小蔬菜。

种植方法：11月中旬，播种前先在葡萄架下做宽1.5米左右的畦，每亩施有机肥4 000千克。然后浇小水洇畦，洇畦后在畦面撒一薄层沙土，然后将油菜种子撒在畦面上，撒种时要注意均匀一致。每平方米播种量5 ～ 10克。播种后盖1厘米厚的细沙土。然后将畦面用薄膜覆盖，当白天温度超过25 ℃ 以上时，要及时揭膜，通风降温。一般10天左右出齐苗，当苗长到2片真叶时，揭掉薄膜，进行间苗，这次间苗主要是间开簇生苗，当苗长到3 ～ 4片真叶时，进行第二次定苗，首先去掉杂苗，小苗和畸形弱苗，然后按10厘米左右株距进行定苗，定苗后及时浇水，10天以后根据土壤情况再浇1 ～ 2次水。生长到40天以后，就可以进行收获。收获以后还可以立即再播一次，争取在葡萄萌芽展叶以前再收获一茬。

5. 甘蓝　甘蓝适应性广，抗逆性强，喜温和冷凉的气候条件，一般在15 ～ 25℃的条件下最适生长，对光照条件要求不太严格，在设施葡萄架下间作能获得较理想的收成。

栽培方法：11月下旬至12月上旬进行甘蓝育苗，育苗床宽1.5米，长5 ～ 7米不等，每平方米施入10千克有机肥，深耕细耙2 ～ 3遍，耙平后，用喷雾法喷水或泼水的方式浇底水，水量以渗透苗床10厘米为宜，然后在畦面撒上一层潮湿的细沙土，按每平方米播种量3 ～ 4克均匀播种，然后盖一层0.5厘米厚的湿沙土，并覆盖好塑料地膜，使畦内温度保持在20 ～ 25℃。约7天后幼苗出土，幼苗顶土时及时在畦面上覆一层0.5厘米厚的湿细沙土，当子叶展开时，再小心地覆一层细土并进行间苗，间苗的同时揭开地膜，间苗时留苗株距2 ～ 3厘米。播种后30天左右，当幼苗具有二叶一心时及时分苗，分苗时先在苗床浇起苗水，然后用分苗铲挖起幼苗，并掰成单株，栽到分苗畦中，缓苗几天以后及时进行中耕松土，增加地表温度，促进根系生长，当幼苗具6 ～ 8片叶时进行栽植。栽植前，先在设施葡萄架下做垄，垄高10厘米，宽40厘米，每垄定植两行，株距30厘米，株间呈三角形，幼苗实行带土坨种植，定植深度以埋没土坨为标准。定植后马上浇水压苗，当幼苗长出新叶时，表示根系已开始生长，此时及时进行中耕浇水，浇水方法是从垄下的沟中灌水，渗到根的附近，结合浇水、追施少量化肥，然后中耕、松土，当心叶撮合，叶球有7厘米大小时，按每亩20千克的标准追施一次氮肥，并浇催头水。以后每隔一周视干旱情况浇一次水，当用手按叶球感到比较坚实时，即可开始采收。

6. 矮生菜豆 矮生菜豆植株直立，耐弱光和散射光、生长期短、较耐寒、采收期集中、耐贮运，作为短脚蔬菜，特别适合在葡萄架下和沿温室后墙间作种植。

种植方式：当设施内地温稳定在10℃左右时进行播种，种植前先在树盘外的行间做畦，畦宽1.5米左右，按亩2 000千克撒施以磷、钾肥为主的有机肥，再深翻。深翻耙平后做畦，每畦两垄，每垄种两行，按穴撒种，穴距35厘米，每穴撒种子3 ～ 4粒。播种10天以后幼苗出土，及时进行定苗，每穴留生长一致、子叶完全的苗两株。播种后20天追施一次以氮素肥料为主、配合磷、钾肥的化肥，促进花芽分化，亩施肥量约25千克。并及时浇水，进行中耕除草。播种后45天左右即可开花，此期应注意控制水分，防止土壤湿度过大引起落花，开花后10天第一次采收嫩荚，采收后应及时追肥、浇小水补充营养。而且要每采收一次，补充一次，直至拉秧。

菜豆上易发生白粉虱和红蜘蛛，设施中种植时必须注意及早防治。

7. 西葫芦 西葫芦比较耐低温和弱光，栽培方法简便。西葫芦在温室中栽培时避开了在露地栽培时病毒病的发病高峰时间，栽培容易成功，且经济效益好，因此作为葡萄架下间作物，近年来发展很快。

栽培方法：12月下旬先在设施内用营养钵育苗，育苗前先按3份田间土、一份腐熟的牛马粪加少量的草木灰、过磷酸钙、鸡粪等配成营养土，装入营养钵中，按实，并浇透水。然后将已发芽的种子按每钵1 ～ 2粒进行播种，播种后设施中白天控制在

20 ～ 28℃，晚间15℃，若温度达不到时，可用塑料膜双层覆盖，或在设施内增设临时增温措施。3天以后幼苗出齐，逐渐将白天温度控制在25℃，夜间温度控制在10℃。出苗后6天心叶开始生长，当苗龄25天左右，具2 ～ 3片真叶时开始定植。

定植前，先按宽1.5米在葡萄行间做畦，在每个畦内挖置两个高垄，在高垄中间开沟，施入腐熟捣细的有机肥，施肥后与土混合，然后将营养钵中的幼苗连同土坨一起取出按株距50厘米放入沟中，封土盖严，并浇一次足水，此后保持白天20 ～ 25℃、夜间10℃的温度。当幼苗心叶显出嫩绿色时，在垄沟中浇第二次水，此后开始蹲苗。直到雌瓜长到10厘米长时再浇第三次水，并结合追施有机肥。定植30天以后，瓜长到15厘米以上时即可开始采摘第一次瓜，此时瓜虽小，但售价高，同时可减少植株的营养消耗，有利于下一批瓜的坐瓜和生长。除开沟栽植外，还可采用穴栽法，穴距50厘米，每穴栽一苗。穴栽更适于设施内种植。

二、设施内间作蔬菜应注意的问题

设施葡萄间作蔬菜种类繁多，各地都有许多成功的经验。在选择品种时一定要注意根据当地实际情况和市场需求，选择矮生、耐寒、耐弱光、抗旱、生长期短的种类和品种，同时要注意间作物之间的茬口安排，如前期芹菜，后期马铃薯、甘蓝和油菜间作组合，打时间差，实现连茬间作增加收益的目的。

第三节 设施间作种植草莓

草莓抗寒力强，植株矮，对光照条件要求不严，而且结果早，管理容易，在设施中可以在葡萄采收后种植，在春节前采收，这时果色艳丽，风味优良，经济效益较高。是葡萄架下理想的间作物。

一、间作草莓要注意的问题

选择不休眠或休眠期短的品种和生长期短、果实个大、抗逆

性强、品质优良的品种，如早生香玉、甜查理、美香荷、红颜等，同时要注意在一个温室内要栽2个以上的品种，并在设施中配制箱装壁蜂，以互相授粉，提高结实率。草莓灰霉病比较严重，容易和葡萄交叉感染，必须注意选择抗病品种并及时防治灰霉病。

二、草莓种植方法

1. 设施中草莓栽植时间在葡萄采收后8月下旬至9月上旬。栽植前先在葡萄行间做垄，垄宽50厘米、高10厘米，每垄开两条沟，沟距30厘米，按亩施4 000千克有机肥在沟内施足底肥，然后盖土。

2. 选择品种优良、叶片多、茎粗短、根系发达的当年生新基苗，按25厘米株距定植在垄上，每垄两行，行距30厘米，株距20厘米左右，呈三角形定植。定植深度以新叶与地面相平为宜，定植过浅，根系裸露，影响成活率。定植后用塑料薄膜盖严垄背。然后从垄与垄之间的沟里浇足水，使水渗透垄面而不降低地温。草莓根系浅，栽植后10天内，视土壤干旱情况浇水保墒，保持畦面湿润，提高栽植苗的成活率。栽植后，垄内保持15℃以上土温和20 ～ 25℃的气温。当温度过高时要及时揭开薄膜通风。当栽植苗长出新叶时，将薄膜用手揭开，把全部叶片置于膜外，再用土将薄膜揭开处压实，使其紧贴地面，继续保持增温、增湿作用。

设施空间立体利用

葡萄架下间作草莓

待草莓现蕾前，叶面喷施一次磷酸二氢钾300倍液和尿素500倍液。开花前再补喷一次。为提高草莓的坐果率，现蕾后要及时喷5毫克/升赤霉素药液，同时疏掉过密和畸形花蕾。

草莓开花期间，将温室内温度控制在25 ~ 28℃，停止灌水，并及时释放壁蜂进行授粉，也可在花期喷50 ~ 100毫克/升赤霉素，防止因授粉不良产生畸形果，影响商品质量。坐果后及时追施1 ~ 2次复合肥，满足果实和植株生长的需要。

草莓植株矮、果序离地面很近，尤其是接近成熟的果实由于重量增加而下垂紧贴地面，容易造成果面污染和腐烂。最好进行覆膜或覆草，将果实与地面隔开，果实成熟后要及时采收出售，防止果实变软不利于贮运。

全部果实采收后，要及时追肥，并对植株加强管理，促发匍匐茎，繁育新苗。对于过多、过晚或不能长出健壮单株的匍匐茎要及时剪除，以节省植株营养。

需要强调的是，设施内进行间作和立体种植必须以葡萄生产为核心，适当搭配，合理组合，要以利于葡萄休眠、生长、开花结果为原则，不可本末倒置，影响葡萄的生长和结果。

附录：设施葡萄无公害生产常用农药

一、杀菌剂

（一）石硫合剂

石硫合剂是一种广谱杀虫、杀菌、杀螨剂，对防治葡萄毛毡病、白粉病、锈病、黑痘病、红蜘蛛、介壳虫等均有良好的效果。

石硫合剂虽然古老但效果优异且同时兼具杀菌、杀虫、杀螨的作用。当前市面销售的固体石硫合剂药效不如自己熬制的液体石硫合剂。

1. 熬制方法 石硫合剂用生石灰、硫黄加水熬煮而成，其配制比例一般是1 ∶ 2 ∶ 10，即生石灰1千克，硫黄2千克，水10千克。先把水放在锅中加温，小心地加入生石灰，等石灰水烧开后，将碾碎过筛的硫黄粉用热水调成浓糊状，慢慢加入锅内，边加边搅拌，并用大火熬煮40 ～ 50分钟，当药液由黄色变成深红褐色即可停火。若熬制时间过长，药液则变成绿褐色，药效反而降低；若熬制时间不足，原料成分作用不全，药效不高。

熬好的石硫合剂，从锅中取出放在缸内冷却，并用波美比重计测量度数，称为波美度（以Be表示），一般可达25 ～ 30波美度。在缸内澄清3天后吸取上清液，装入瓷缸或罐内密封备用，应用时按石硫合剂稀释方法兑水使用。

2. 稀释方法 在农村最简便的稀释方法有两种。

（1）重量法　可按下列公式计算

$$原液需用量（千克）=\frac{所需稀释药液波美度}{原液波美度}\times 所需稀释药液量（千克）$$

例如：需配0.5波美度稀释液100千克，需25波美度原液和水量为：

$$原液需用量（千克）=\frac{0.5}{25}\times 100=2.0（千克）$$

需加水量=100（千克）－2.0（千克）=98（千克）

（2）稀释倍数法

$$重量稀释倍数=\frac{原液浓度}{需要浓度}-1$$

例：欲用25波美度原液配制0.5波美度的药液，稀释倍数为：

$$重量稀释倍数=\frac{25}{0.5}-1=49$$

即取一份（重量）的石硫合剂原液，加49倍的水即成0.5波美度的药液。

3. 注意事项 ①熬制石硫合剂时必须选用新鲜、洁白、含杂质少而没有风化的块状生石灰（若用消石灰，则需增加1/3的量）；硫黄选用金黄色、经碾碎过筛的粉末（筛孔100～120目），水要用洁净的水。②熬煮过程中火力要大且均匀，煮沸后一段时间内要始终保持锅内处于沸腾状态，并不断搅拌，这样熬制的药剂质量才能得到保证。③不要用铜器熬煮和贮藏药液，最好用无缝隙的瓷缸、瓷瓮，贮藏原液时必须密封，应在药液面上倒入少量煤油，使原液与空气隔绝，避免氧化，一般可保存半年左右。④石硫合剂腐蚀力极强，喷药时不要接触皮肤和衣服，如已接触，应速用清水冲洗干净。⑤石硫合剂为强碱性，不能与波尔多液、松脂合剂及遇碱分解的农药混合使用，以免发生反应或降低药效。⑥喷雾器用后必须冲洗干净，以免被腐蚀而损坏。⑦夏季高温（32℃以上）期使用时易发生药害，低温（18℃以下）时使用则药效降低。发芽前一般多用3～5波美度药液，发芽后必须降至0.2～0.3波美度。⑧石硫合剂对设施棚膜和设施内钢管、铁丝有明显的腐蚀作用，在扣膜前可采用喷雾法而扣膜后应改为涂刷法施药。

（二）波尔多液

波尔多液也称碱式硫酸铜，是用硫酸铜和石灰加水配制而成的一种预防性保护剂。主要在病害发生以前使用。对预防葡萄黑痘病、霜霉病、褐斑病等都有良好的效果，但对白腐病、灰霉病防治效果较差。

1. 配制方法 配制波尔多液要用三个容器，先用两个容器分别把硫酸铜和生石灰化开，用3/10的水配制石灰液，7/10的水配制硫酸铜，充分溶解后过滤并将两种清液同时倒入第三个容器中，充分搅匀，则成天蓝色的波尔多液。容器不够时，也可把硫酸铜溶液慢慢倒入石灰乳清液中，边倒边搅，即配成天蓝色的波尔多液药液，但绝不能将石灰乳倒入硫酸铜溶液中！

2. 使用方法 在葡萄生长前期可用200 ~ 240倍半量式波尔多液（硫酸铜1千克，生石灰0.5千克，水200 ~ 240千克）；生长后期可用200倍等量式波尔多液（硫酸铜1千克，生石灰1千克，水200千克），为增加药液在植物上的黏着力，可另加少量黏着剂（100千克药剂加2两皮胶液）。配制波尔多液时，硫酸铜和生石灰的质量及这两种物质的混合方法都会影响到波尔多液的质量。配制良好的药剂，所含的颗粒很细小而均匀，沉淀较缓慢，清水层也较少；配制不好的波尔多液，沉淀很快，清水层也较多。

3. 注意事项 ①配制时必须选用洁白成块的生石灰；硫酸铜选用蓝色有光泽、结晶成块的优质品（配制时碾碎成粉状）。②配制时不宜用金属器具，尤其不能用铁器，以防止发生化学反应降低药效。③硫酸铜液与石灰乳液温度达到一致时再混合，否则容易产生沉降，降低杀菌力。④药液要现配现用，不可贮藏，同时应在发病前喷用。⑤波尔多液不能与石硫合剂、退菌特等碱性药液混合使用。喷石硫合剂和退菌特后，需隔10天左右才能再喷波尔多液；喷波尔多液后，隔20天左右才能喷石硫合剂、退菌特，否则会发生药害。

（三）三乙膦酸铝

三乙膦酸铝又名乙磷铝、疫霉灵。纯品为白色无味结晶，在一般有机溶剂中溶解度很小，稍溶于水，纯品及其工业品制剂均较稳定。对人、畜低毒。乙膦铝是一种具有双向传导能力的、高效、低毒、广谱性的有机磷内吸杀菌剂，在植物体内流动性很大，内吸治疗效果明显，并具有良好的保护作用和治疗作用，对霜霉病有良好的防治效果。加工剂型有40%、80%、90%可湿性粉剂。常用浓度为40%可湿性粉剂200 ~ 300倍液，或用80%可湿性粉剂400 ~ 500倍液，或用90%可湿性粉剂600 ~ 800倍液喷雾，防治葡萄霜霉病效果良好。乙膦铝若与多菌灵、代森锰锌等农药混用，效果更佳，可提高药效，并可兼治其他病害。

注意事项：

（1）不要与强碱或强酸性药剂混用，以免减效或失效。

（2）避免连续单一使用乙磷铝，以防止病菌产生抗药性。

（3）本剂易吸潮结块，贮运中应注意密封保存，如遇结块，不影响使用效果。

（4）本品对鱼类有毒，使用时注意隔离，不要污染池塘、河湖。

（四）瑞毒霉

瑞毒霉又名甲霜灵、甲霜安、雷米多尔，是一种内吸性杀菌剂，其有效成分在施药后30分钟即可通过植物的根、茎、叶部吸收进入植物体内，并迅速上下移动传导至各部位。因此，施药后抗雨水冲刷，具有良好的保护和治疗作用，残效期较长，对植物安全，对人畜低毒。该药具有轻度挥发性，在中性及酸性介质中稳定，但遇碱易分解失效。此药对霜霉病有独特的防治能力。加工剂型有25%可湿性粉剂和35%拌种剂。用25%可湿性粉剂500 ~ 600倍液喷雾，防治葡萄霜霉病有特效。但若连续使用，病原菌易产生抗药性，因此在病害初发时可用其他常规杀菌剂，在发病较重，其他杀菌剂不能奏效的情况下，再用瑞毒霉，可起到治疗的作用。瑞毒霉用药次数每年不得超过2次，间隔期为10 ～ 14天。该药可与其他杀菌剂如百菌清、代森锰锌等复配使用或交替轮换使用，不仅可防止病菌产生抗药性，还可兼治其他病害。

（五）霜脲氰

霜脲氰又名克露，原药为白色结晶，微溶于水，是一种内吸性杀菌剂，常用制剂为72%克露可湿性粉剂，霜脲氰只对霜霉病有效，而且药效期仅2天，因此多与代森锰锌等农药混配使用，目前用霜脲氰配制的药剂有百余种，使用前一定要区分清楚。霜脲氰对霜霉病有预防和治疗的作用，常用72%克露可湿性粉剂300 ～ 400倍液在发病前或初发病时进行防治，特别适用于对甲霜灵产生抗性的葡萄园，相隔5 ～ 7天连喷两次即可。

（六）烯酰吗啉

烯酰吗啉又名安克、科克等名称。原药为无色晶体，难溶于水，是一种肉桂酸的衍生物，属低毒、内吸性杀菌剂，对防治霜霉病有特效，常用制剂有69%安克－锰锌可湿性粉剂和69%安克－锰锌水分散粒剂，生产中主要在发病前或发病初期用69%安克－锰锌600 ～ 800倍液进行喷布，每隔7 ～ 10天喷一次，连喷2 ～ 3次即可。使用烯酰吗啉时要注意防护，防止吸入或溅入眼中，并注意和其他农药轮换使用或与喹啉铜、百菌清等药剂混合使用，防止病菌产生抗药性。

（七）百菌清

百菌清又名达科宁，是一种高效、低毒、低残毒、广谱性有机氯保护性杀菌剂。纯品为白色结晶，无臭无味。工业品稍有刺激性臭味。在常温和光照下稳定，在酸性或碱性溶液中稳定，但强碱可促其分解。百菌清的主要作用是防止植物受真菌的侵染，在植物已受到病害侵染、病菌已进入植物体内后，杀菌作用则很小。该药无内吸传导作用，但喷在植株表面有较好的黏着性，耐雨水冲刷，对人、畜低毒。能与其他农药混用。目前生产的剂型有75%的可湿性粉剂、10%百菌清乳剂、2.5%烟剂。用75%可湿性粉剂500 ～ 800倍液防治白腐病、炭疽病、黑痘病、白粉病等多种病害均有良好效果。在常规用量下，一般药效期为7 ～ 10天。该药不能与石硫合剂等强碱性农药混用，以免分解失效。红地球葡萄幼果期使用百菌清药剂浓度过大时会产生药害。百菌清在果实采收前20天内应停止使用。

（八）多菌灵

多菌灵又名苯骈咪唑44号，纯品为白色结晶粉末，工业品为浅棕色粉状物，不溶于水和一般有机溶剂，化学性质比较稳定，对人、畜低毒，对作物安全。药剂被根、叶吸收后可在植物体内传导，具有保护和治疗作用，是一种高效、低毒、低残留、广谱性的内吸杀菌剂。对多种子囊菌、半知菌引起的植物病害都有效，而对病毒和细菌引起的病害无效。生产剂型有25%、50%多菌灵可湿性粉剂，40%胶悬剂。多菌灵可与一般杀菌剂混用，但不能与铜制剂混用，与杀虫剂、杀螨剂混用时要随配随用。稀释药液若不及时使用时，会出现分层现象，应搅匀后使用。多菌灵长期使用时病菌易产生抗性，应与其他杀菌剂交替使用。用25%多菌灵可湿性粉剂250 ～ 400倍液、50%多菌灵可湿性粉剂800 ～ 1 000倍液，可防治葡萄白腐病、炭疽病、房枯病、黑痘病，在发病前或发病初期每隔10 ～ 15天喷1次，连喷2次，防病效果显著。多菌灵还可防治葡萄在贮藏期的绿霉病、青霉病。

（九）粉锈宁

粉锈宁又名三唑酮。属有机杂环类三唑类杀菌剂，具有高效、低毒、低残留、持效期长、内吸性强等优点。具有预防、治疗、铲除、熏蒸等作用，是防治白粉病和锈病的高效内吸杀菌剂。它的杀菌机理极为复杂，主要是抑制、干扰菌丝、吸器的发育生长

和孢子的形成。对菌丝活性的杀伤效果比对孢子强。目前加工剂型为25%可湿性粉剂、15%烟雾剂、25%乳油。用25%可湿性粉剂800 ～ 1 000倍液，防治葡萄白粉病、锈病有特效，其防治白粉病的效果优于硫菌灵和石硫合剂。

（十）氟硅唑

氟硅唑又名万兴、福星等，三唑类杀菌剂，原药为无色结晶，微溶于水，属低毒性杀菌剂，常用制剂为40%福星乳油。主要用于葡萄白粉病、白腐病和炭疽病的防治，一般在病害发生前和初发生时用40%福星乳油8 000 ～ 10 000倍液每隔7 ～ 10天喷布1次，有良好的防治效果。生产中使用氟硅唑时要注意浓度不能太高，花后和幼果期要慎用，以防对葡萄生长产生抑制作用，喷药时要注意人员防护，怀孕期、哺乳期、生理期的妇女勿接触此类药物。

（十一）苯醚甲环唑

苯醚甲环唑又名世高，三唑类杀菌剂，也是三唑类杀菌剂中唯一一个对植物无抑制作用的杀菌剂（其他三唑类药剂对植物生长都有一定的抑制作用，尤其是氟硅唑、丙环唑、戊唑醇等，在葡萄萌芽、开花和幼果生长期一定要慎用）。世高内吸性好，同时具有保护和治疗作用，杀菌谱广，特别对白腐病、白粉病、炭疽病、黑痘病均有良好的防治效果。常用10%、20%的世高水分散颗粒剂1 500 ～ 2 000倍液在发病前和发病初期喷雾1 ～ 2次，防治效果明显。目前常用世高和保护性预防剂嘧菌酯复配使用。

（十二）嘧菌酯

嘧菌酯又名阿米西达，属甲氧基丙烯酸酯类的广谱性保护性杀菌剂，有内吸传导作用。对葡萄上各种真菌性病害均有良好的预防效果，在病害发生前和初发病时与其他杀菌剂配合使用有十分明显的预防和治疗效果。常用的剂型和浓度为50%嘧菌酯2 000倍液，但要注意不能多次单一使用，以防病菌产生抗药性。另外，嘧菌酯与乳油制剂和有机硅制剂混配时易产生药害，生产上必须高度重视。

（十三）吡唑醚菌酯

新型植物保护剂，也属甲氧基丙烯酸酯类农药，吡唑醚菌酯不具内吸传导特性，但在植物表皮上有明显的渗透能力，而且可在表层组织内移动。生产上主要用于预防葡萄各种真菌性病害，尤其对白粉病等病害有明显的预防和治疗作用。生产上常用浓度为60%吡唑醚菌酯1 000 ～ 1 500倍液和其他杀菌剂配合使用，以增强防治效果。注意阴雨天慎用，防止产生药害。另外，吡唑醚菌酯和其他甲氧基丙烯酸酯类杀菌剂有交互抗性，不能互相混配使用。

（十四）咯菌腈

咯菌腈又名适乐时、蓝宝石，属于苯吡咯类非内吸性、广谱杀菌剂。对葡萄灰霉病、蔓枯病及葡萄根系土传病害等有显著的预防和治疗作用。在发病前用2.5%咯菌腈悬浮剂600 ～ 800倍液进行喷雾或蘸花序幼穗能有效防治灰霉病、穗轴褐枯病的发生，同时咯菌腈也可在开花期和生长调节剂混合应用。但要注意不能长期单一使用咯菌腈，以免病菌产生抗药性。

（十五）喷克

喷克是一种以代森锰锌为主体复配而成的保护性、广谱性杀菌剂，药效持久、稳定，对人、畜低毒，对作物安全。目前用80%可湿性粉剂600 ～ 800倍液，防治葡萄霜霉病、炭疽病，用500 ～ 600倍液防治葡萄黑痘病、白腐病都有良好的防治效果。在用内吸剂精甲霜灵防治霜霉病时，在此之前和之后配合使用喷克进行保护，可取得良好的防治效果。因该药是保护剂，必须在发病前和发病初期使用，并要喷得严密，使叶片正反面、果实阴阳面、果穗内部都布满药液，使药液覆盖整个植株，才能起到应有的保护作用。除强碱性农药以外，喷克能与多种农药混用。

（十六）科博

科博是一种杀菌谱广泛的优良保护性杀菌剂，既可用于防治真菌病害，又可防治细菌病害。药效高而稳定持久，施药后药液粘附在植物表面，形成一层保护膜，耐雨水冲刷。可连续持续使用，不会产生抗药性。属于低毒农药，对人畜安全，不污染农产品，可作为绿色食品生产的用药。该药含有植物所需的营养元素，具有微肥作用，能促进生长，提高产量和品质。目前使用剂型为78%可湿性粉剂。一般使用500 ～ 600倍液于发病前或发病初期喷药，间隔时间7 ～ 10天喷1次，可有效地预防葡萄霜霉病、炭疽病、白腐病、黑痘病等。喷药时要周到仔细，将整个植株喷匀，但若植物发病已较严重，则应改用其他治疗性药剂。

（十七）铜高尚

铜高尚是一种超微粒、中性铜类的广谱性杀菌剂，有效成分为三元基铜，这种超微粒铜粒子易被病菌吸入细胞内，产生杀菌或抑菌的作用。目前使用的剂型为27.12%的悬浮剂，该产品为浅蓝色，酸碱度为6.5 ～ 7.0，接近中性，其悬浮性、展着性、粘着性、覆盖性极佳，耐雨水冲刷。该药对人畜、环境毒性低，对作物安全，不易发生药害，是绿色食品生产的首选杀菌剂。在葡萄上用27.12%的悬浮剂400 ～ 600倍液，可防治葡萄霜霉病、炭疽病、黑痘病等，于发病前和发病初期使用，都有良好的效果。若每隔10 ～ 14天喷1次，效果更好。连续多次使用不会产生抗药性，可代替波尔多液，但比波尔多液使用更方便、持效期更长、防效更佳、对葡萄更安全，而且有利于葡萄果实着色。

（十八）代森锰锌

代森锰锌是一种广谱、低毒、残效期长的保护性杀菌剂，原药由代森锰和锌离子络合而成。其作用机理主要是抑制病菌体内丙酮酸的氧化。与其他内吸性杀菌剂混用，可延缓病菌抗性的产生，而且并对锰、锌缺乏症有治疗作用。代森锰锌对人、畜低毒，对植物也较安全，但对皮肤和黏膜有一定的刺激作用。目前加工剂型有70%和50%代森锰锌可湿性粉剂。该药在酸、碱、高温、潮湿、强光条件下易分解失效。生产上常用70%可湿性粉剂600 ~ 800倍液防治葡萄霜霉病、炭疽病、黑痘病、白粉病、白腐病、褐斑病等。在发病前或发病初期喷药，间隔时间为7 ~ 10天。该药不能与碱性药剂混用，以免降低药效。代森锰锌是一种广谱保护性杀菌剂，当前许多复配农药都是以代森锰锌为主要成分和其他农药配制而成的。如大山M-45、喷克、新万生、速克净等。

（十九）硫黄胶悬剂

硫黄胶悬剂也叫硫黄悬浮剂，是由硫黄原药、载体和分散剂混合而成的一种浅白色黏稠液体，其粒径多在1毫米左右，因载体中含有表面活性剂、湿润剂和增粘剂等，不仅能促使硫黄分散，还保证了施药面的湿润和展布，耐风吹日晒，耐雨水冲刷。该药以极细的硫为主要活性成分，直接作用于植物表面的病虫体，发挥其治病、杀虫的药效。此药在实际应用中，毒力的大小与气温的高低有密切关系，气温越高，硫黄越易挥发，其蒸气压力就越大，毒力也越强。因此，在不同季节，气温不一，其使用剂量也不应相同。当设施中气温高于32℃时，会对葡萄的幼嫩部分产生药害，应停止使用。

目前的加工剂型为50%硫黄胶悬剂，使用浓度为300 ~ 500倍液，防治葡萄白粉病、锈病、短须螨、介壳虫等效果显著。硫黄胶悬剂能与多菌灵、百菌清等多种有机杀菌剂混用，但不能与波尔多液、矿物乳油等混用，在喷布矿物乳油后，也不能立即使用硫黄胶悬剂，以免发生药害。

（二十）甲基硫菌灵

甲基硫菌灵又称硫菌灵－M、甲基托布津，为硫脲基甲酸酯类化合物。是一种广谱性内吸杀菌剂，具有保护作用和内吸治疗

作用。被植物吸收后，可降解转化为多菌灵，干扰病原菌的生长发育，从而有效地起到保护、杀菌作用。甲基硫菌灵性质稳定，可与多种农药混用，但不能与含铜的药剂混用。纯品为无色结晶，工业品为黄棕色粉末，生产剂型有70%可湿性粉剂和50%胶悬剂，对人、畜低毒、低残留，使用安全。

用70%甲基硫菌灵可湿性粉剂800 ～ 1 000倍液防治葡萄白粉病有特效，对白腐病、炭疽病、灰霉病、房枯病、黑痘病等也有一定的防治效果。长期单一使用易使病菌产生抗药性，在使用时应和其他杀菌剂交替使用。

（二十一）霉能灵

霉能灵又名酰胺唑，是一种低毒、内吸、广谱性三唑类杀菌剂。原药为浅黄色晶体，难溶于水，常用制剂为5%霉能灵可湿性粉剂。主要用于防治葡萄黑痘病，从2 ～ 3叶期开始每隔7 ～ 10天喷一次1 000 ～ 1 200倍液能有效防治黑痘病的发生。

霉能灵可与除石硫合剂、波尔多液以外的其他农药配合使用，但在开花后幼果生长期要慎用，以防抑制幼果生长，在采收前1个月应停止使用霉能灵。

（二十二）扑霉灵

扑霉灵又名咪鲜胺、施保克、施得功，是一种咪唑类广谱杀菌剂，原药为浅棕色固体，有芳香味，难溶于水，常用制剂为45%施保克水乳剂、45%施保克乳油和50%施得功可湿性粉剂，主要用于葡萄炭疽病的防治，生产上常用45%施保克乳油1 500 ～ 2 000倍液在发病前喷布于结果母枝和果穗上，预防炭疽病的发生。由于咪鲜胺有异味，近年来生产上多改用其锰盐——咪鲜胺锰锌（施保功）。

使用咪鲜胺时要注意安全防护，尤其是该药对水生动物有毒，对用过的包装物应集中处理，勿随便乱甩于鱼塘及河中。

（二十三）菌毒清

菌毒清为甘氨酸类杀菌剂，具有一定的内吸作用和渗透作用，对病菌的菌丝及孢子具有很强的抑制作用，其作用机制是破坏病菌细胞膜，抑制病菌的呼吸，凝固蛋白质，使病菌内的酶变性而产生抑菌和杀菌作用。菌毒清可防治多种真菌病害，目前加工剂型有5%菌毒清水剂。用150 ~ 200倍液涂刷葡萄蔓割病、白腐病病蔓，防效显著。用800 ~ 1 000倍液于春天喷葡萄植株，对防治葡萄炭疽病、黑痘病效果明显。菌毒清不能与其他农药混用，以免失效。在使用时，若接触皮肤发生红肿过敏时，应立即停止接触，并用清水洗净。

（二十四）抗霉菌素120

抗霉菌素120又叫农抗120、120农用抗菌素，该药是一种广谱抗菌素，它对多种植物病原菌有强烈的抑制作用，尤其对白粉病菌、锈病药效显著。目前加工剂型为2%、4%抗霉菌素120水剂。一般用2%水剂200倍液，在发病初期喷布葡萄植株防治葡萄白粉病、葡萄锈病，此外，还可在葡萄植株周围开穴，用200倍水剂浇灌根部，每株7.5 ~ 10千克水剂，以防治葡萄圆斑根腐病，连浇2次，可有效地控制该病的发生。

本品不宜与碱性农药混用，产品贮存时应放置在阴凉、干燥处，以免失效。

（二十五）嘧霉胺

嘧霉胺又名施佳乐，原药为白色晶体，微溶于水，是一种对灰霉病有特效的低毒杀菌剂，常用制剂为40%施佳乐悬浮剂，防治葡萄灰霉病时常用40%施佳乐悬浮剂1 000 ~ 1 500倍液，每隔7 ~ 10天喷布1次。葡萄花前、花后用调节剂处理时均可加入40%施佳乐悬浮剂1 500倍液，在处理的同时预防灰霉病和穗轴褐枯病的发生。葡萄套袋前可先用40%施佳乐悬浮剂1 000 ~ 1 500倍液

加10%世高2 000倍液浸蘸果穗，待药液稍晾干后即可进行套袋。在葡萄设施中应用时要注意药液浓度不要太高，以防发生药害。

（二十六）腐霉利

腐霉利又称速克灵、二甲菌核利。原药为白色或浅棕色结晶，微溶于水、在日光和潮湿的条件下，化学性质稳定。常用制剂为50%速克灵可湿粉剂，10%～15%腐霉利烟剂及与其他药剂的复合制剂。腐霉利是一种广谱触杀型保护杀菌剂，有一定的渗透性，主要用于防治灰霉病，生产上主要在花前、花后和上色初期及贮藏前用50%可湿性粉剂1 500 ～ 2 000倍液喷布花序或果穗，预防灰霉病的发生。速克灵是保护性杀菌剂，主要用在发病前和发病初期，该药要随配随用，而且不能和碱性农药及有机磷农药混合使用。在密闭型的大棚和温室内，应提倡使用腐霉利烟剂。

（二十七）农利灵

农利灵又名乙烯菌核利，为白色结晶体，常用制剂为50%可湿性粉剂。农利灵为触杀性保护性杀菌剂，主要用于预防葡萄灰霉病，常用50%可湿性粉剂500倍液在发病前喷布，以预防灰霉病发生。生产上应用时要注意和其他农药交替使用，以防病菌产生抗药性，同时在施药时要注意安全操作，防止药液溅到皮肤上或眼睛内，若有误入，应立即用大量清水冲洗。

二、杀虫、杀螨剂

（一）敌百虫

敌百虫是一种高效、低毒、杀虫谱广的有机磷杀虫剂，对多种害虫有较强的胃毒和触杀作用，而以胃毒作用尤为显著。过去由于晶体敌百虫难以溶解，一度曾限制了它的使用，近年来，为解决这个问题，已研制成功使用方便的80%敌百虫可湿性粉剂。该药在常温下稳定，在空气中吸湿后会逐渐水解失效，在碱性溶液中可转化为敌敌畏，再继续水解，会逐渐失效。敌百虫对金属有腐蚀作用，对人、畜毒性低。生产上常用80%敌百虫晶体或可湿性粉剂800 ~ 1 000倍液喷雾防治葡萄星毛虫、各种金龟子、葡萄虎蛾、车天蛾、十星叶甲等咀嚼式口器的害虫。敌百虫能与多种农药混用，但不能与波尔多液和石硫合剂混用，以免影响药效。

（二）敌敌畏

敌敌畏又名DDV或DDVP，是一种高效、低毒、低残留的广谱性有机磷杀虫剂，对害虫有胃毒、触杀、熏蒸三种杀虫作用，由于挥发性强，熏蒸作用特别突出，对害虫击倒作用很强，害虫接触药后，几分钟至十几分钟内就会死亡，为一般药剂所不及，但残效期短。在葡萄生产中用于防治发生期集中的害虫效果特别显著。目前使用的加工剂型有80%和50%的乳油，该产品为淡黄色油状液体，微带芳香气味，不溶于水，长期贮存不分解，但在碱性溶液中易分解，在空气中挥发很快，生产上常用1 000 ~ 1 500倍液防治葡萄星毛虫、叶蝉、虎夜蛾、车天蛾和各种地下害虫效果很好。

（三）速灭杀丁

速灭杀丁又名杀灭菊酯、敌虫菊酯。是一种高效、低毒、低残留的广谱性拟除虫菊酯类杀虫剂。主要是影响昆虫神经系统，使其神经传导受到抑制、麻痹而死亡。具有强烈的触杀作用，也有胃毒、拒食与杀卵作用，但无熏蒸和内吸作用。杀虫范围广，可防治的害虫种类达150多种，击倒力强，效果迅速，持效期长，可达10 ~ 15天。该药属负温度系数的农药，在低温下（15℃）的毒性大，在较高温度（25℃）下的毒性反而减小。加工剂型为20%、30%乳油，一般用20%速灭杀丁乳油2 500 ~ 3 000倍液，可防治多种咀嚼式和刺吸式口器的害虫，但对螨类防治效果较差。在葡萄上可防治葡萄叶蝉、虎蛾、车天蛾、蓟马等。该药接触虫体方能杀死害虫，因此喷要时要均匀周到。该药不但对螨类效果

差甚至无效，而且对天敌杀伤重，连续使用可引起害螨猖獗，故应与杀螨剂混用。为防止某些害虫产生抗药性，可与其他杀虫剂混用或轮换交替使用，但不能与碱性农药如波尔多液和石硫合剂混用，果实采收前10天停止用药。

（四）三氟氯氰菊酯

三氟氯氰菊酯又名功夫。是一种含氟的拟除虫菊酯类农药，高活性、药效突出，兼具杀虫、杀螨功能，以触杀和胃毒作用为主，无内吸和熏蒸作用。杀虫谱广，作用迅速，持效期长。原药制剂为2.5%乳油。在葡萄生产上主要应用于防治绿盲蝽、叶蝉、蚜虫、斑衣蜡蝉和各种螨类，但通常不作为专用杀螨剂。常用浓度3 000 ～ 4 000倍液，杀螨时可提高到2 000倍液。三氟氯氰菊酯不能长期连续使用，否则害虫会产生抗药性，生产实际中应注意轮换用药和混合用药，以提高对害虫的防治效果。

注意：市场上除三氟氯氰菊酯外，还有高效氟氯氰菊酯，又名保得（2.5%乳油）、保富（12.5%乳油），它们是以氟氯氰菊酯两种对映体为主的复合体，杀虫谱广、药效高、对害虫击倒迅速、残效期长，对多种咀嚼式口器和刺吸式口器的害虫都有很好的防治效果，其使用方法与三氟氯氰菊酯基本相同。

（五）马拉硫磷

马拉硫磷又名马拉松、防虫磷，具有较强的触杀和胃毒作用，该药进入虫体后，能被氧化成毒力更高的氧化马拉硫磷化合物，从而对害虫发挥强大的杀伤力。但对高等动物则经水解作用成为无毒的化合物，因此对人畜无毒，残效期较短，对果品和环境无污染。该药不能与强酸、强碱性农药混用，不宜用金属容器盛装。马拉硫磷在一般浓度下对植物较安全，但对葡萄的某些品种较敏感，使用时要特别注意。加工剂型为50%乳油，在葡萄上用1 000 ～ 1 500倍液防治蚧类、叶蝉、金龟子类、虎蛾、白粉虱等。

（六）甲氨基阿维菌素苯甲酸盐

甲氨基阿维菌素苯甲酸盐又名甲维盐，是与阿维菌素类似的生物源杀虫剂，对害虫有触杀和胃毒作用，持效期长，但作用缓慢，其毒理作用是干扰害虫的神经系统，使其麻痹死亡。生产上主要应用于防治各种咀嚼式口器的害虫，主要制剂为1%乳油，常用浓度为3 000 ～ 4 000倍液，全株喷雾，叶片正反两面都要喷到，在天气预报有雨时勿施药，甲维盐对蜜蜂、家蚕和鱼类等水生生物有毒，葡萄花期禁用，并注意远离蜂场、蚕室、桑园和鱼塘。对使用过的药物和包装物应认真收集处理，不能随意丢弃。

（七）吡虫啉

吡虫啉又名高巧、康福多、大功臣，是一种低毒拟烟碱类广谱内吸性低毒杀虫剂，兼具胃毒和触杀作用，与常用农药无交互抗性，施药后一天即有明显的防治效果。原药为淡黄色结晶，难溶于水，常用制剂为10%和20%可湿性粉剂，主要用于防治刺吸式口器类各种害虫，常用20%吡虫啉可湿性粉剂1 000 ～ 1 500倍液防治绿盲蝽、叶蝉、蚜虫、粉虱、介壳虫等虫害。吡虫啉属低毒性杀虫剂，但对蚕、蜂等有益昆虫也有杀伤作用，生产上应用时应予充分注意。

（八）噻虫嗪

噻虫嗪又名阿克泰、锐胜，是一种全新结构的第二代烟碱类高效低毒杀虫剂，杀虫谱广，对害虫具有胃毒、触杀及内吸活性。常用制剂为25%噻虫嗪水分散粒剂，使用时稀释2 000 ～ 3 000倍，用于叶面喷雾及土壤灌根处理。其施药后迅速被内吸，并传导到植株各部位，对刺吸式害虫如蚜虫、飞虱、叶蝉、粉虱、蚜虫等有良好的防效。但注意不能与碱性药剂混用，不要在低于－10℃和高于35℃的环境储存。该药对蜜蜂有毒，应避免在开花期和蜂场周围使用。本药杀虫活性很高，用药时不要盲目加大用药量。

主要参考文献

晁无疾，2000. 葡萄设施栽培[M]. 郑州：中原农民出版社.
贺普超，1999. 葡萄学[M]. 北京：中国农业出版社.
李容潮，1998. 保护地葡萄栽培实用技术[M]. 北京：中国农业大学出版社.
刘崇怀，2000. 葡萄早熟栽培技术手册[M]. 北京：中国农业出版社.
刘恩璞，1997. 保护地葡萄与丰产配套栽培技术[M]. 北京：中国农业出版社.
刘凤之，段长青，2013. 葡萄生产配套技术手册[M]. 北京：中国农业出版社.
孟新法，2006. 葡萄设施栽培技术问答[M]. 北京：中国农业出版社.
单传伦，2002. 南方大棚葡萄栽培新技术[M]. 北京：中国农业出版社.
王世平，2005. 葡萄设施栽培[M]. 上海：上海教育出版社.
夏　琼，2015. 葡萄设施栽培实用技术[M]. 上海：上海科学技术出版社.
徐小菊，2015. 葡萄设施栽培——三膜促早栽培技术[M]. 北京：中国农业出版社.
杨治元，2004. 葡萄避雨套袋栽培[M]. 北京：中国农业出版社.
杨治元，2011. 大棚葡萄双膜单膜覆盖栽培[M]. 北京：中国农业出版社.

图书在版编目（CIP）数据

彩图版实用葡萄设施栽培 / 晁无疾，单涛，张燕娟编著. —北京：中国农业出版社，2017.7
（听专家田间讲课）
ISBN 978-7-109-22923-5

Ⅰ. ①彩…　Ⅱ. ①晁…②单…③张…　Ⅲ. ①葡萄栽培－设施农业　Ⅳ. ① S628

中国版本图书馆CIP数据核字（2017）第098230号

中国农业出版社出版
（北京市朝阳区麦子店街18号楼）
（邮政编码 100125）
责任编辑　张　利　郭银巧

北京中科印刷有限公司印刷　　新华书店北京发行所发行
2017年7月第1版　　2017年7月北京第1次印刷

开本：880 mm × 1230 mm　1/32　　印张：10.375
字数：265千字
定价：80.00元